岩土介质小孔扩张理论

〔英〕Hai-Sui Yu 著

周国庆 赵光思 梁恒昌 等 译

科学出版社

北 京

图字：01-2013-4360

内 容 简 介

　　小孔扩张理论是关于线性或非线性介质中小孔周围应力场和位移场的理论。本书对小孔扩张理论的基本假设、理论模型与求解程序进行阐述，总结小孔扩张理论的重要进展及其在岩土工程领域的应用。

　　全书分两部分，共 11 章。第一部分从第 2 章到第 7 章，阐述岩土介质中小孔扩张和收缩的基本解。第 2 章到第 6 章涉及弹性、弹塑性和黏弹性/黏塑性岩土材料中的小孔扩张解；第 7 章总结小孔扩张问题有限元分析的基本方程。第二部分从第 8 章到第 11 章，主要涉及小孔扩张理论在岩土工程领域的应用。结合典型工程实例，阐述小孔扩张理论在桩基础、地锚、隧道与地下工程开挖、土体原位测试和钻孔稳定等分析与设计方面的应用。

　　本书可供从事土木工程、矿业工程和石油工程等领域的工程技术人员参考，亦可作为从事岩土力学及其相关专业的科研工作者、高等院校师生的研究参考书。

Translation from English language edition:
Cavity Expansion Methods in Geomechanics
by Hai-Sui Yu
Copyright © 2000 Springer Netherlands
Springer Netherlands is a part of Springer Science＋Business Media
All Rights Reserved

图书在版编目(CIP)数据

岩土介质小孔扩张理论/(英)Hai-Sui Yu 著；周国庆等译. —北京：科学出版社，2013
书名原文：Cavity expansion methods in geomechanics
ISBN 978-7-03-038044-9

Ⅰ.①岩…　Ⅱ.①Yu…②周…　Ⅲ.①土体-介质-结构动力分析　Ⅳ.①TU43

中国版本图书馆 CIP 数据核字(2013)第 136545 号

责任编辑：周　丹　杨　锐／责任校对：邹慧卿
责任印制：徐晓晨／封面设计：许　瑞

科 学 出 版 社 出版
北京东黄城根北街 16 号
邮政编码：100717
http://www.sciencep.com

北京捷迅佳彩印刷有限公司 印刷
科学出版社发行　各地新华书店经销

*

2013 年 6 月第　一　版　　开本：B5(720×1000)
2021 年 1 月第三次印刷　印张：19
字数：384 000

定价：138.00 元
(如有印装质量问题，我社负责调换)

译 者 序

从 21 世纪初起,有幸与国际土力学界的杰出学者余海岁(Hai-Sui Yu)愉快并富有成效地合作了十余年时间。余海岁教授曾是岩土工程国家重点学科"长江学者"奖励计划特聘教授,在其特聘教授岗位上不仅培养了梁恒昌、商翔宇、周杰、蔡卫、徐宾宾、李亭等一批博士研究生,而且为岩土工程重点学科建设、团队建设、科学研究、国际合作与交流,为深部岩土力学与地下工程国家重点实验室的谋划、建设与发展作出了创造性的贡献。

作为余海岁教授主要学术成就之一的专著 *Cavity Expansion Methods in Geomechanics*,阐述了岩土工程,特别是地下工程中重要力学问题的分析方法。实践证明,体现在余海岁教授专著中的小孔扩张理论,不仅为桩基础、地锚、隧道和地下工程开挖、土体原位测试和钻孔稳定问题的分析提供了重要的理论体系,同时对深厚土的力学特性、深部矿井建设、深部岩土工程加固等问题的研究均具有重要的指导意义。*Cavity Expansion Methods in Geomechanics* 中译本的出版将激发国内更多学者,特别是青年学者对小孔扩张方法的兴趣,有助于小孔扩张理论的进一步发展以及在国内岩土工程领域更为广泛的应用,这是我们翻译这本专著的初衷。

特聘教授团队成员和博士、硕士研究生朱玉晓、别小勇、夏红春、梁化强、王建州、徐江、段全江、常立武、周杰等参与了本书的初译工作;博士研究生李瑞林认真校对了全书公式和部分文字;译著正式出版前,团队成员商翔宇副教授再次校对了全书。

本书在翻译过程中始终得到余海岁教授及其诺丁汉大学岩土力学研究中心同仁们的鼓励和帮助。本书出版得到"国家重点基础研究发展计划"课题(编号:2012CB026103)、国家自然科学基金重点项目(批准号:50534040)、国家自然科学基金项目(批准号:50974117,41271096)以及深部岩土力学与地下工程国家重点实验室自主研究课题重点研究项目的资助,在此深表谢意。

感谢科学出版社南京分社对本译著的支持,没有他们的努力,中译本难以面世。

译 者

2012 年 5 月于徐州

作者中译版序

我的第一本岩土力学专著 *Cavity Expansion Methods in Geomechanics* 出版至今已 12 年了。在此期间,我很荣幸地收到了世界各地的许多岩土工程方面的专家、学者以及工程师对本书的积极评价。非常高兴地看到书中阐述和发展的一系列关于小孔扩张的分析方法和理论解已在岩土工程实践中得到了广泛的应用,并取得了很好的效果。

不过,据我所知国内的很多同行还不容易读到本书的英文版,为此有必要发行中文版。非常高兴地看到中国矿业大学深部岩土力学与地下工程国家重点实验室的周国庆教授和他的团队近年来花费大量时间和精力把本书翻译成中文。对此我由衷地表示感谢,同时对他们的敬业精神也深表敬佩!

我深信,本书中文版的发行对中国岩土工程界是件有意义的事情。感谢科学出版社同仁的支持和帮助。衷心地希望它能进一步地促进小孔扩张理论的发展以及其在工程问题中的应用。

最后,再次感谢译者的辛勤劳动。相信本书的读者也会感谢他们!

余海岁

2012 年 12 月 31 日于

英国诺丁汉大学

序

  岩土体中柱形孔和球形孔扩张理论为岩土工程领域许多重要问题的研究提供了多样而精确的力学分析方法。这一方法涉及的岩土工程问题包括：桩基础垂直和水平承载力确定、原位静力触探和锥形贯入试验中土体应力状态及性质的确定、与掘进和开挖相关的隧道稳定与变形分析等。利用小孔扩张理论对岩土力学中诸多问题进行定量分析，是岩土工程界一个里程碑式的标志。

  围绕小孔扩张这一主题，余海岁教授为岩土工程领域的学生、研究人员和工程技术人员提供了一个全面、综合的解决方案。作者对小孔扩张理论的基本假设、理论模型与求解程序进行了全方位的阐述。在该书的第一部分，作者应用弹性理论、理想弹塑性理论、临界状态理论对应变硬化与应变软化材料的应力和位移解进行了分析；同时介绍了有限元数值求解方法。该书假设阐述清晰，问题分析详尽，推导过程严密，同时也指出了研究结果应用的局限性。像岩土力学所有理论一样，小孔扩张理论对问题的几何条件和土性进行了理想化假设，尽管如此，其研究所得土体应力场性质等同于甚至优于传统岩土力学理论的结果。

  为了方便对理论推导及其应用感兴趣的读者，余海岁教授在每章末进行了总结，给出了该章的关键公式，并指出了这些解在该书第二部分岩土工程中的用途。同时，罗列齐全的参考文献也使读者能够快速地找到文献来源。

  该书第二部分阐述了小孔扩张理论在岩土工程中的应用，包括如何把理论解应用到解决原位实测、基础工程和地下工程中的实际问题，同时对理论预测和实测所得结果进行了比较。在分析处理砂土和黏土静力触探及锥形贯入试验方面，以小孔扩张理论为基础的分析方法在利用试验实测数据确定土体原位性质和相关力学性质方面显示了极大的优越性。

  通过这本书，余海岁教授对小孔扩张问题进行了前所未有的完整、系统、明晰地阐述和分析。

James K. Mitchell

弗吉尼亚理工大学杰出教授

2000 年 4 月 28 日

前　　言

　　小孔扩张理论是关于线性或非线性介质中小孔周围应力场和位移场的理论。应用小孔扩张理论解决岩土工程实际问题的过程称为小孔扩张方法。由于没有一个数学理论能完全彻底地描述我们周围复杂的世界,因此每一种理论都只能解决某一类问题。一般采用理论来描述现象的基本特征,而忽略次要特征,但是当被忽略的次要特征上升为主要问题的时候,这种理论的结果就会不准确甚至无效。在过去的几十年中,小孔扩张理论在诸多岩土工程问题分析和设计中呈现了重要作用。本书的目的是对小孔扩张理论及其应用进行统一阐述,书中总结小孔扩张理论的重要进展以及在岩土工程领域的应用,其中许多内容是作者过去二十年研究的成果。

　　本书可以作为对小孔扩张方法及其应用感兴趣的土木工程、采矿工程和石油工程领域工程师的参考书。由于小孔扩张问题长期以来被作为弹性和塑性理论教科书中的经典实例,本书中所提出的解决办法对工程力学和机械工程领域的学生和研究者也有一定的帮助。

　　本书共分两部分。第一部分从第 2 章到第 7 章,阐述岩土介质中小孔扩张和收缩的基本解。第 2 章到第 6 章涉及弹性、弹塑性和黏弹性/黏塑性岩土材料中的小孔扩张解,第 7 章简要总结小孔扩张问题有限元分析的基本方程。

　　第二部分从第 8 章到第 11 章,主要涉及小孔扩张理论在岩土工程领域的应用。小孔扩张理论的应用领域在不断发展,由于篇幅所限,本书不可能涵盖各个方面。结合典型工程实例,本书详尽阐述了小孔扩张理论在桩基础、地锚、隧道和地下工程开挖、土体原位测试和钻孔稳定等分析与设计方面的应用。

　　本书反映了作者多年的研究工作和成果,在著写过程中,与许多同事的讨论与合作,使我受益匪浅,在此对他们的支持与帮助表示衷心感谢。

　　特别感谢 James K. Mitchell 教授多年来的支持,他对初稿提出了许多建设性建议,并为本书写了序言。

　　感谢已故的 Peter Wroth 教授,以及 Ted Brown 教授和 Guy Houlsby 教授把我带进具有挑战性的岩土力学与工程领域。感谢 Ted Brown 教授对初稿的部分章节给予的详细意见。

　　感谢 Scott Sloan 教授和 Ian Collins 教授,他们是我早期学术生涯的良师,他们给了我许多有价值的建议与鼓励。

　　感谢 Kerry Rowe 教授、W. F. Chen 教授、John Carter 教授、Bruce Kutter 教

授和 Mark Randolph 教授给我的鼓励。

　　书中部分内容是 1999 年夏天作者在麻省理工学院访问期间完成的,在此向 Andrew Whittle 教授的热情接待表示感谢。

　　感谢 Kylie Ebert 小姐对本书的校对工作。感谢 Mark Allman 博士和吴柏林博士对本书部分章节的评论。感谢 Kluwer 科学出版社 Petra van Steenbergen 女士和 Manja Fredriksz 女士对此项目后期阶段给予的帮助。

　　最后,我要对我的妻子关秀丽、女儿余超和儿子余昊说声"谢谢",没有他们的爱与支持,我不可能完成此书。

余海岁

2000 年 4 月于澳大利亚纽卡斯尔

目　　录

1 绪　　论

1.1　前　　言

小孔扩张理论是关于研究圆柱形或球形孔的扩张和收缩所引起的应力、孔隙水压力和位移变化的理论。由于小孔扩张理论提供了许多解决复杂岩土力学问题的简单、实用的方法，因此岩土介质中的小孔扩张问题是岩土力学理论研究的一个基本问题。

从 20 世纪五六十年代开始，特别是最近 20 年，小孔扩张理论研究取得了重大进展，主要表现在以下两个方面：

（1）岩土介质中小孔扩张基本问题的求解；

（2）小孔扩张理论在解决岩土工程问题方面的应用。

关于第一方面，基于各种岩土材料复杂的本构模型已进行了大量的解析分析，而且这些解析解已经广泛应用于解决岩土工程中包括桩基础和地锚承载力的估计、土体原位试验结果解释、隧道和地下开挖分析、钻孔失稳预测等许多实际工程问题。

尽管有很多问题的分析涉及小孔扩张理论，但是岩土工程师要理解和应用这些理论方法去解决具体岩土工程问题并非易事。因为这方面的主要研究成果往往记载于学术论文或学术会议报告中，不便推广应用。同时，许多文章的解析过程使用了不同符号，给不同方法之间的比较造成了困难。

本书旨在总结和阐述小孔扩张理论的研究成果，同时讨论其在岩土工程中的应用。为便于比较和理解，书中对不同孔扩张问题的解析采用了统一的符号。希望本书能对岩土工程中小孔扩张理论的发展与应用有所裨益。

1.2　小孔扩张理论

岩土介质中小孔扩张或收缩是一维边值问题。解决这类问题需要同时采用连续介质力学原理和能够描述岩土介质本构关系的基本数学模型。岩土体是最古老、最复杂的建筑材料之一，与钢或混凝土这类土木工程材料相比，岩土材料的力学特性更难以测定。本构模型的发展和测试技术的进步促进了土体性质的测定以及对其力学行为的描述。尽管某些情况下的岩土体本构模型还需进一步细化，但迄今为止对土体本构模型的研究总体上取得了令人瞩目的进展。岩土体的试验是本构关系比较和研究的基础,过去20年中在这方面已取得长足进步,但目前试验研究水平尚不尽如人意。

弹性和塑性理论是最广泛使用的岩土本构理论。现有大部分岩土本构模型可分为三大类:

(1) 弹性模型(线性或非线性);

(2) 黏弹性或黏弹塑性模型;

(3) 弹塑性模型(理想塑性或应变硬化/软化)。

这些模型均可用来描述岩土介质的应力-应变关系,但需根据具体研究问题和要求选用恰当的本构模型。

1.3 岩土力学中的应用

本书第8章到第11章将详细阐述小孔扩张理论在岩土工程土体原位测试、深基础、隧道和地下开挖以及石油钻孔稳定等领域的应用。

1.3.1 土体原位试验

旁压仪和锥形贯入仪是原位试验实测土体特性的两种常用仪器。前者可准确测出土体的刚度和强度,后者则可快速获得土体剖面的基本特性。自从 Menard(1957),Gibson 和 Anderson(1961)开始这方面研究,柱形孔扩张理论已成为岩土体中自钻式旁压试验结果最重要的解释方法(Clarke,1995),球形孔扩张也已成为确定锥形贯入试验(CPT)中锥尖阻力的简单方法(Yu,Mitchell,1998)。

锥形贯入旁压仪是原位土试验中相对较新的设备,它由标准贯入锥尖和位于锥尖后的旁压压力膜构成。把旁压压力膜置于锥尖后的构想始于20世纪80年代初,它集旁压仪和标准锥形贯入仪的优点于一体。锥形贯入旁压仪可用标准的CPT套筒设备来安装,使得锥形贯入旁压仪试验可按常规CPT方法操作。尽管锥形贯入旁压仪试验的分析难度大于自钻式旁压试验,但是近年来锥形贯入旁压仪试验的分析方法研究已取得了重大进步。利用大应变小孔扩张解,可以根据黏土(Houlsby,Withers,1988)和砂(Yu et al.,1996)的锥形贯入旁压仪试验结果来确定土体特性。

1.3.2 桩基和地锚

土体中打入桩的桩端和桩身承载力的预测一直是岩土工程中的一大难题,这主要是因为桩基打入土体的过程是一个强烈的材料非线性和几何大变形问题。对此的很多研究都集中在建立黏土打入桩打入过程的模型,例如,Baligh(1985)提出的应变路径方法和 Yu 等(2000)提出的稳态有限元方法。相比之下,砂土中桩基承载力预测方面的研究成果较少。由于缺乏严密的分析方法,许多半解析或经验方法仍然广泛用于桩基设计和施工过程。实际上,按照 Bishop 等(1945),Hill(1950),Gibson(1950)早期的建议,可以采用球形孔和柱形孔极限压力解预测岩土中桩基的端阻和桩身承载力(Vesic,1972;Randolph et al.,1992;Yu,Houlsby,1991;Collins et al.,1992;Carter,Kulhawy,1992,Randolph et al.,1994)。

除模拟桩基承载力,小孔扩张理论还可用来估算地锚的抗拉承载力(Vesic,1971)。本书提出了利用小孔扩张解预测黏土和砂土中板锚承载力的一种新方法,结果表明这一简单求解方法类似于其他复杂的数值分析方法(Merifield et al.,2000)。

1.3.3 隧道及地下开挖

由于能够兼顾稳定性和实用性两个重要的因素,小孔扩张理论已经应用于隧道以及地下开工程的设计和施工中。稳定性要求隧道建造后不能破坏,在这一方面,小孔周围介质弹性和弹塑性应力解已广泛应用于地下围岩支护的分析和设计中(Terzaghi,Richart,1952;Hoek,Brown,1980;Brown et al.,1983;Brady,Brown,1993)。本书将会详细阐述如何利用简单的小孔扩张理论来有效评价隧道稳定性。实用性要求隧道掘进时不会产生大的位移,避免邻近或上部建筑和设施遭受破坏,在大变形软土中开挖隧道时尤为重要。隧道开挖减小了开挖空间周围的原位应力,因此可通过从原位应力状态的卸载孔来模拟隧道开挖。越来越多的例证显示,可以用柱形孔收缩来准确模拟垂直于隧道轴平面土的性状,用球孔收缩理论能更好地预测隧道前方的位移。用小孔扩张解来预测开挖隧道引起的地面位移的例子有很多,例如 Rowe(1986),Mair 和 Taylor(1993),Verruijt 和 Booker(1996),Sagaseta(1998 年),Loganathan 和 Poulos(1998)以及 Yu 和 Rowe(1999)等。

1.3.4 钻孔失稳

钻井过程中钻孔失稳是岩石力学在石油工程应用中的一个主要问题。在世界范围内,每年因钻孔失稳造成的设备损失和由于时间浪费引起的经济损失高达 5 亿美元(Dusseault,1994)。提高钻孔失稳的分析预测能力可在很人程度上降低这些损失。

Bradley(1979)和 Santarelli 等(1986)指出,应力诱导的钻孔失稳有三种类型:

(1)岩石的延性屈服导致孔径缩小;

(2)脆性岩石破裂导致孔径扩张;

(3)泥浆压力过高引起的钻孔水力劈裂。

　　通常可以调整内部压力(泥浆压力),以避免由于岩石破裂或断裂导致的钻孔失稳。

　　弹性、孔隙弹性和塑性模型的小孔扩张解已经开始应用于软岩中钻孔失稳问题的研究(Charlez,1997),例如,钻孔失稳的弹性分析基本步骤为:

　　(1) 确定钻孔周围岩石的弹性应力场;

　　(2) 选择适当的岩石破坏准则;

　　(3) 比较弹性应力和岩石破坏准则。

若任意位置的岩石达到了破坏准则,则钻孔失稳。

　　上述三种钻孔失稳的主要类型都可用小孔扩张理论来解决,本书将重点阐述与钻孔周围脆性岩石破裂导致钻孔扩张有关的失稳,同时也讨论由于岩石延性屈服所导致的钻孔收缩的失稳问题。

1.4　符号规约

　　通常情况下,本书采用常用的岩土力学符号注释,即压应力和压力均为正。但在第 3 章关于理想弹塑性解时例外,因为这一领域许多有影响的论文都采用拉应力为正的约定。尽管可以将张拉应力转换为压应力为正,但是转换过程比较麻烦且容易出错,所以本书也采用同样的约定。

1.5　小　　结

　　(1) 小孔扩张理论是关于由柱形孔和球形孔扩张及收缩所引起的压力、孔隙水压力和位移变化的理论。

　　(2) 在岩土体中,基于各种复杂情况的本构模型,已经得到大量的小孔扩张解析解和数值解;其中大部分本构模型为弹性、塑性或黏弹性假定。

　　(3) 小孔扩张理论为岩土工程中很多问题的求解提供了简单而实用的方法,包括桩基和地锚的承载力分析、土体原位试验的解释、隧道和地下开挖行为的分析、钻孔失稳的预测等。

　　(4) 除第 3 章外,本书采用常规岩土力学符号表述方法,即约定压应力为正。

参 考 文 献

Baligh, M. M. (1985). Strain path method. Journal of Geotechnical Engineering, ASCE, 111(9), 1108-1136.

Bishop, R. F., Hill, R and Mott, N. F. (1945). The theory of indentation and hardness tests. Proceedings of Physics Society, 57, 147-159.

Bradley,W. B. (1979). Failure of inclined boreholes. Journal of Energy Resource and Technology, Transaction of ASME,101,232-239.

Brady,B. H. G. and Brown,E. T. (1993). Rock Mechanics for Underground Mining. 2nd Edition, Chapman and Hall,London.

Brown,E. T. ,Bray,J. W. ,Ladanyi,B. and Hoek,E. (1983). Ground response curves for rock tunnels. Journal of Geotechnical Engineering,ASCE 109(1),15 39.

Carter,J. P. and Kulhawy, F. H. (1992). Analysis of laterally loaded shafts in rock. Journal of Geotechnical Engineering,ASCE,118(6),839-855.

Charlez,Ph. (1997). Rock Mechanics. Vol 2: Petroleum Applications. Editions Technip.

Clarke. B. G. (1995). Pressuremeter in Geotechnical Design. Chapman and Hall,Lodon.

Collins,I. F. ,Pender,M. J. and Wang,Y. (1992). Cavity expansion in sands under drained loading conditions. International Journal for Numerical and Analytical Methods in Geomechanics. 16(1),3-23.

Dusseault,M. B. (1994). Analysis of borehole stability. Computer Methods and Advances in Geomechanics,Siriwardane and Zaman(ed),Balkema,125-137.

Gibson,R. E. (1950). Correspondence. Journal of Institution of Civil Engineers,34,382-383.

Gibson,R. E. and Anderson,W. F. (1961). In-situ measurement of soil properties with the pressuremeter. Civil Engineering Public Works Review,56,615-618.

Hill,R. (1950). The Mathematical Theory of Plasticity. Oxford University Press.

Hoek,E. and Brown,E. T. (1980). Underground Excavations in Rock. The Institution of Mining ang Metallurgy. London,England.

Houlsby,G. T. and Withers, N. J. (1988). Analysis of the cone pressuremeter test in clay. Geotechnique,38,575-587.

Loganathan,N. and Poulos, H. G. (1998). Analytical prediction for tunnelling-induced ground movements in clays. Journal of Geotechnical and Geoenvironmental Engineering, ASCE, 124(9),846-856.

Mair,R. J. and Taylor,R. N. (1993). Prediction of clay behaviour around tunnels using plasticity solutions. Predictive Soil Mechanics(Editors: G. T. Houlsby and A. N. Schofield),Thomas Telford,London,449-463.

Menard,L. (1957). An Apparatus for Measuring the Strength of Soils in Place. MSc Thesis,University of Illinois.

Merifield,R. S. ,Lyamin, A. V. ,Sloan, S. W. and Yu, H. S. (2000). Three dimensional lower bound solutions for stability of plate anchors in clay. Submitted to Journal of Geotechnical and Geoenvironmental Engineering. ASCE.

Randolph,M. F. ,Carter,J. P. and Wroth,C. P. (1979). Driven piles in clay-the effects of installation and subsequent consolidation. Geotechnique,29,361-393.

Randolph,M. F. ,Dolwin,J. and Beck,R. (1994). Design of driven piles in sand. Geotechnique, 44(3),427-448.

Rowe,R. K. (1986). The prediction of deformations caused by soft ground tunnelling- Recent trends. Canadian Tunnelling,D. Eisenstein(ed.),91-108.

Sagaseta,C. (1998). One the role of analytical solutions for the evaluation of soil deformation around tunnels. Internal Report,University of Cantabria,Santander,Spain.

Stantarelli,F. J. ,Brown,E. T. and Maury, V. (1986). Analysis of borehole stresses using pressure-dependent,linear elasticity. International Journal for Rock Mechanics and Mining Science,23(6),445-449.

Terzaghi,K. and Richart F. E. ,Jr. (1952). Stresses in rock about cavities. Geotechnique,2,57-90.

Verruijt,A. and Booker,J. R. (1996). Surface settlements due to deformation of a tunnel in an elastic half plane. Geotechnique,46(4),753-756.

Vesic,A. S. (1971). Breakout resistance of objects embedded in ocean bottom. Journal of the Soil Mechanics and Foundations Division,ASCE,97(7),1183-1205.

Vesic,A. S. (1972). Expansion of cavities in infinite soil mass. Journal of the Soil Mechanics and Foundations Division,ASCE,98,265-290.

Yu,H. S. and Houlsby,G. T. (1991). Finite cavity expansion in dilatant soil; loading analysis. Geotechnique. 41,173-183.

Yu,H. S. and Mitchell,J. K. (1998). Analysis of cone resistance; review of method. Journal of Geotechnical and Geoenvironmental Engineering. ASCE,124(2),140-149.

Yu,H. S. and Rowe,R. K. (1999). Plasticity solutions for soil behaviour around contracting cavities and tunnels. International Journal for Numerical and Analytical Methods in Geomechanics,23,1245-1279.

Yu,H. S. ,Herrmann,L. R. and Boulanger,R. W. (2000). Analysis of steady cone penetration in clay. Journal of Geotechnical and Geoenvironmental Engineering. ASCE,126(7).

Yu,H. S. ,Schnaid,F. and Collins,I. F. (1996). Analysis of cone pressuremeter tests in sand. Journal of Geotechnical Engineering,ASCE,122(8),623-632.

2 弹 性 解

2.1 概　述

本章将阐述弹性材料中小孔扩张问题的一些基本解,这些解是后续章节涉及的非线性塑性解的基础。

2.2　各向同性介质弹性解

2.2.1　空心球体扩张

考察一个弹性理论的经典课题,一个空心球内部和外部所受压力分别为 p 和 p_0,球的内半径和外半径分别用 a 和 b 表示(图 2.1)。

假定内、外压力均从初始值零开始施加,主要来研究施加外力后球体内部产生的应力场和位移场。在许多教科书中都能找到这一经典课题的理论解答,如 Timoshenko 和 Goodier(1970)。

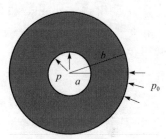

图 2.1　在内部和外部压力作用下的小孔

2.2.1.1　平衡方程和边界条件

球形孔扩张问题的平衡方程式为

$$r \frac{\mathrm{d}\sigma_r}{\mathrm{d}r} + 2(\sigma_r - \sigma_\theta) = 0 \tag{2.1}$$

其中,σ_r 和 σ_θ 分别表示径向和切向应力。内、外边界径向应力已知,可表示为

$$\sigma_r \mid_{r=a} = p \tag{2.2}$$

$$\sigma_r \mid_{r=b} = p_0 \tag{2.3}$$

2.2.1.2　变形协调条件和应力-应变关系

对应于径向和切向应力,存在径向和切向应变,两者可由径向位移 u 表示如下

$$\varepsilon_r = -\frac{\mathrm{d}u}{\mathrm{d}r}, \quad \varepsilon_\theta = -\frac{u}{r} \tag{2.4}$$

由式(2.4)消除位移 u,得变形协调条件

$$\varepsilon_r = -\frac{\mathrm{d}}{\mathrm{d}r}(r\varepsilon_\theta) \tag{2.5}$$

对于弹性材料,球孔扩张问题的应力-应变关系为

$$\varepsilon_r = \frac{1}{E}(\sigma_r - 2\nu\sigma_\theta) \tag{2.6}$$

$$\varepsilon_\theta = \frac{1}{E}[-\nu\sigma_r + (1-\nu)\sigma_\theta] \tag{2.7}$$

其中,E 是弹性模量,ν 为泊松比。

2.2.1.3　求解

根据上述求解小孔扩张问题的控制方程,有几种方法可以获得问题的最终解答。这里采用 Timoshenko 和 Goodier(1970)提出的方法。

联立式(2.1)和式(2.5)~式(2.7),得到以径向应力形式表示的积分方程,其通解形式为

$$\sigma_r = A + \frac{B}{r^3} \tag{2.8}$$

其中,A,B 表示积分常数。将式(2.8)代入平衡方程(2.1),得到切向应力的表达式

$$\sigma_\theta = A - \frac{B}{2r^3} \tag{2.9}$$

由边界条件式(2.2)和式(2.3),可得积分常数 A 和 B。边界条件

$$A + \frac{B}{a^3} = p \tag{2.10}$$

$$A + \frac{B}{b^3} = p_0 \tag{2.11}$$

由式(2.10)和式(2.11)可解得 A 和 B

$$A = \frac{-p_0 b^3 + p a^3}{a^3 - b^3} \tag{2.12}$$

$$B = \frac{(-p + p_0)a^3 b^3}{a^3 - b^3} \tag{2.13}$$

将 A,B 值代入式(2.8)和式(2.9),可得应力表达式

$$\sigma_r = -\frac{p_0 b^3 (r^3 - a^3)}{r^3 (a^3 - b^3)} - \frac{p a^3 (b^3 - r^3)}{r^3 (a^3 - b^3)} \tag{2.14}$$

$$\sigma_\theta = -\frac{p_0 b^3 (2r^3 + a^3)}{2r^3 (a^3 - b^3)} + \frac{p a^3 (b^3 + 2r^3)}{2r^3 (a^3 - b^3)} \tag{2.15}$$

由切向应变方程(2.7)可得径向位移 u(指向孔外为正)

$$u = -r\varepsilon_\theta = \frac{p - p_0}{2G\left(\dfrac{1}{a^3} - \dfrac{1}{b^3}\right)} \left[\frac{1 - 2\nu}{(1 + \nu)b^3}r + \frac{1}{2r^2}\right] \tag{2.16}$$

其中,$G = E/2(1 + \nu)$ 是材料的剪切模量。

2.2.1.4 特殊情形:无限介质

对于在岩土工程有广泛应用的 $b \to \infty$ 特殊情形,在式(2.14)~式(2.16)中令 $b \to \infty$,可得无限介质中的应力和位移解

$$\sigma_r = p_0 + (p - p_0)\left(\frac{a}{r}\right)^3 \tag{2.17}$$

$$\sigma_\theta = p_0 - \frac{1}{2}(p - p_0)\left(\frac{a}{r}\right)^3 \tag{2.18}$$

$$u = \frac{p - p_0}{4G}\left(\frac{a}{r}\right)^3 r \tag{2.19}$$

2.2.2 厚壁圆筒扩张

采用与球形孔扩张相似的方法分析圆筒扩张问题。设厚壁圆筒为无限长,符合平面应变问题假设。

2.2.2.1 平衡方程与边界条件

柱形孔扩张问题的平衡方程可以表达为切向应力和径向应力的形式

$$r\frac{d\sigma_r}{dr} + (\sigma_r - \sigma_\theta) = 0 \tag{2.20}$$

其中,σ_r 和 σ_θ 分别为径向应力和切向应力。应力边界条件与球孔扩张相同,即由式(2.2)和式(2.4)定义。

2.2.2.2 变形协调条件和应力-应变关系

厚壁圆筒的径向和切向应变和球形孔扩张相同

$$\varepsilon_r = -\frac{du}{dr}, \quad \varepsilon_\theta = -\frac{u}{r}$$

若消除位移 u 可得如下变形协调条件

$$\varepsilon_r = \frac{\mathrm{d}}{\mathrm{d}r}(r\varepsilon_\theta)$$

对于弹性材料,平面应变课题圆筒扩张的应力-应变关系可表示为

$$\varepsilon_r = \frac{1-\nu^2}{E}\left(\sigma_r - \frac{\nu}{1-\nu}\sigma_\theta\right) \tag{2.21}$$

$$\varepsilon_\theta = \frac{1-\nu^2}{E}\left(-\frac{\nu}{1-\nu}\sigma_r + \sigma_\theta\right) \tag{2.22}$$

其中,E 为弹性模量,ν 为泊松比。

2.2.2.3 求解

联立平衡方程、变形协调方程和应力-应变关系可得以径向应力表示的积分方程,其通解形式为

$$\sigma_r = C + \frac{D}{r^2} \tag{2.23}$$

其中,C 和 D 是常数。将式(2.23)代入平衡方程(2.20)中,可获得切向应力

$$\sigma_\theta = C - \frac{D}{r^2} \tag{2.24}$$

通过边界条件式(2.2)和式(2.3),可以确定积分常数 C 和 D。边界条件

$$C + \frac{D}{a^2} = p \tag{2.25}$$

$$C + \frac{D}{b^2} = p_0 \tag{2.26}$$

可得 C 和 D 解

$$C = \frac{-pa^2 + p_0 b^2}{b^2 - a^2} \tag{2.27}$$

$$D = \frac{a^2 b^2(-p_0 + p)}{b^2 - a^2} \tag{2.28}$$

因此,应力解为

$$\sigma_r = -\frac{p_0 b^2(r^2 - a^2)}{r^2(a^2 - b^2)} - \frac{pa^2(b^2 - r^2)}{r^2(a^2 - b^2)} \tag{2.29}$$

$$\sigma_\theta = -\frac{p_0 b^2(r^2 + a^2)}{r^2(a^2 - b^2)} + \frac{pa^2(b^2 + r^2)}{r^2(a^2 - b^2)} \tag{2.30}$$

径向位移 u 可由式(2.7)中的切向应变求得

$$u = -r\varepsilon_\theta = \frac{p - p_0}{2G\left(\dfrac{1}{a^2} - \dfrac{1}{b^2}\right)}\left(\frac{1 - 2\nu}{b^2}r + \frac{1}{r}\right) \tag{2.31}$$

其中,$G = E/2(1+\nu)$ 是材料的剪切模量。

2.2.2.4 特殊情形:无限介质

在式(2.29)~式(2.31)中令 $b \to \infty$,可得柱形孔在无限介质中的扩张解

$$\sigma_r = p_0 + (p - p_0)\left(\frac{a}{r}\right)^2 \tag{2.32}$$

$$\sigma_\theta = p_0 - (p - p_0)\left(\frac{a}{r}\right)^2 \tag{2.33}$$

$$u = \frac{p - p_0}{2G}\left(\frac{a}{r}\right)^2 r \tag{2.34}$$

2.2.3 受双向原位应力的柱形孔

本节将分两步分析受有双向应力条件的无限介质中柱形孔扩张问题。

2.2.3.1 无限长方向受有水平应力的无内压小孔

就像我们对圆筒扩张问题感兴趣一样,Timoshenko 和 Goodier(1970)研究了圆孔对单位厚度圆盘应力分布的影响(图 2.2)。

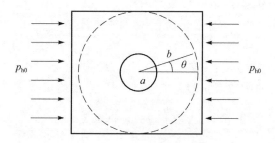

图 2.2 受有水平压力的无内压小孔

图 2.2 为水平方向受有均匀压力的单位厚度圆盘。虽然小孔将改变周围的应力分布,但其对距离远大于小孔半径 a 处的影响将很小。换句话说,在半径 $b(b \gg a)$ 处的应力可视为与不存在小孔时相同。据此思路,可由半径 b 获得应力表达形式

$$\sigma_r\mid_{r=b} = p_{h0}\cos^2\theta = \frac{1}{2}p_{h0} + \frac{1}{2}p_{h0}\cos2\theta \tag{2.35}$$

$$\tau_{r\theta}\mid_{r=b} = -\frac{1}{2}p_{h0}\sin2\theta \tag{2.36}$$

　　这些应力作用在内、外半径分别为 a 和 b 的环形区域外部,因此问题转化为求在 $r=b$ 处应力的作用下圆环内部应力分布问题。

　　为简化起见,将式(2.35)和式(2.36)定义的外边界应力划分为两部分。第一部分是恒定的径向应力

$$\sigma_r \mid_{r=b} = \frac{1}{2}p_{h0}, \quad \tau_{r\theta} \mid_{r=b} = 0 \tag{2.37}$$

引起的。该部分应力可由式(2.29)和式(2.30)令 $p=0$ 和 $p_0 = \frac{1}{2}p_{h0}$ 求得。

　　第二部分是由以下应力导致的

$$\sigma_r \mid_{r=b} = \frac{1}{2}p_{h0}\cos2\theta, \quad \tau_{r\theta} \mid_{r=b} = -\frac{1}{2}p_{h0}\sin2\theta \tag{2.38}$$

该应力分布可按应力函数方法求解。设应力函数

$$\phi = f(r)\cos2\theta \tag{2.39}$$

　　将式(2.39)代入平面问题控制方程

$$\left(\frac{\partial^2}{\partial r^2} + \frac{1}{r}\frac{\partial}{\partial r} + \frac{1}{r^2}\frac{\partial^2}{\partial\theta^2}\right)\left(\frac{\partial^2\phi}{\partial r^2} + \frac{1}{r}\frac{\partial\phi}{\partial r} + \frac{1}{r^2}\frac{\partial^2\phi}{\partial\theta^2}\right) = 0 \tag{2.40}$$

得用函数 $f(r)$ 表示的常微分方程,函数可假设为

$$f(r) = Ar^2 + Br^4 + C\frac{1}{r^2} + D \tag{2.41}$$

　　联立式(2.41)和式(2.39),得应力函数

$$\phi = \left(Ar^2 + Br^4 + C\frac{1}{r^2} + D\right)\cos2\theta \tag{2.42}$$

其中,A,B,C 和 D 均为积分常数。

　　利用应力和应力函数之间的关系,得如下应力表达式

$$\sigma_r = \frac{1}{r}\frac{\partial\phi}{\partial r} + \frac{1}{r^2}\frac{\partial^2\phi}{\partial\theta^2} = -\left(2A + \frac{6C}{r^4} + \frac{4D}{r^2}\right)\cos2\theta \tag{2.43}$$

$$\sigma_\theta = \frac{\partial^2\phi}{\partial r^2} = \left(2A + 12Br^2 + \frac{6C}{r^4}\right)\cos2\theta \tag{2.44}$$

$$\tau_{r\theta} = -\frac{\partial}{\partial r}\left(\frac{1}{r}\frac{\partial\phi}{\partial\theta}\right) = \left(2A + 6Br^2 - \frac{6C}{r^4} - \frac{2D}{r^2}\right)\sin2\theta \tag{2.45}$$

　　根据 $r=a$ 和 $r=b$ 处径向和切向应力,得下列边界条件

$$2A + \frac{6C}{b^4} + \frac{4D}{b^2} = -\frac{1}{2}p_{h0} \tag{2.46}$$

$$2A + \frac{6C}{a^4} + \frac{4D}{a^2} = 0 \tag{2.47}$$

$$2A + 6Bb^2 - \frac{6C}{b^4} - \frac{2D}{b^2} = -\frac{1}{2}p_{h0} \tag{2.48}$$

$$2A + 6Ba^2 - \frac{6C}{a^4} - \frac{2D}{a^2} = 0 \tag{2.49}$$

若考虑 $b \to \infty$ 的无限介质情形,通过上式可求得 A, B, C 和 D 值

$$A = -\frac{p_{h0}}{4} \tag{2.50}$$

$$B = 0 \tag{2.51}$$

$$C = -\frac{a^4}{4}p_{h0} \tag{2.52}$$

$$D = \frac{a^2}{2}p_{h0} \tag{2.53}$$

最后,将 A, B, C 和 D 值代入应力表达式(2.43)~式(2.45),连同恒定应力条件下方程(2.37)求得的外边界应力解,得到最终应力

$$\sigma_r = \frac{p_{h0}}{2}\left(1 - \frac{a^2}{r^2}\right) + \frac{p_{h0}}{2}\left(1 + \frac{3a^4}{r^4} - \frac{4a^2}{r^2}\right)\cos 2\theta \tag{2.54}$$

$$\sigma_\theta = \frac{p_{h0}}{2}\left(1 + \frac{a^2}{r^2}\right) - \frac{p_{h0}}{2}\left(1 + \frac{3a^4}{r^4}\right)\cos 2\theta \tag{2.55}$$

$$\tau_{r\theta} = -\frac{p_{h0}}{2}\left(1 - \frac{3a^4}{r^4} + \frac{2a^2}{r^2}\right)\sin 2\theta \tag{2.56}$$

2.2.3.2 受无限边界双向应力的圆筒

图 2.3 是同时考虑水平压力 p_{h0} 和竖直应力 p_{v0} 的情形,这种情况对于分析隧道问题具有特别意义。

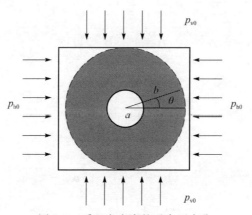

图 2.3 受双向应力的无内压小孔

具有竖直方向压力问题的求解和水平压力问题求解步骤相同。由 p_{h0} 和 p_{v0} 共同作用求得的应力为

$$\sigma_r = \frac{p_{\mathrm{h0}} + p_{\mathrm{v0}}}{2}\left(1 - \frac{a^2}{r^2}\right) + \frac{p_{\mathrm{h0}} - p_{\mathrm{v0}}}{2}\left(1 + \frac{3a^4}{r^4} - \frac{4a^2}{r^2}\right)\cos 2\theta \qquad (2.57)$$

$$\sigma_\theta = \frac{p_{\mathrm{h0}} + p_{\mathrm{v0}}}{2}\left(1 + \frac{a^2}{r^2}\right) - \frac{p_{\mathrm{h0}} - p_{\mathrm{v0}}}{2}\left(1 + \frac{3a^4}{r^4}\right)\cos 2\theta \qquad (2.58)$$

$$\tau_{r\theta} = -\frac{p_{\mathrm{h0}} - p_{\mathrm{v0}}}{2}\left(1 - \frac{3a^4}{r^4} + \frac{2a^2}{r^2}\right)\sin 2\theta \qquad (2.59)$$

为确定位移,需要用到应力-应变关系和变形协调条件。对于所考虑的问题,用径向位移 u 和切向位移 ν 的形式表达应变

$$\varepsilon_r = -\frac{\partial u}{\partial r} \qquad (2.60)$$

$$\varepsilon_\theta = -\frac{u}{r} - \frac{1}{r}\frac{\partial \nu}{\partial r} \qquad (2.61)$$

应用应力-应变关系,可得平面应变柱形孔的结果

$$-\frac{\partial u}{\partial r} = \frac{1 - \nu^2}{E}\left[\sigma_r - \frac{\nu}{1 - \nu}\sigma_\theta\right] \qquad (2.62)$$

$$-\frac{u}{r} - \frac{1}{r}\frac{\partial \nu}{\partial \theta} = \frac{1 - \nu^2}{E}\left[-\frac{\nu}{1 - \nu}\sigma_r + \sigma_\theta\right] \qquad (2.63)$$

注意,径向位移 u 方向指向孔外时为正,类似地,切向位移 ν 顺时针方向为正。

根据无限远处位移边界条件,由式(2.62)和式(2.63)可得位移场

$$u = -\frac{1 - \nu^2}{E}\left\{p_{\mathrm{m}}\left(r + \frac{a^2}{r}\right) + p_{\mathrm{d}}\left(r - \frac{a^4}{r^3} + \frac{4a^2}{r}\right)\cos 2\theta\right\}$$
$$+ \frac{\nu(1 + \nu)}{E}\left\{p_{\mathrm{m}}\left(r - \frac{a^2}{r}\right) - p_{\mathrm{d}}\left(r - \frac{a^4}{r^3}\right)\cos 2\theta\right\} \qquad (2.64)$$

$$\nu = \frac{p_{\mathrm{d}}}{E}\left\{(1 - \nu^2)\left(r + \frac{2a^2}{r} + \frac{a^4}{r^3}\right) + \nu(1 + \nu)\left(r - \frac{2a^2}{r} + \frac{a^4}{r^3}\right)\right\}\sin 2\theta \qquad (2.65)$$

其中

$$p_{\mathrm{m}} = \frac{p_{\mathrm{h0}} + p_{\mathrm{v0}}}{2}, \quad p_{\mathrm{d}} = \frac{p_{\mathrm{h0}} - p_{\mathrm{v0}}}{2} \qquad (2.66)$$

特别地,在孔壁 $r = a$ 处的位移为

$$\frac{u}{a} = -\frac{1 - \nu^2}{E}\left[(p_{\mathrm{h0}} + p_{\mathrm{v0}}) + 2(p_{\mathrm{h0}} - p_{\mathrm{v0}})\cos 2\theta\right] \qquad (2.67)$$

$$\frac{\nu}{a} = \frac{2(1 - \nu^2)}{E}(p_{\mathrm{h0}} - p_{\mathrm{v0}})\sin 2\theta \qquad (2.68)$$

孔壁作用有恒定压力

若在边界 $r=a$ 处作用有非零恒定压力 p，可将有内压 p 的解（由前述章节结果）叠加到应力解式(2.57)和式(2.58)。最终应力解为

$$\sigma_r = \frac{p_{h0}+p_{v0}}{2}\left(1-\frac{a^2}{r^2}\right)+\frac{pa^2}{r^2}+\frac{p_{h0}-p_{v0}}{2}\left(1+\frac{3a^4}{r^4}-\frac{4a^2}{r^2}\right)\cos2\theta \quad (2.69)$$

$$\sigma_\theta = \frac{p_{h0}-p_{v0}}{2}\left(1+\frac{a^2}{r^2}\right)-\frac{pa^2}{r^2}-\frac{p_{h0}-p_{v0}}{2}\left(1+\frac{3a^4}{r^4}\right)\cos2\theta \quad (2.70)$$

2.3 各向异性介质弹性解

除各向同性材料外，与土和岩石相关的还有横观同性材料性质（土力学中通常称为横观各向异性）(Graham, Houlsby, 1983; Wu et al., 1991)。

这里研究横观各向异性弹性材料中小孔扩张的解析解，第11章将详细讨论这些解在分析钻孔稳定问题中的应用。

2.3.1 空心球体扩张

Lekhnitskii(1963)提出了横观各向异性弹性材料空心球体扩张的解答。假设几何和荷载条件与图2.1相同，唯一不同的是，材料在径向具有横观各向异性，即可将与半径方向垂直的面(θ,ϕ)视为各向异性的界面。

2.3.1.1 应力-应变关系

Lekhnitskii(1963)和Van Cauwelaert(1977)给出了该类横观各向异性材料的应力-应变关系

$$\varepsilon_r = \frac{1}{E'}\sigma_r - \frac{\nu'}{E'}(\sigma_\phi+\sigma_\theta) \quad (2.71)$$

$$\varepsilon_\phi = -\frac{\nu'}{E'}\sigma_r - \frac{1}{E}(\sigma_\phi-\nu\sigma_\theta) \quad (2.72)$$

$$\varepsilon_\theta = -\frac{\nu'}{E'}\sigma_r + \frac{1}{E}(\sigma_\theta-\nu\sigma_\phi) \quad (2.73)$$

其中，E'为r方向的弹性模量；E为各向同性面的弹性模量；ν'为沿着径向施加应力所诱导的在各向同性平面的泊松比；ν为沿着平面施加应力所诱导的在各向同性面的泊松比。

应力应变关系式(2.71)~式(2.73)可表示为如下形式

$$\sigma_r = A_{11}\varepsilon_r + A_{12}\varepsilon_\phi + A_{12}\varepsilon_\theta \quad (2.74)$$

$$\sigma_\phi = A_{12}\varepsilon_r + A_{22}\varepsilon_\phi + A_{23}\varepsilon_\theta \tag{2.75}$$

$$\sigma_\theta = A_{12}\varepsilon_r + A_{23}\varepsilon_\phi + A_{22}\varepsilon_\theta \tag{2.76}$$

刚度矩阵因数为

$$A_{11} = \frac{E'(1-\nu)}{1-\nu-2\nu'^2 E/E'} \tag{2.77}$$

$$A_{12} = \frac{E\nu'}{1-\nu-\nu'^2 E/E'} \tag{2.78}$$

$$A_{22} = \frac{E}{1+\nu} \times \frac{1-\nu'^2 E/E'}{1-\nu-2\nu'^2 E/E'} \tag{2.79}$$

$$A_{23} = \frac{E}{1+\nu} \times \frac{\nu+\nu'^2 E/E'}{1-\nu-2\nu'^2 E/E'} \tag{2.80}$$

2.3.1.2　求解

对于空心球体,应变可以表达为径向位移 u 的函数

$$\varepsilon_r = -\frac{\mathrm{d}u}{\mathrm{d}r}, \quad \varepsilon_\phi = \varepsilon_\theta = -\frac{u}{r} \tag{2.81}$$

应用 $\sigma_\phi = \sigma_\theta$ 条件,以及应力-应变关系和平衡方程

$$r\frac{\mathrm{d}\sigma_r}{\mathrm{d}r} + 2(\sigma_r - \sigma_\theta) = 0$$

得到以径向位移 u 表示的微分方程

$$\frac{\mathrm{d}^2 u}{\mathrm{d}r^2} + \frac{2}{r}\frac{\mathrm{d}u}{\mathrm{d}r} - \frac{2(A_{22}+A_{23}-A_{12})}{A_{11}} \times \frac{u}{r^2} = 0 \tag{2.82}$$

方程的通解为

$$u = Ar^{n-\frac{1}{2}} + \frac{B}{r^{n+\frac{1}{2}}} \tag{2.83}$$

其中,n 定义为

$$n = \sqrt{\frac{1}{4} + \frac{2(A_{22}+A_{23}-A_{12})}{A_{11}}} \tag{2.84}$$

将式(2.83)和式(2.84)代入式(2.74)~式(2.76),得到应力表达式。通过边界条件可以确定积分常数 A 和 B

$$\sigma_r \mid_{r=a} = p$$

$$\sigma_r \mid_{r=b} = p_0$$

A 和 B 的值为

$$A = \frac{1}{A_{11}\left(n - \frac{1}{2}\right) + 2A_{12}} \times \frac{-pa^{n+\frac{3}{2}} + p_0 b^{n+\frac{3}{2}}}{b^{2n} - a^{2n}} \qquad (2.85)$$

$$B = \frac{1}{-A_{11}\left(n + \frac{1}{2}\right) + 2A_{12}} \times \frac{(-p_0 b^{\frac{3}{2}-n} + pa^{\frac{3}{2}-n})(ab)^{2n}}{b^{2n} - a^{2n}} \qquad (2.86)$$

最终应力表达式为

$$\sigma_r = \frac{-pa^{n+\frac{3}{2}} + p_0 b^{n+\frac{3}{2}}}{b^{2n} - a^{2n}} r^{n-\frac{3}{2}} + \frac{(-p_0 b^{\frac{3}{2}-n} + pa^{\frac{3}{2}-n})(ab)^{2n}}{b^{2n} - a^{2n}} r^{-n-\frac{3}{2}} \quad (2.87)$$

$$\sigma_\theta = \sigma_\phi = \lambda_1 \frac{-pa^{n+\frac{3}{2}} + p_0 b^{n+\frac{3}{2}}}{b^{2n} - a^{2n}} r^{n-\frac{3}{2}} + \lambda_2 \frac{(-p_0 b^{\frac{3}{2}-n} + pa^{\frac{3}{2}-n})(ab)^{2n}}{b^{2n} - a^{2n}} r^{-n-\frac{3}{2}}$$

$$(2.88)$$

其中

$$\lambda_1 = \frac{A_{22} + A_{23} + A_{12}\left(n - \frac{1}{2}\right)}{A_{11}\left(n - \frac{1}{2}\right) + 2A_{12}} \qquad (2.89)$$

$$\lambda_2 = \frac{A_{22} + A_{23} - A_{12}\left(n + \frac{1}{2}\right)}{-A_{11}\left(n + \frac{1}{2}\right) + 2A_{12}} \qquad (2.90)$$

对于各向同性材料,$n = 3/2$,上述结果可简化为前面所得各向同性材料的解。

2.3.2 厚壁圆筒扩张

本节中,受有内、外压的厚壁圆筒扩张的求解方法与 Wu 等(1991)方法类似,属于 Lekhnitskii(1963)得到的不同加载条件通解的一个特例。

第 2.3.1 节阐述的空心球孔扩张解考虑的是以径向作为对称轴的横观各向同性的材料,与此不同,本节主要讨论圆筒扩张的解析解,它所采用的坐标系中任何一个轴(r,z 或 θ)都可能视为对称轴,即存在三种可能:

(1)径向 r 方向是对称轴,则(z,θ)面是各向同性面。

(2)轴向 z 方向是对称轴,则(r,θ)面是各向同性面。

(3)切向 θ 方向是对称轴,则(r,z)面是各向同性面。

当然必须指出,前两种情况在岩土工程中有广泛的应用,第三种情况则与岩土工程问题不是十分相关。

2.3.2.1 应力-应变关系

横观各向异性材料应力-应变关系的一般形式为(Lekhnitskii,1963;Van Cauwelaert,1977)

$$\varepsilon_r = a_{11}\sigma_r + a_{12}\sigma_\theta + a_{13}\sigma_z \tag{2.91}$$

$$\varepsilon_\theta = a_{12}\sigma_r + a_{22}\sigma_\theta + a_{23}\sigma_z \tag{2.92}$$

$$\varepsilon_z = a_{13}\sigma_r + a_{23}\sigma_\theta + a_{33}\sigma_z \tag{2.93}$$

其中,系数 a_{ij} 为弹性模量和泊松比的简单函数(Lekhnitskii,1963)。

对于平面应变问题,z 方向应变为零,则有

$$\sigma_z = -\frac{1}{a_{33}}(a_{13}\sigma_r + a_{23}\sigma_\theta) \tag{2.94}$$

将式(2.94)代入式(2.91)和式(2.92),得

$$\varepsilon_r = \beta_{11}\sigma_r + \beta_{12}\sigma_\theta \tag{2.95}$$

$$\varepsilon_\theta = \beta_{12}\sigma_r + \beta_{22}\sigma_\theta \tag{2.96}$$

系数 β_{ij} 为

$$\beta_{ij} = a_{ij} - \frac{a_{i3}a_{j3}}{a_{33}} \quad (i,j=1,2) \tag{2.97}$$

2.3.2.2　求解

对于圆柱形孔,应变可用径向位移 u 的函数表示

$$\varepsilon_r = -\frac{\mathrm{d}u}{\mathrm{d}r}, \quad \varepsilon_\theta = -\frac{u}{r} \tag{2.98}$$

利用式(2.98)消掉位移 u,获相容性方程

$$\varepsilon_r = \frac{\mathrm{d}}{\mathrm{d}r}(r\varepsilon)$$

平衡方程为

$$r\frac{\mathrm{d}\sigma_r}{\mathrm{d}r} + (\sigma_r - \sigma_\theta) = 0$$

如果将径向应力作为基本量,通过联立应力-应变关系、相容性方程和平衡方程可得下列微分方程

$$\beta_{22}r^2\frac{\mathrm{d}^2\sigma_r}{\mathrm{d}r^2} + 3\beta_{22}r\frac{\mathrm{d}\sigma_r}{\mathrm{d}r} - (\beta_{11}-\beta_{22})\sigma_r = 0 \tag{2.99}$$

利用式(2.99),得径向应力通解

$$\sigma_r = Ar^{n-1} + \frac{B}{r^{n+1}} \tag{2.100}$$

式中,n 定义为

$$n = \sqrt{\frac{\beta_{11}}{\beta_{22}}} \tag{2.101}$$

引入边界条件

$$\sigma_r \big|_{r=a} = p$$
$$\sigma_r \big|_{r=b} = p_0$$

可求得积分常数 A 和 B。应力最终解为

$$\sigma_r = \frac{p_0 - p\left(\dfrac{a}{b}\right)^{n+1}}{1 - \left(\dfrac{a}{b}\right)^{2n}}\left(\frac{r}{b}\right)^{n-1} + \frac{p - p_0\left(\dfrac{a}{b}\right)^{n-1}}{1 - \left(\dfrac{a}{b}\right)^{2n}}\left(\frac{a}{r}\right)^{n+1} \tag{2.102}$$

$$\sigma_\theta = n\frac{p_0 - p\left(\dfrac{a}{b}\right)^{n+1}}{1 - \left(\dfrac{a}{b}\right)^{2n}}\left(\frac{r}{b}\right)^{n-1} - n\frac{p - p_0\left(\dfrac{a}{b}\right)^{n-1}}{1 - \left(\dfrac{a}{b}\right)^{2n}}\left(\frac{a}{r}\right)^{n+1} \tag{2.103}$$

径向位移可表达为

$$u = -r\varepsilon_\theta = -r(\beta_{12}\sigma_r + \beta_{22}\sigma_\theta) \tag{2.104}$$

对于各向同性材料，$n=1$，上述解答简化为前述的各向同性材料柱形孔扩张问题的解答。

2.4 半无限空间弹性解

尽管本书主要着眼于无限介质中的小孔扩张问题，但是同时也会介绍半无限空间中小孔扩张或收缩的弹性解。由于半空间中小孔问题与地下隧道掘进引起的地层沉降问题相关，因此，岩土工程界始终对探求弹性半空间中小孔卸载问题的解析解深感兴趣。不像无限介质中的小孔扩张，半空间小孔扩张问题是二维问题，因而目前仅有限于弹性问题的解析解。

2.4.1 半空间柱形孔

考虑两个基本的位移荷载：①均匀的径向位移（表示隧道开挖过程中可能造成的地层损失）；②隧道形状椭圆化（可能由各向异性的初始应力引起）。两种位移荷载示意如图 2.4 所示。Verruij 和 Booker(1996)给出了这一问题的简单解析解。

Verruij 和 Booker(1996)所使用的方法实质是 Sagaseta(1987)所提出的虚拟映象方法的延伸和拓展。但 Sagaseta(1987)考虑不可压缩材料（弹性或塑性土体）经历均匀的径向位移荷载，而 Verruijt 和 Booker(1996)的弹性分析则考虑了椭圆

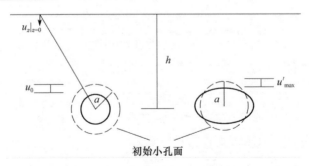

图 2.4　弹性半空间小孔卸载

化效应以及任意泊松比条件下的弹性压缩。

　　在给出结果之前,有必要定义两个位移输入参量。假定小孔壁向内的均匀径向位移为 u_0,则小孔壁应变为 $\varepsilon = u_0/a$, a 是小孔半径。小孔的椭圆化(或变形)可以通过向内最大位移 u'_{max} 来定义,可用量纲为一数 $\delta = u'_{max}/a$ 表示。Verruijt 和 Booker(1996)给出的解答就是用小孔应变 ε 和小孔变形的量纲为一数 δ 表示的。

　　本问题的求解可分为三步。前两步是在 (x,z) 空间,定义在 $(0,h)$ 和 $(0,-h)$ 区间点的弹性理论奇异解(Timoshenko,Goodier,1970),如图 2.5 所示。由两种位移荷载引起的单个点(隧道)及其映象在 x 和 z 方向的位移可表达为

$$u_x = -\varepsilon a^2 x\left(\frac{1}{r_1^2}+\frac{1}{r_2^2}\right)+\delta a^2 x\left[\frac{x^2-k_0 z_1^2}{r_1^4}+\frac{x^2-k_0 z_2^2}{r_2^4}\right] \tag{2.105}$$

$$u_z = -\varepsilon a^2\left(\frac{z_1}{r_1^2}+\frac{z_2}{r_2^2}\right)+\delta a^2\left[\frac{z_1(k_0 x^2-z_1^2)}{r_1^4}+\frac{z_2(k_0 x^2-z_2^2)}{r_2^4}\right] \tag{2.106}$$

其中,$k_0 = \nu/(1-\nu)$,$z_1 = z-h$,$z_2 = z+h$。

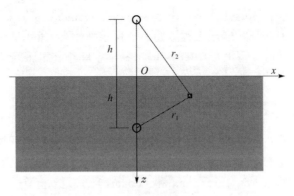

图 2.5　奇异点及其映象

　　由于奇异点及其映象解的对称性,在自由表面 $z=0$ 处的剪应力 $\sigma_{zz}=0$ 和竖向位移 $u_z=0$。但是,它们在自由表面 $z=0$ 处产生了非零的法向应力,可表为

$$\sigma_z\mid_{z=0} = -4G\varepsilon a^2\,\frac{x^2-h^2}{(x^2+h^2)^2} - \frac{8Gm\delta a^2}{1+m}\times\left[\frac{h^2(3x^2-h^2)}{(x^2+h^2)^3}\right] \quad (2.107)$$

其中,G 为剪切模量,m 定义为 $m=1/(1-2\nu)$。

事实上,在 $z=0$ 表面处的法向应力应为零。因此,第三步将在该表面施加一个大小同式(2.107)所示,但方向相反的法向应力。正如 Verruijt 和 Booker (1996)所述,这类问题可以很方便地使用 Fourier 变换(Sneddon,1951)求解。位移求解结果

$$u_x = -\frac{2\varepsilon a^2 x}{m}\left(\frac{1}{r_2^2}-\frac{2mzz_2}{r_2^4}\right) - \frac{4\delta a^2 xh}{1+m}\left[\frac{z_2}{r_2^4}+\frac{mz(x^2-3z_2^2)}{r_2^6}\right] \quad (2.108)$$

$$u_z = \frac{2\varepsilon a^2}{m}\left[\frac{(m+1)z_2}{r_2^2}-\frac{mz(x^2-z_2^2)}{r_2^4}\right] - 2\delta a^2 h\left[\frac{x^2-z_2^2}{r_2^4}+\frac{m}{1+m}\,\frac{2zz_2(3x^2-z_2^2)}{r_2^6}\right]$$

$$(2.109)$$

式(2.108)、式(2.109)和式(2.105)、式(2.106)是由于地层损失、隧道形变 ε 和 δ 所引起的位移最终解。一旦知道了位移,就很容易获得全部弹性应力和应变分量。

在自由表面 $z=0$ 处,$z_1=-z_2$,通过式(2.106)可知,两种奇异解引起的竖向位移为零。平面 $z=0$ 上仅有的非零竖向位移是由于施加式(2.107)的法向应力所导致。将 $z=0$ 代入式(2.109),可得自由表面总竖向位移为

$$u_z\mid_{z=0} = 2\varepsilon a^2\,\frac{1+m}{m}\times\frac{h}{x^2+h^2} - 2\delta a^2\times\frac{h(x^2-h^2)}{(x^2+h^2)^2} \quad (2.110)$$

式中,前一项为地层损失(如均匀径向位移等)引起的位移,第二项是孔变形引起的位移。

对于不可压缩材料,泊松比为 0.5,因此因子 $(1+m)/m$ 等于 1。此时,式(2.110)中第一项简化为 Sagaseta(1987)关于地层损失的解。

值得注意的是,用解答式(2.110)仅求解了地层损失部分的地表变形,而小孔壁位移则可通过一种简单方法与地表沉降联系起来

$$\frac{u_z\mid_{z=0}}{u_0} = \frac{2(1+m)}{m}\times\frac{\dfrac{h}{a}}{\left(\dfrac{x}{a}\right)^2+\left(\dfrac{h}{a}\right)^2} \quad (2.111)$$

在第 10 章将看到,利用式(2.111)与无限介质中小孔扩张问题解的结合,可以估计浅隧道施工造成的地表沉降。

2.4.2 半空间球形孔

利用 Mindlin 和 Cheng(1950)的映象源方法以及 Hopkins(1960)和 Keer

(1998)等提出的小孔扩张源的概念可得到半空间中球形孔扩张解。

Hopkins(1960)首次提出小孔扩张源的概念。假设一个半径为 a 的球形孔，其内壁承受恒压 p。则在半径 R 处的径向应力为 $\sigma_R = p(a/R)^3$，对于同一球心的任意球面，其径向应力的积分为常数

$$S = \iint \sigma_R R \, \mathrm{d}S \tag{2.112}$$

这个常数定义为球形孔中心的小孔扩张源。对于承受内压 p 的球形孔，孔中心的小孔扩张源为 $S = 4\pi a^3 p$(Keer et al.,1998)。对于无限大介质，半径为 R 的孔中心源所引起的位移和应力场为

$$\sigma_R = \frac{S}{4\pi R^3} \tag{2.113}$$

$$\sigma_{R\phi} = 0 \tag{2.114}$$

$$\sigma_\theta = \sigma_\phi = -\frac{S}{8\pi R^3} \tag{2.115}$$

$$u = \frac{S}{16\pi G R^2} \tag{2.116}$$

为得到半空间小孔的应力和位移解，在图 2.6 中的影像点处引入另一个源 S。在自由表面($z=0$)处，由孔源及其像源引起的唯一非零应力分量是径向应力

$$\sigma_z = -\frac{S}{8\pi}\left(\frac{1}{R_0^3} - \frac{3h^2}{R_0^5}\right) \tag{2.117}$$

其中，$R_0 = \sqrt{r^2 + h^2} = \sqrt{x^2 + y^2 + h^2}$。

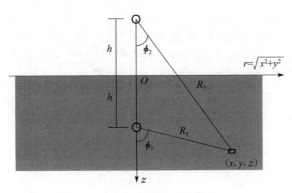

图 2.6　边界上牵引自由的像源

采用 Kassir 和 Sih(1975)的轴对称应力函数 $f(r,z)$，最终位移和应力解为

$$\sigma_r = -2G\left[(1-2\nu)\frac{\partial^2 f}{\partial r^2} - 2\nu\frac{\partial^2 f}{\partial z^2} + z\frac{\partial^3 f}{\partial r^2 \partial z}\right] \tag{2.118}$$

$$\sigma_{rz} = 2Gz\,\frac{\partial^3 f}{\partial r\partial z^2} \tag{2.119}$$

$$\sigma_z = -2G\left(-\frac{\partial^2 f}{\partial z^2} + z\,\frac{\partial^3 f}{\partial z^3}\right) \tag{2.120}$$

$$\sigma_\theta = -2G\left(\frac{1}{r}\,\frac{\partial f}{\partial r} + 2\nu\,\frac{\partial^2 f}{\partial r^2} + \frac{z}{r}\,\frac{\partial^2 f}{\partial r\partial z}\right) \tag{2.121}$$

和

$$u_r = (1-2\nu)\,\frac{\partial f}{\partial r} + z\,\frac{\partial^2 f}{\partial r\partial z} \tag{2.122}$$

$$u_z = -2(1-\nu)\,\frac{\partial f}{\partial r} + z\,\frac{\partial^2 f}{\partial z^2} \tag{2.123}$$

式中,应力函数 f 为谐函数。自由表面 $z=0$ 处剪切应力 $\sigma_{rz}=0$,比较式(2.120)和式(2.117),同时自由表面处的法向应力为零,可得应力函数

$$f = -\frac{S}{8\pi GR_2} \tag{2.124}$$

将应力函数代入式(2.118)～式(2.123),并引入叠加原理,可得无限大半空间球形孔的位移和应力解。如应力结果为(Keer et al. ,1998)

$$\sigma_r = -\frac{S}{8\pi R_1^3}(3\cos^2\phi_1 - 2) - \frac{S}{8\pi R_2^3}(3\cos^2\phi_2 - 2)$$

$$- \left[(1-2\nu)\,\frac{\partial^2 F}{\partial r^2} - 2\nu\,\frac{\partial^2 F}{\partial z^2} + z\,\frac{\partial^3 F}{\partial r^2\partial z}\right] \tag{2.125}$$

$$\sigma_{rz} = -\frac{3S}{8\pi R_1^3}\sin\phi_1\cos\phi_1 - \frac{3S}{8\pi R_2^3}\sin\phi_2\cos\phi_2 + z\,\frac{\partial^3 F}{\partial r\partial z^2} \tag{2.126}$$

$$\sigma_z = -\frac{S}{8\pi R_1^3}(1-3\cos^2\phi_1) - \frac{S}{8\pi R_2^3}(1-3\cos^2\phi_2) + \frac{\partial^2 F}{\partial z^2} - z\,\frac{\partial^3 F}{\partial z^3} \tag{2.127}$$

$$\sigma_\theta = -\frac{S}{8\pi R_1^3} - \frac{S}{8\pi R_2^3} - \frac{1}{r}\,\frac{\partial F}{\partial r} - 2\nu\,\frac{\partial^2 F}{\partial r^2} - \frac{z}{r}\,\frac{\partial^2 F}{\partial r\partial z} \tag{2.128}$$

式中

$$F = \frac{S}{4\pi R_2} \tag{2.129}$$

$$R_1 = \sqrt{x^2 + y^2 + (z-h)^2} = \sqrt{r^2 + (z-h)^2} \tag{2.130}$$

$$R_2 = \sqrt{x^2 + y^2 + (z+h)^2} = \sqrt{r^2 + (z+h)^2} \tag{2.131}$$

$$\cos\phi_1 = \frac{z-h}{R_1} \tag{2.132}$$

$$\cos\phi_2 = \frac{z+h}{R_2} \tag{2.133}$$

对此感兴趣的读者可参考 Keer 等(1998)的相关文献,可得到进一步了解。

2.5 小　结

(1) 小孔扩张问题可以通过平衡方程、相容方程、应力-应变关系和应力边界条件求解。通过假设线弹性应力-应变关系,一般可以得到小孔扩张的解析解。本章给出了许多重要小孔扩张弹性解,作为弹塑性和黏弹性解的基础,许多结论将在后续章节中用到。

(2) 式(2.14)~式(2.16)给出了各向同性介质中球形孔周围位移和应力的最终解。

(3) 式(2.29)~式(2.31)给出了各向同性介质中柱形孔周围位移和应力的最终解。

(4) 式(2.57)~式(2.59)和式(2.64)~式(2.65)分别给出了无限介质中受有双向应力的柱形孔周围位移和应力解答。

(5) 可以得到各向异性介质中小孔周围应力和位移的闭合形式解答。式(2.102)~式(2.104)给出了这类介质中柱形孔周围位移和应力的终解,这些弹性解将在第 11 章中用来研究岩石中钻孔失稳问题。

(6) 尽管本书主要关注的是无限介质中孔扩张问题,但同时也介绍了半无限空间中小孔扩张的弹性解,式(2.105)~式(2.109)给出了柱形孔的二维弹性解,式(2.125)~式(2.128)给出了球形孔的二维弹性解。半空间中小孔问题与岩土工程密切相关,尤其值得指出的是,位移解式(2.105)~式(2.109)将在第 10 章中用于分析地下开挖引起的地层沉降问题。

参 考 文 献

Graham, J. and Houlsby, G. T. (1983). Anisotropic elasticity of a natural clay. Geotechnique, 33(2),165-180.

Hopkins, H. G. (1960). Dynamic expansion of spherical cavities in metals. in: Progress in Solid Mechanics, Vol 1(Editors: I. N. Sneddon and R. Hill), North-Holland, Amsterdam.

Keer, L. M, Xu, Y. and Luk, V. K. (1998). Boundary effects in penetration or perforation. Journal of Applied Mechanics, ASME, 65, 489-496.

Kassir, M. K. and Sih, G. C. (1975). Three-dimensional crack problems. in: Mechanics of Fracture, Vol 2, Noordhoff International Publishing, Dordrecht, The Netherlands.

Lekhnitskii, S. G. (1963). Theory of Elasticity of an Anisotropic Elastic Body. Holden-Day, Inc.

Mindlin, R. D. and Cheng, D. H(1950). Nuclei of strain in semi-infinite solid. Journal of Applied Physics, 21, 926-930.

Sagaseta, C. (1987). Analysis of undrained soil deformation due to ground loss. Geotechnique,

37(3),301-320.

Sneddon,I. N. (1951). Fourier Transforms. New York,McGraw Hill.

Timoshenko,S. P. and Goodier,J. N. (1970). Theory of Elasticity. 3rd edition,McGraw Hill

Van Cauwelaert,F. (1977). Coefficients of deformations of an anisotropic body. Journal of the Engineering Mechanics Division,ASCE,103(EM5),823-835.

Verruijt,A. and Booker,J. R. (1996). Surface settlements due to deformation of a tunnel in an elastic half plane. Geotechnique,46(4),753-756.

Wu,B. L. ,King,M. S. and Hudson,J. A. (1991). Stress-induced ultrasonic wave velocity anisotropy in a sandstone. International Journal for Rock Mechanics and Mining Sciences, 28(1), 101-107.

3　理想弹塑性解

3.1　引　　言

本章讨论理想弹塑性土体中小孔扩张的基本解,内容涉及有限和无限介质中圆柱形孔和球形孔的扩张解。本章中张力取正号。

采用完全塑性模型研究土体特性时,假设土体处于两种状态,即排水和不排水状态。在不排水状态加荷时,往往采用 Tresca 屈服准则的总应力方法分析黏土。而对在排水状态下的砂土,则采用 Mohr-Coulomb 屈服准则的有效应力方法可以获得精确解。因此,本章将采用 Tresca 和 Mohr-Coulomb 塑性模型分析小孔扩张问题的弹塑性解。图 3.1(a)所示分别为 π 平面上的 Tresca,von Mises,Mohr-Coulomb 屈服面。Hill(1950)曾对此问题进行过探讨,他提出一旦得到 Tresca 解,那么相应也可得到 von Mises 解。原因在于,对于球形小孔,von Mises 屈服准则完全等同于 Tresca 屈服准则。对于无限长柱形孔扩张的平面应变问题,von Mises 准则可近似用 Tresca 准则代替,不过剪切强度要增加 15%。

3.2　Tresca 解

对于 Tresca 材料中球形孔扩张和柱形孔扩张的大应变问题,Hill(1950)给出了应力解与位移解。本节分析中一般遵循 Hill 方法,但 Hill 解仅考虑零初始应力状态,而本节考虑了非零的附加压力,因此得到的结果是 Hill 解的普适化解。此外,对于柱形小孔从零半径开始的扩张问题,Hill 在求解时提出了一些基本假设,本书解答摒弃了不必要的假设条件,因此解的结果更为严密。

需指出的是,本节讨论的大应变解适用于所有泊松比材料,给出的基于 Tresca 准则的解答相对于 Gibson 和 Anderson(1961)的解更具一般性。

3.2.1　有限介质球形孔扩张

3.2.1.1　应力分析

假定球形孔内、外半径分别为 a 和 b,如图 3.1(b)所示。球形孔的初始半径为 a_0 和 b_0,土体承受静压力 p_0。小孔内压从初始压力 p_0 增加。分析目的是确定在

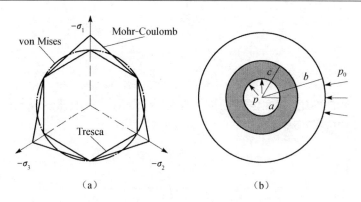

图 3.1　球形小孔的扩张和屈服面

内压力 p 作用下,球形孔内、外半径的变化。当内压力从 p_0 增加时,材料开始处于弹性阶段,应力和位移的弹性解分别为

$$\sigma_r = -p_0 - (p - p_0) \frac{\left(\dfrac{b_0}{r}\right)^3 - 1}{\left(\dfrac{b_0}{a_0}\right)^3 - 1} \tag{3.1}$$

$$\sigma_\theta = \sigma_\phi = -p_0 + (p - p_0) \frac{\dfrac{1}{2}\left(\dfrac{b_0}{r}\right)^3 - 1}{\left(\dfrac{b_0}{a_0}\right)^3 - 1} \tag{3.2}$$

径向位移为

$$u = r - r_0 = \frac{p - p_0}{E} \frac{(1-2\nu)r + \dfrac{(1+\nu)b_0^3}{2r^2}}{\left(\dfrac{b_0}{a_0}\right)^3 - 1} \tag{3.3}$$

其中,E 为杨氏模量,ν 为泊松比。

　　用最大主应力 σ_1 和最小主应力 σ_2 表示的 Tresca 屈服准则为

$$\sigma_1 - \sigma_3 = Y \tag{3.4}$$

其中,$Y = 2s_u$,s_u 为不排水剪切强度。

　　显然,在内边界首先满足屈服条件式(3.4)。把弹性应力解式(3.1)和式(3.2)代入式(3.4),并已知 $\sigma_1 = \sigma_\theta$,$\sigma_3 = \sigma_r$,可得到内表面开始屈服时的内压为

$$p = p_{1y} = p_0 + \frac{2Y}{3}\left[1 - \left(\frac{a_0}{b_0}\right)^3\right] \tag{3.5}$$

当内表面开始进入塑性状态时,内、外边界的位移分别为

$$u\mid_{r=a_0} = \frac{Ya_0}{E}\left[\frac{2(1-2\nu)a_0^3}{3b_0^3}+\frac{1+\nu}{3}\right] \tag{3.6}$$

$$u\mid_{r=b_0} = \frac{Y(1-\nu)a_0}{Eb_0^2} \tag{3.7}$$

若继续增加内压,塑性区就会进入球体内部,用 c 表示任意时刻的塑性区半径。弹性区的应力可表为

$$\sigma_r = -A\left[\left(\frac{b_0}{r}\right)^3-1\right]-p_0 \tag{3.8}$$

$$\sigma_\theta = \sigma_\phi = A\left[\frac{1}{2}\left(\frac{b_0}{r}\right)^3+1\right]-p_0 \tag{3.9}$$

式中,A 为常量,可以通过当材料恰好处于塑性边界的弹性域时其必在屈服点上的条件来确定。将式(3.8)和式(3.9)代入式(3.4),得

$$A = \frac{2Yc^3}{3b_0^3} \tag{3.10}$$

将式(3.10)代入式(3.8)和式(3.9),得弹性应力分布

$$\sigma_r = -\frac{2Yc^3}{3b_0^3}\left[\left(\frac{b_0}{r}\right)^3-1\right]-p_0 \tag{3.11}$$

$$\sigma_\theta = \sigma_\phi = \frac{2Yc^3}{3b_0^3}\left[\frac{1}{2}\left(\frac{b_0}{r}\right)^3+1\right]-p_0 \tag{3.12}$$

弹性区位移为

$$u = \frac{2Yc^3}{3Eb_0^3}\left[(1-2\nu)r+\frac{(1+\nu)b_0^3}{2r^2}\right] \tag{3.13}$$

从式(3.11)~式(3.13)可见,弹性区的解仅取决于弹-塑性界面半径 c。塑性区的平衡方程为

$$\frac{\partial\sigma_r}{\partial r} = \frac{2(\sigma_\theta-\sigma_r)}{r} \tag{3.14}$$

把屈服条件式(3.4)代入平衡方程(3.14),得

$$\sigma_r = 2Y\ln r+B \tag{3.15}$$

其中,B 为常量,可以根据径向应力在弹-塑性边界连续的条件求得。当 $r=c$ 时,由式(3.11)和式(3.15)得

$$B = -2Y\ln c-\frac{2Y}{3}\left[1-\left(\frac{c}{b_0}\right)^3\right]-p_0 \tag{3.16}$$

将式(3.16)代入式(3.15)和式(3.4),可得塑性区应力解

$$\sigma_r = -2Y\ln\left(\frac{c}{r}\right) - \frac{2Y}{3}\left[1 - \left(\frac{c}{b_0}\right)^3\right] - p_0 \qquad (3.17)$$

$$\sigma_\theta = Y - 2Y\ln\left(\frac{c}{r}\right) - \frac{2Y}{3}\left[1 - \left(\frac{c}{b_0}\right)^3\right] - p_0 \qquad (3.18)$$

将 $r=a$ 代入式(3.17)，可得塑性变形发展到半径 c 需要的小孔内压应为

$$p = 2Y\ln\left(\frac{c}{a}\right) + \frac{2Y}{3}\left[1 - \left(\frac{c}{b_0}\right)^3\right] - p_0 \qquad (3.19)$$

3.2.1.2　位移分析

由于在应力公式中出现参数 c，因此计算任一质点位移时，比较方便的做法是把塑性边界的运动视作"时间"尺度或扩张过程。考虑质点的速度为 V，意味着当塑性边界继续向外移动 $\mathrm{d}c$ 时，质点移动到 $V\mathrm{d}c$。V 可由总位移 u 来表示，而 u 是此时半径 r 和塑性半径 c 的函数，即

$$\mathrm{d}u = \frac{\partial u}{\partial c}\mathrm{d}c + \frac{\partial u}{\partial r}\mathrm{d}r = \left(\frac{\partial u}{\partial c} + V\frac{\partial u}{\partial r}\right)\mathrm{d}c \qquad (3.20)$$

其中，r 和 c 是两个独立的变量。把式(3.20)等同于 $V\mathrm{d}c$，则质点的移动速度可表示为

$$V = \frac{\dfrac{\partial u}{\partial c}}{1 - \dfrac{\partial u}{\partial r}} \qquad (3.21)$$

则塑性区的压缩方程为

$$\mathrm{d}\varepsilon_r + \mathrm{d}\varepsilon_\theta + \mathrm{d}\varepsilon_\phi = \frac{1-2\nu}{E}(\mathrm{d}\sigma_r + \mathrm{d}\sigma_\theta + \mathrm{d}\sigma_\phi) \qquad (3.22)$$

为了计算应力、应变增量，对于给定单元的应力和应变增量，有

$$\mathrm{d}\varepsilon_r = \frac{\partial(\mathrm{d}u)}{\partial r} = \frac{\partial V}{\partial r}\mathrm{d}c \qquad (3.23)$$

$$\mathrm{d}\varepsilon_\theta = \mathrm{d}\varepsilon_\phi = \frac{\mathrm{d}u}{r} = \frac{V\mathrm{d}c}{r} \qquad (3.24)$$

$$\mathrm{d}\sigma_r = \left(\frac{\partial\sigma_r}{\partial c} + V\frac{\partial\sigma_r}{\partial r}\right)\mathrm{d}c \qquad (3.25)$$

$$\mathrm{d}\sigma_\theta = \mathrm{d}\sigma_\phi = \left(\frac{\partial\sigma_\theta}{\partial c} + V\frac{\partial\sigma_\theta}{\partial r}\right)\mathrm{d}c \qquad (3.26)$$

则微分方程可表示为

$$\frac{\partial V}{\partial r} + \frac{2V}{r} = \frac{1-2\nu}{E}\left(\frac{\partial}{\partial c} + V\frac{\partial}{\partial r}\right)(\sigma_r + 2\sigma_\theta) \qquad (3.27)$$

将塑性区应力式(3.17)和式(3.18)代入式(3.27),得

$$\frac{\partial V}{\partial r} + \frac{2V}{r} = 6(1-2\nu)\frac{Y}{E}\left[\frac{V}{r} - \frac{1}{c}\left(1 - \frac{c^3}{b_0^3}\right)\right] \tag{3.28}$$

需注意,塑性边界的移动速度是根据弹性区域的位移结果计算得到的。因此,由式(3.13)和式(3.21),可得

$$V_{r=c} = \frac{Y}{E}\left[2(1-2\nu)\frac{c^3}{b_0^3} + (1+\nu)\right] \tag{3.29}$$

根据上述边界条件,对式(3.28)积分,得速度 V

$$V = \frac{3(1-\nu)Yc^2}{Er^2} - \frac{2(1-2\nu)Y}{E}\left(1 - \frac{c^3}{b_0^3}\right)\frac{r}{c} \tag{3.30}$$

对小孔壁 $r=a$ 处,有 $V=\mathrm{d}a/\mathrm{d}c$,则

$$\frac{\mathrm{d}a}{\mathrm{d}c} = \frac{3(1-\nu)Yc^2}{Ea^2} - \frac{2(1-2\nu)Y}{E}\left(1 - \frac{c^3}{b_0^3}\right)\frac{a}{c} \tag{3.31}$$

通过对式(3.31)积分,得由塑性边界半径表示的小孔扩张表达式

$$\left(\frac{a}{a_0}\right)^3 = 1 + \frac{3(1-\nu)Yc^2}{Ea_0^3} - \frac{2(1-2\nu)Y}{E}\times\left[3\ln\left(\frac{c}{a_0}\right) + 1 - \left(\frac{c}{b_0}\right)^3\right]$$

$$\tag{3.32}$$

3.2.1.3　无限介质中小孔扩张解

对于无限介质中球形小孔从零半径起扩张的特殊情况,应力仅是 r/a 的函数,且塑性半径与当前小孔半径的比值为常数。因此,由式(3.31)可直接得到塑性区半径

$$\frac{c}{a} = \left[\frac{E}{3(1-\nu)Y}\right]^{1/3} \tag{3.33}$$

把式(3.33)代入式(3.19),可得小孔内压解

$$p_{\lim} = \frac{2Y}{3}\left\{1 + \ln\left[\frac{E}{3(1-\nu)Y}\right]\right\} + p_0 \tag{3.34}$$

3.2.2　有限介质圆柱形孔扩张

3.2.2.1　应力分析

现考虑无限长平面应变圆柱筒在内压作用下的扩张问题。类似于球形小孔扩张,设当前内、外半径分别为 a 和 b(初值分别为 a_0 和 b_0),塑性边界半径为 c。此时,对扩张度无任何约束条件。当内压从初始应力 P_0 开始增加时,材料首先进入

弹性阶段,从初始静应力状态开始的径向位移为

$$\mathrm{d}u = Ar + \frac{B}{r} \tag{3.35}$$

在圆柱坐标系(r,θ,z)下,从初始状态开始应力变化的弹性解为

$$\mathrm{d}\sigma_r = \frac{E}{(1+\nu)(1-2\nu)}\Big[A - (1-2\nu)\frac{B}{r^2}\Big] \tag{3.36}$$

$$\mathrm{d}\sigma_\theta = \frac{E}{(1+\nu)(1-2\nu)}\Big[A + (1-2\nu)\frac{B}{r^2}\Big] \tag{3.37}$$

$$\mathrm{d}\sigma_z = \nu(\mathrm{d}\sigma_r + \mathrm{d}\sigma_\theta) \tag{3.38}$$

式中,常数A和B可由应力边界条件$r=a_0$时,$\sigma_r=-p$和$r=b_0$时,$\sigma_r=-p_0$确定

$$A = \frac{(1+\nu)(1-2\nu)(p-p_0)}{E(b_0^2/a_0^2 - 1)} \tag{3.39}$$

$$B = \frac{(1+\nu)b_0^2(p-p_0)}{E(b_0^2/a_0^2 - 1)} \tag{3.40}$$

最终应力为

$$\sigma_r = -p_0 - \frac{(p-p_0)\Big(\dfrac{b_0^2}{r^2}-1\Big)}{(b_0^2/a_0^2 - 1)} \tag{3.41}$$

$$\sigma_\theta = -p_0 + \frac{(p-p_0)\Big(\dfrac{b_0^2}{r^2}+1\Big)}{(b_0^2/a_0^2 - 1)} \tag{3.42}$$

位移为

$$u = \frac{(1+\nu)(p-p_0)}{E(b_0^2/a_0^2 - 1)}\Big[(1-2\nu)r + \frac{b_0^2}{r}\Big] \tag{3.43}$$

小孔壁发生屈服时的内压为

$$p = p_{1y} = \frac{Y}{2}\Big(1 - \frac{a_0^2}{b_0^2}\Big) + p_0 \tag{3.44}$$

当压力大于上述值,圆柱体部分进入塑性状态。此时,弹性区的应力为

$$\sigma_r = -D\Big(\frac{b_0^2}{r^2}-1\Big) - p_0 \tag{3.45}$$

$$\sigma_\theta = D\Big(\frac{b_0^2}{r^2}+1\Big) - p_0 \tag{3.46}$$

利用塑性边界$r=c$处弹性材料恰好处于屈服点的边界条件,求得常数D为

$$D = \frac{Yc^2}{2b_0^2} \tag{3.47}$$

则弹性区应力为

$$\sigma_r = -\frac{Yc^2}{2b_0^2}\left(\frac{b_0^2}{r^2}-1\right)-p_0 \tag{3.48}$$

$$\sigma_\theta = \frac{Yc^2}{2b_0^2}\left(\frac{b_0^2}{r^2}+1\right)-p_0 \tag{3.49}$$

弹性区径向位移为

$$u = \frac{(1+\nu)Yc^2}{2Eb_0^2}\left[(1-2\nu)r+\frac{b_0^2}{r}\right] \tag{3.50}$$

在塑性区,与屈服条件相联合的平衡方程为

$$\frac{\partial\sigma_r}{\partial r} = \frac{\sigma_\theta - \sigma_r}{r} = \frac{Y}{r} \tag{3.51}$$

利用式(3.51),可得塑性区应力

$$\sigma_r = -p_0 - \frac{Y}{2} - Y\ln\left(\frac{c}{r}\right)+\frac{Yc^2}{2b_0^2} \tag{3.52}$$

$$\sigma_\theta = -p_0 + \frac{Y}{2} - Y\ln\left(\frac{c}{r}\right)+\frac{Yc^2}{2b_0^2} \tag{3.53}$$

利用式(3.52),可得在小孔扩张弹-塑性阶段的小孔壁压力为

$$\frac{p-p_0}{Y} = \frac{1}{2}+\ln\left(\frac{c}{a}\right)-\frac{c^2}{2b_0^2} \tag{3.54}$$

3.2.2.2　位移分析

柱形孔在塑性区的平面应变压缩方程为

$$d\varepsilon_r + d\varepsilon_\theta = \frac{(1+\nu)(1-2\nu)}{E}(d\sigma_r + d\sigma_\theta) \tag{3.55}$$

为了分析应力和应变增量,必须追踪给定的质点,将 r 和 c 作为两个独立变量对待,于是有

$$d\varepsilon_r = \frac{\partial(du)}{\partial r} = \frac{\partial V}{\partial r}dc$$

$$d\varepsilon_\theta = \frac{du}{r} = \frac{Vdc}{r}$$

$$d\sigma_r = \left(\frac{\partial\sigma_r}{\partial c}+V\frac{\partial\sigma_r}{\partial r}\right)dc$$

$$d\sigma_\theta = \left(\frac{\partial\sigma_\theta}{\partial c}+V\frac{\partial\sigma_\theta}{\partial r}\right)dc$$

因此,压缩条件可表示为

$$\frac{\partial V}{\partial r} + \frac{V}{r} = \frac{(1+\nu)(1-2\nu)}{E}\left(\frac{\partial}{\partial c} + V\frac{\partial}{\partial r}\right)(\sigma_r + \sigma_\theta) \tag{3.56}$$

将塑性区应力表达式(3.52)和式(3.53)代入式(3.56)

$$\frac{\partial V}{\partial r} + \frac{V}{r} = \frac{(1+\nu)(1-2\nu)Y}{E}\left[\frac{2c}{b_0^2} - \frac{2}{c} + \frac{2V}{r}\right] \tag{3.57}$$

注意,可由弹性区位移求得塑性边界的速度。因此,由式(3.21)和式(3.50),得

$$V_{r=c} = \frac{Y}{E}\left[\frac{(1+\nu)(1-2\nu)c^2}{b_0^2} + (1+\nu)\right] \tag{3.58}$$

根据上述边界条件,积分式(3.57)可得速度 V

$$V = \left[\left(m - \frac{m}{1-m}\right)\frac{c^2}{b_0^2} + \frac{m}{1-m} + \frac{(1+\nu)Y}{E}\right]\left(\frac{r}{c}\right)^{2m-1} + \frac{m}{1-m}\left(\frac{c^2}{b_0^2} - 1\right)\frac{r}{c} \tag{3.59}$$

其中,$m=(1+\nu)(1-2\nu)Y/E$。

在小孔壁,$r=a$ 和 $V=\mathrm{d}a/\mathrm{d}c$,得

$$\frac{\mathrm{d}a}{\mathrm{d}c} = \left[\left(m - \frac{m}{1-m}\right)\frac{c^2}{b_0^2} + \frac{m}{1-m} + \frac{(1+\nu)Y}{E}\right]\left(\frac{a}{c}\right)^{2m-1} + \frac{m}{1-m}\left(\frac{c^2}{b_0^2} - 1\right)\frac{a}{c} \tag{3.60}$$

没有进一步假设的条件下不能对式(3.60)进行解析积分。然而,如对下文所述的一些特殊情形,可以对位移表达式(3.60)进行积分而得到闭合形式解答。

3.2.2.3 无限介质小孔扩张解

1) 从零初始半径起的小孔扩张

对于无限介质中圆柱形孔从零半径开始扩张的特殊情况,应力仅为 r/a 的函数,且塑性区半径与当前小孔半径的比值为常数。因此有

$$\frac{\mathrm{d}a}{\mathrm{d}c} = \frac{a}{c} \tag{3.61}$$

于是,利用式(3.60),可直接得到塑性区半径

$$\frac{c}{a} = \left[\frac{E}{Em + (1-m)(1+\nu)Y}\right]^{\frac{1}{2(1-m)}} \tag{3.62}$$

对不可压缩、不排水情形,泊松比为 0.5,$m=0$,式(3.62)简化为

$$\frac{c}{a} = \left[\frac{E}{(1+\nu)Y}\right]^{\frac{1}{2}} = \left(\frac{G}{s_u}\right)^{\frac{1}{2}} \tag{3.63}$$

把上述结果代入式(3.54)，可得不排水小孔扩张恒内压的著名解答

$$p_{\lim} = s_{\mathrm{u}} \left[1 + \ln \left(\frac{G}{s_{\mathrm{u}}} \right) \right] + p_0 \tag{3.64}$$

2）无限介质有限小孔扩张问题

对于在无限大介质中柱形孔始于一定半径扩张的特殊情况，可以得到闭合形式解。由 $1/b_0 = 0$，积分式(3.60)得

$$\left(\frac{c}{a_0} \right)^{2(1+m)} = \frac{n-1-m}{n-(1+m)\left(\frac{a}{c} \right)^2} \tag{3.65}$$

式中，$n = 2(1-\nu^2)Y/E$。

联合式(3.65)和式(3.54)，可以得到小孔扩张曲线。

对于不排水黏性土，通常假设泊松比等于 0.5，则式(3.65)简化为

$$\left(\frac{c}{a} \right)^2 = \left(\frac{a_0}{a} \right)^2 + \frac{1}{n} \left[1 - \left(\frac{a_0}{a} \right)^2 \right] \tag{3.66}$$

把式(3.66)代入式(3.54)，可得如下小孔扩张关系

$$\frac{p-p_0}{Y} = \frac{1}{2} + \frac{1}{2} \ln \left\{ \frac{G}{s_{\mathrm{u}}} \left[1 - \left(\frac{a_0}{a} \right)^2 \right] + \left(\frac{a_0}{a} \right)^2 \right\} \tag{3.67}$$

其中，G 为剪切模量，s_{u} 为不排水剪切强度。需要指出，对于无限介质不可压缩不排水黏土中柱形小孔扩张问题，式(3.67)的解等同于 Gibson 和 Anderson(1961)的解答。

3.2.3　有限介质小孔收缩

以上给出的是考虑小孔内压逐渐增加情况下的解。本节将利用 Tresca 屈服准则给出土体中小孔收缩的基本解。为简化起见，主要讨论无限介质中小孔卸载情况。

3.2.3.1　从原位应力状态的收缩

假设无限 Tresca 介质含有单一圆柱形或球形孔。小孔初始半径为 a_0，土体为各向同性并作用有静压力 p_0。假设小孔内压充分缓慢地降低，因此可忽略动力影响。本节将讨论小孔压力从初始值开始下降过程中，土体中的应力和位移分布。为简化，用 k 表示柱形孔($k=1$)和球形孔($k=2$)，这样可同时得到柱形孔和球形孔的解。

1）弹性响应与初始屈服

由于小孔内压 p 从初始值 p_0 开始下降，土体变形首先处于纯弹性阶段。轴

对称条件下的弹性应力-应变关系可表示为

$$\dot{\varepsilon}_r = \frac{\partial \dot{u}}{\partial r} = \frac{1}{M}\left[\dot{\sigma}_r - \frac{k\nu}{1-\nu(2-k)}\dot{\sigma}_\theta\right] \tag{3.68}$$

$$\dot{\varepsilon}_\theta = \frac{\dot{u}}{r} = \frac{1}{M}\left\{-\frac{\nu}{1-\nu(2-k)}\dot{\sigma}_r + [1-\nu(k-1)]\dot{\sigma}_\theta\right\} \tag{3.69}$$

其中,$M = E/[1-\nu^2(2-k)]$。

应力和位移的弹性解分别为

$$\sigma_r = -p_0 - (p-p_0)\left(\frac{a}{r}\right)^{1+k} \tag{3.70}$$

$$\sigma_\theta = -p_0 + \frac{(p-p_0)}{k}\left(\frac{a}{r}\right)^{1+k} \tag{3.71}$$

$$u = \frac{(p-p_0)}{2kG}\left(\frac{a}{r}\right)^{1+k}r \tag{3.72}$$

本章中张力取为正号,所以屈服方程为

$$\sigma_r - \sigma_\theta = Y = 2s_u \tag{3.73}$$

随小孔压力的进一步下降,当下式条件满足时,小孔壁将产生初始屈服

$$p = p_{1y} = p_0 - \frac{kY}{1+k} \tag{3.74}$$

2) 弹-塑性应力分析

小孔壁达到初始屈服后,随小孔压力 p 下降,在小孔内壁附近 $a \leqslant r \leqslant c$ 范围内将形成塑性区。

弹性区的应力可表示为

$$\sigma_r = -p_0 - Br^{-(1+k)} \tag{3.75}$$

$$\sigma_\theta = -p_0 + \frac{B}{k}r^{-(1+k)} \tag{3.76}$$

塑性区的应力需满足平衡方程和屈服条件,即

$$\sigma_r = A - kY\ln r \tag{3.77}$$

$$\sigma_\theta = A - kY\ln r - Y \tag{3.78}$$

由弹-塑性边界处应力分量的连续性条件,可确定用塑性区半径 c 表示的常数 A 和 B

$$A = -p_0 + kY\ln c + \frac{kY}{1+k} \tag{3.79}$$

$$B = -\frac{kY}{1+k}c^{1+k} \tag{3.80}$$

将式(3.79)代入式(3.77),并使之应用在小孔壁上,可导出小孔压力 p 和塑性区半径 c 的关系

$$\frac{p_0 - p}{Y} = k\ln\frac{c}{a} + \frac{k}{1+k} \tag{3.81}$$

3)弹-塑性位移分析

由于位移场尚未知,上述结果还无法用来计算应力分布。弹性区的位移为

$$u = \frac{p_{1y} - p_0}{2kG}\left(\frac{c}{r}\right)^{1+k}r = -\frac{Y}{2(1+k)G}\left(\frac{c}{r}\right)^{1+k}r \tag{3.82}$$

因此,弹-塑边界面位移为

$$u\mid_{r=c} = c - c_0 = -\frac{Yc}{2(1+k)G} \tag{3.83}$$

对于不可压缩、不排水的黏土,假设泊松比等于 0.5,得到以下不可压缩条件

$$r_0^{1+k} - r^{1+k} = c_0^{1+k} - c^{1+k} \tag{3.84}$$

其中,r_0 和 r 分别代表小孔压缩前后土体质点半径。

利用塑性边界的弹性位移解式(3.83)和塑性区半径式(3.81),可由不可压缩条件式(3.84)得到塑性区位移场,即

$$\left(\frac{r_0}{r}\right)^{1+k} = 1 + \exp\left[\frac{(1+k)(p_0-p)}{kY} - 1\right] \times \left[\left(1 + \frac{Y}{2(1+k)G}\right)^{1+k} - 1\right]\left(\frac{a}{r}\right)^{1+k} \tag{3.85}$$

在小孔壁处 $r=a$,$r_0=a_0$,式(3.85)可简化为式(3.86)小孔压力与小孔位移的关系

$$\left(\frac{a_0}{a}\right)^{1+k} = 1 + \exp\left[\frac{(1+k)(p_0-p)}{kY} - 1\right] \times \left[\left(1 + \frac{Y}{2(1+k)G}\right)^{1+k} - 1\right] \tag{3.86}$$

式(3.85)和式(3.86)没有涉及变形大小的限制,因此是精确的大应变解。然而,若假设塑性区应变很小,则大应变解式(3.85)和式(3.86)可简化为任意半径处的位移

$$\frac{u}{a} = -\frac{Y}{2(1+k)G}\left(\frac{c}{a}\right)^{1+k}\left(\frac{a}{r}\right)^k = -\frac{Y}{2(1+k)G}\left(\frac{a}{r}\right)^k\exp\left[\frac{(1+k)(p_0-p)}{kY} - 1\right] \tag{3.87}$$

而小孔壁的位移为

$$\frac{u_a}{a} = -\frac{Y}{2(1+k)G}\exp\left[\frac{(1+k)(p_0-p)}{kY} - 1\right] \tag{3.88}$$

小应变结果式(3.87)和式(3.88)与 Mair 和 Taylor(1993)解相同,但在其论文中未给出相应推导。

3.2.3.2 从极限塑性状态的收缩

假设在无限 Tresca 介质中,单一柱形或球形小孔从零半径扩张到当前半径 a'。由前述加载过程结果可知,小孔从零半径开始扩张时小孔恒定压力大小为 $p_{\lim}$。本节将给出小孔压力从极限压力 $p_{\lim}$ 开始降低时,小孔压力和小孔半径(或应变)的关系。该解首先由 Houlsby 和 Withers(1988)以及 Jefferies(1988)提出。

1) 初始条件和弹性卸载

如图 3.2 所示,在卸载初期,小孔壁上的径向和切向应力分别为

$$\sigma_r = -p_{\lim} \tag{3.89}$$

$$\sigma_\theta = -p_{\lim} + Y \tag{3.90}$$

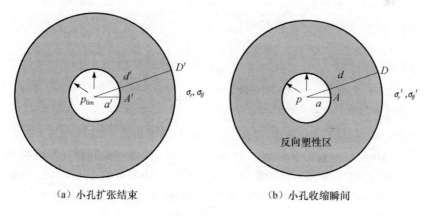

(a) 小孔扩张结束   (b) 小孔收缩瞬间

图 3.2 小孔从塑性阶段开始的收缩

在加载塑性区,保持下述关系(见 3.2 节)

$$\sigma_\theta - \sigma_r = Y \tag{3.91}$$

$$\sigma_{r1} - \sigma_{r2} = kY\ln\frac{r_1}{r_2} \tag{3.92}$$

当 $r_1 = a'$ 时,令 $\sigma_{r1} = -p_{\lim}$,则式(3.92)简化为

$$\sigma_{r2} = -p_{\lim} - kY\ln\frac{a'}{r_2} \tag{3.93}$$

为区分加载和卸载阶段的应力,卸载过程的应力标记为"′"。小孔收缩初始处于弹性阶段,在孔压降低 Δp 后的应力为

$$\sigma_r' = \sigma_r + \Delta p\left(\frac{a}{r}\right)^{1+k} \tag{3.94}$$

$$\sigma'_\theta = \sigma_\theta - \frac{\Delta p}{k}\left(\frac{a}{r}\right)^{1+k} \tag{3.95}$$

在孔壁压力 Δp 作用下的弹性位移为

$$\Delta u = r - r' = -\frac{\Delta p}{2kG}\left(\frac{a}{r}\right)^{1+k} r \tag{3.96}$$

2) 初始屈服

当式(3.94)和式(3.95)的应力满足卸载屈服条件时,弹性阶段结束,即

$$\sigma'_r - \sigma'_\theta = Y \tag{3.97}$$

从式(3.91)、式(3.94)和式(3.95)可见,当小孔压力下降 Δp 后,孔壁首先满足式(3.97)条件

$$\Delta p = p_{\lim} - p = \frac{2kY}{1+k} \tag{3.98}$$

在卸载屈服开始时,小孔壁切向应变为

$$\Delta\varepsilon_\theta = \frac{\Delta u}{a} = 1 - \frac{a'}{a} = -\frac{Y}{(1+k)G} = -\frac{2}{(1+k)I_r} \tag{3.99}$$

其中,$I_r = G/s_u$ 为已知的土体刚性指数。

3) 弹塑性应力分析

当孔压下降超过式(3.98)的值时,在孔壁周围将形成卸载塑性区。令此塑性区外半径为 d,对应小孔扩张结束时的外半径为 d',并且假设卸载时塑性区半径总是小于加载时塑性区半径。基于此,小孔收缩前(或小孔扩张结束时)在卸载塑性区内任意一点的初始应力可由加载阶段的弹-塑性解求得。这一假设的正确性将在 3.3 节考虑采用 Mohr-Coulomb 强度准则时讨论。

在塑性区内,由平衡方程和屈服条件,可得两个不同半径处的径向应力的关系

$$\sigma'_{r1} - \sigma'_{r2} = -kY\ln\frac{r_1}{r_2} \tag{3.100}$$

当 $r_1 = a$ 时,令 $\sigma'_{r1} = -p$,则当 $r_2 = d$ 时,式(3.100)简化为

$$\sigma'_d = -p + kY\ln\frac{a}{d} \tag{3.101}$$

小孔扩张结束时(或小孔收缩开始时),设 $r_2 = d'$,由式(3.93)可得 D 点径向应力

$$\sigma_d = -p_{\lim} - kY\ln\frac{a'}{d'} \tag{3.102}$$

由于卸载作用,D 点土体刚刚进入塑性阶段,于是根据式(3.98),在卸载前后

D 点的径向应力的关系为

$$\sigma_d' - \sigma_d = \frac{2kY}{1+k} \tag{3.103}$$

联合求解式(3.101)~式(3.103),可得小孔内压为

$$p = p_{\lim} - \frac{2kY}{1+k} - kY\left(\ln\frac{d}{a} + \ln\frac{d'}{a'}\right) \tag{3.104}$$

4) 弹塑性位移分析

卸载塑性区不可压缩条件可表为

$$d'^{1+k} - a'^{1+k} = d^{1+k} - a^{1+k} \tag{3.105}$$

也可表示为

$$\left(\frac{d'}{d}\right)^{1+k} - 1 = \left(\frac{a}{d}\right)^{1+k}\left[\left(\frac{a'}{a}\right)^{1+k} - 1\right] \tag{3.106}$$

根据式(3.99),从加载结束到卸载进入塑性阶段,D 点在卸载过程中切向应变的变化为

$$\ln\frac{d'}{d} = \frac{Y}{(1+k)G} = \frac{2}{(1+k)I_r} \tag{3.107}$$

由定义,小孔应变减少量为

$$\varepsilon_{\max} - \varepsilon = \ln\frac{a'}{a} \tag{3.108}$$

将式(3.106)~式(3.108)代入式(3.104),可得完整的小孔塑性收缩曲线

$$p = p_{\lim} - \frac{2kY}{1+k} \times \left\{1 + \ln\left[\mathrm{sh}\,\frac{1+k}{2}(\varepsilon_{\max} - \varepsilon)\right] - \ln\left(\mathrm{sh}\,\frac{Y}{2G}\right)\right\} \tag{3.109}$$

3.3　Mohr-Coulomb 解

本节将采用与 3.2 节分析 Tresca 解相同的方法,分析 Mohr-Coulomb 准则材料在小孔发生扩张时的大应变解析解。

3.3.1　有限介质球形孔扩张

考虑有限介质内球形小孔初始内、外边界半径分别为 a_0 和 b_0,均质土体承受静压力 p_0 的情况,本节主要关注当小孔内压 p 从初始静压力 p_0 缓慢增加时,小孔周围土体的应力及应变场。这一解答由 Yu(1993)提出。

　　假定土体为各向同性、具有剪胀性的理想弹塑性材料,在屈服前服从弹性和胡克定律,屈服取决于 Mohr-Coulomb 准则。若主应力间满足 $\sigma_i \leqslant \sigma_j \leqslant \sigma_k$ 关系,Mohr-Coulomb 屈服函数的形式为

$$\alpha\sigma_k - \sigma_i = Y \tag{3.110}$$

其中,$\alpha=(1+\sin\phi)/(1-\sin\phi)$,Mohr-Coulomb 准则中 Y 的值由 $Y=2C\cos\phi/(1-\sin\phi)$ 求出,其中 C 是土的黏聚力,ϕ 为土的内摩擦角。显然,若内摩擦角等于零,Mohr-Coulomb 准则则退化为 Tresca 准则,并且 Y 的定义也相应退化为在 Tresca 解中的定义。

　　整个过程中内、外半径分别为 a 和 b 的小孔周围土体中任意点的应力必须满足平衡方程

$$2(\sigma_\theta - \sigma_r) = r\frac{\partial \sigma_r}{\partial r} \tag{3.111}$$

且满足两个边界条件

$$\sigma_r \mid_{r=a} = -p \tag{3.112}$$

$$\sigma_r \mid_{r=b} = -p_0 \tag{3.113}$$

3.3.1.1　弹性解

　　小孔压力由初始值开始逐渐增加,起始阶段土体的变形为纯弹性变形。在轴对称条件下,弹性应力-应变关系可表示为

$$\dot{\varepsilon}_r = \frac{\partial \dot{u}}{\partial r} = \frac{1}{E}(\dot{\sigma}_r - 2\nu\dot{\sigma}_\theta) \tag{3.114}$$

$$\dot{\varepsilon}_\theta = \frac{\dot{u}}{r} = \frac{1}{E}(-\nu\dot{\sigma}_r + (1-\nu)\dot{\sigma}_\theta] \tag{3.115}$$

代入边界条件式(3.112)和式(3.113)后,式(3.111)、式(3.114)和式(3.115)的解为

$$\sigma_r = -p_0 + (p-p_0)\left[\frac{1}{\left(\frac{b}{a}\right)^3 - 1} - \frac{1}{\left(\frac{r}{a}\right)^3 - \left(\frac{r}{b}\right)^3}\right] \tag{3.116}$$

$$\sigma_\theta = -p_0 + (p-p_0)\left[\frac{1}{\left(\frac{b}{a}\right)^3 - 1} + \frac{\frac{1}{2}}{\left(\frac{r}{a}\right)^3 - \left(\frac{r}{b}\right)^3}\right] \tag{3.117}$$

$$u = r - r_0 = \frac{p-p_0}{2G\left(\frac{1}{a^3} - \frac{1}{b^3}\right)}\left[\frac{1-2\nu}{(1+\nu)b^3} + \frac{1}{2r^2}\right] \tag{3.118}$$

使用张力为正的规则,小孔扩张时的 Mohr-Coulomb 屈服条件为

$$\alpha\sigma_\theta - \sigma_r = Y \tag{3.119}$$

当小孔压力继续增加,并且应力满足屈服条件时,小孔壁首先发生初始屈服。这一屈服在小孔压力达到如下量值时发生

$$p = p_{1y} = p_0 + \frac{2(b^3 - a^3)[Y + (\alpha - 1)p_0]}{(2 + \alpha)b^3 + 2(\alpha - 1)a^3} \tag{3.120}$$

3.3.1.2　弹塑性应力分析

当小孔壁出现初始屈服后,随小孔压力 p 增加,在小孔内壁周围将形成一个塑性区。和 Tresca 材料一样,塑性区外半径可用 c 表示。

1) 塑性区应力

满足平衡方程(3.111)以及屈服条件式(3.119)的应力分量为

$$\sigma_r = \frac{Y}{\alpha - 1} + Ar^{-\frac{2(\alpha - 1)}{\alpha}} \tag{3.121}$$

$$\sigma_\theta = \frac{Y}{\alpha - 1} + \frac{A}{\alpha}r^{-\frac{2(\alpha - 1)}{\alpha}} \tag{3.122}$$

其中,A 是第一个积分常数。

2) 弹性区应力

弹性区应力分量可由式(3.111)～式(3.115)求得

$$\sigma_r = -p_0 + B\left(\frac{1}{b^3} - \frac{1}{r^3}\right) \tag{3.123}$$

$$\sigma_\theta = -p_0 + B\left(\frac{1}{b^3} + \frac{1}{2r^3}\right) \tag{3.124}$$

其中,B 是第二个积分常数。

利用弹-塑性界面应力分量的连续性,可确定常数 A 和 B。

$$A = -[Y + (\alpha - 1)p_0] \times \left[\frac{1}{\alpha - 1} - \frac{\left(\frac{c}{b}\right)^3 - 1}{(\alpha - 1)\left(\frac{c}{b}\right)^3 + \frac{2 + \alpha}{2}}\right] c^{\frac{2(\alpha - 1)}{\alpha}}$$

$$\tag{3.125}$$

$$B = \frac{Y + (\alpha - 1)p_0}{\dfrac{\alpha - 1}{b^3} + \dfrac{2 + \alpha}{2c^3}} \tag{3.126}$$

联解方程(3.112)和方程(3.121),可以得到弹-塑性边界半径

$$\frac{c}{a} = \left\{ \frac{Y + (\alpha - 1)p}{(\alpha - 1)\left[\dfrac{1}{\alpha - 1} - \dfrac{\left(\dfrac{c}{b}\right)^3 - 1}{(\alpha - 1)\left(\dfrac{c}{b}\right)^3 + \dfrac{2 + \alpha}{2}}\right][Y + (\alpha - 1)p_0]} \right\}^{\frac{\alpha}{2(\alpha - 1)}}$$

(3.127)

当弹-塑性界面达到外边界 $c = b$ 时,整个球体范围内土体均进入塑性。此时,由式(3.127)可求得小孔内压

$$p = \frac{Y + (\alpha - 1)p_0}{\alpha - 1}\left[\left(\frac{b}{a}\right)^{\frac{2(\alpha-1)}{\alpha}} - 1\right] + p_0$$

(3.128)

3.3.1.3　弹塑性位移分析

由于位移场尚未知,因此上述塑性区应力场的解还不能用于计算应力分布。将式(3.123)和式(3.124)代入式(3.115),可得弹性区位移

$$u = r - r_0 = \frac{r}{\delta\left[(\alpha - 1) + \dfrac{2 + \alpha}{2}\left(\dfrac{b}{c}\right)^3\right]}\left[1 - 2\nu + \frac{1 + \nu}{2}\left(\frac{b}{r}\right)^3\right]$$

(3.129)

式中, $\delta = E/[Y + (\alpha - 1)p_0]$。特别地,球体外边界位移为

$$u(b) = b - b_0 = \frac{3(1 - \nu)b}{2\delta\left[\alpha - 1 + \dfrac{2 + \alpha}{2}\left(\dfrac{b}{c}\right)^3\right]}$$

(3.130)

确定塑性区位移场需要塑性流动法则。一般地,当出现屈服时,总应变可以分解为弹性和塑性分量。指数 e 和 p 用以区分总应变中的弹性和塑性部分。按照Davis(1969),假设土体以恒速率塑性剪胀。

对于球形孔扩张,非相关联流动法则可表为

$$\frac{\dot{\varepsilon}_r^p}{\dot{\varepsilon}_\theta^p} = \frac{\dot{\varepsilon}_r - \dot{\varepsilon}_r^e}{\dot{\varepsilon}_\theta - \dot{\varepsilon}_\theta^e} = -\frac{2}{\beta}$$

(3.131)

其中, $\beta = (1 + \sin\psi)/(1 - \sin\psi)$, ψ 是土的剪胀角。

将弹性应变解式(3.114)和式(3.115)代入塑性流动法则式(3.131),可得

$$\beta\dot{\varepsilon}_r + 2\dot{\varepsilon}_\theta = \frac{1}{E}\left[(\beta - 2\nu)\dot{\sigma}_r + (2 - 2\nu - 2\beta\nu)\dot{\sigma}_\theta\right]$$

(3.132)

通过式(3.120)中定义的 $p = p_{1y}$,初始塑性屈服阶段土中应力应变分布可从式(3.114)~式(3.117)求得。再加上初始条件,积分式(3.132)可得总的应力-应变关系

$$\beta\varepsilon_r + 2\varepsilon_\theta = \frac{1}{E}\Big[(\beta-2\nu)\sigma_r + (2-2\nu-2\beta\nu)\sigma_\theta + (\beta+2-4\nu-2\beta\nu)p_0\Big]$$
$$(3.133)$$

在众多的对大应变的定义中,对数定义(或者说是 Hencky 定义)因为对问题的物理解释简单、直接而得到了普遍的认可。为了考虑大应变对塑性区的影响,采用 Chadwick(1959)提出的对数定义

$$\varepsilon_r = \ln\left(\frac{dr}{dr_0}\right) \tag{3.134}$$

$$\varepsilon_\theta = \ln\frac{r}{r_0} \tag{3.135}$$

将式(3.134)～式(3.135)和式(3.121)～式(3.122)代入式(3.133),得

$$\ln\left[\left(\frac{r}{r_0}\right)^{\frac{2}{\beta}}\frac{dr}{dr_0}\right] = \ln\eta - \omega\left(\frac{c}{r}\right)^{\frac{2(\alpha-1)}{\alpha}} \tag{3.136}$$

其中

$$\eta = \exp\left[\frac{(\beta+2)(1-2\nu)}{\delta(\alpha-1)\beta}\right] \tag{3.137}$$

$$\omega = \frac{1}{\delta\beta}\left(\beta-2\nu+\frac{2-2\nu-2\beta\nu}{\alpha}\right)\times\left[\frac{1}{\alpha-1}-\frac{\left(\frac{c}{b}\right)^3-1}{(\alpha-1)\left(\frac{c}{b}\right)^3+\frac{2+\alpha}{2}}\right] \tag{3.138}$$

采用下列转换

$$\theta = \omega\left(\frac{c}{r}\right)^{\frac{2(\alpha-1)}{\alpha}} \tag{3.139}$$

$$\xi = \left(\frac{r_0}{c}\right)^{\frac{\beta+2}{\beta}} \tag{3.140}$$

在式(3.129)中令 $r=c$,同时将式(3.136)在区间$[r,c]$上积分,联合两式可得

$$\frac{\eta}{\gamma}\left[\left(1-\frac{g}{\delta}\right)^{\frac{\beta+2}{\beta}}-\left(\frac{r_0}{c}\right)^{\frac{\beta+2}{\beta}}\right] = -\omega^r\int_\theta^\omega e^\theta\theta^{-\gamma-1}d\theta \tag{3.141}$$

其中,$\gamma = \frac{\alpha(2+\beta)}{2(\alpha-1)\beta}$。$g$ 是 b/c 的函数,定义为

$$g = \frac{1-2\nu}{\alpha-1+\frac{2+\alpha}{2}\left(\frac{b}{c}\right)^3}+\frac{\frac{1+\nu}{2}}{(\alpha-1)\left(\frac{b}{c}\right)^3+\frac{2+\alpha}{2}} \tag{3.142}$$

引入无穷级数

$$e^{\theta} = \sum_{n=0}^{\infty} \frac{\theta^n}{n!} \tag{3.143}$$

同时在式(3.141)中令 $r = a$ 和 $r_0 = a_0$,可以得到

$$\frac{\eta}{\gamma} \left\{ \left(1 - \frac{g}{\delta} \right)^{\frac{\beta+2}{\beta}} - \left(\frac{a_0}{c} \right)^{\frac{\beta+2}{\beta}} \right\} = \sum_{n=0}^{\infty} A_n^1 \tag{3.144}$$

其中,A_n^1 定义为

$$A_n^1 = \begin{cases} \dfrac{2(\alpha-1)\omega^n}{\alpha n!} \ln \dfrac{c}{a}, & \text{若 } n = \gamma \\[4mm] \dfrac{\omega^n}{n!(n-\gamma)} \left[\left(\dfrac{c}{a} \right)^{\frac{2(\alpha-1)}{\alpha}(n-\gamma)} - 1 \right], & \text{其他情形} \end{cases} \tag{3.145}$$

3.3.1.4 完全塑性球体

当塑性区域半径 c 满足条件 $c = b$,球体完全进入塑性状态,上述部分塑性球体的位移方程就不再有效。此时,将由塑性流准则求得的式(3.133)在整个区间 $[r, b]$ 积分后,可以得到

$$\frac{\eta}{\gamma} \left\{ \left(\frac{b_0}{b} \right)^{\frac{\beta+2}{\beta}} - \left(\frac{r_0}{b} \right)^{\frac{\beta+2}{\beta}} \right\} = -\omega^r \int_{\theta}^{\omega} e^{\theta} \theta^{-r-1} d\theta \tag{3.146}$$

其中,ω 可通过令 $c = b$ 从式(3.138)中求得

$$\omega = \frac{1}{\delta\beta(\alpha-1)} \left(\beta - 2\nu + \frac{2 - 2\nu - 2\beta\nu}{\alpha} \right) \tag{3.147}$$

令 $r = a$ 和 $r_0 = a_0$,可得完全塑性球体的位移方程

$$\frac{\eta}{\gamma} \left[\left(\frac{b_0}{b} \right)^{\frac{\beta+2}{\beta}} - \left(\frac{a_0}{b} \right)^{\frac{\beta+2}{\beta}} \right] = \sum_{n=0}^{\infty} A_n^2 \tag{3.148}$$

其中

$$A_n^2 = \begin{cases} \dfrac{2(\alpha-1)\omega^n}{\alpha n!} \ln \dfrac{b}{a}, & \text{若 } n = \gamma \\[4mm] \dfrac{\omega^n}{n!(n-\gamma)} \left[\left(\dfrac{b}{a} \right)^{\frac{2(\alpha-1)}{\alpha}(n-\gamma)} - 1 \right], & \text{其他情形} \end{cases} \tag{3.149}$$

已知 ω 是一个很小的数值($1/E$ 量级),容易证明式(3.145)和式(3.149)中定义的级数对于任何实数 α 和 β 都会迅速收敛。通常,只需级数的前几项即可获得足够精确的结果。

3.3.1.5 求解

确定完整的压力-扩张曲线和应力分布所需的方程都已经得到。因为压力-扩张关系不能用单一方程表示,所以需要联合求解,具体过程如下。

(1) 输入土性参数 E,ν,C,ψ,ϕ,p_0 和球体初始尺寸 b_0/a_0。

(2) 计算参数 $G,Y,\alpha,\beta,\gamma,\delta$。

(3) 若小孔压力小于 p_{1y},小孔半径可以通过小应变弹性解式(3.118)求得。

(4) 若小孔压力大于 p_{1y},需要式(3.127)、式(3.130)和式(3.144)求解:①对于给定 c/b 值(小于1,大于 a_0/b_0),由式(3.130)计算 c/a_0 和 c/b_0,式(3.144)计算 c/a 和 a/a_0;②根据式(3.127)求得小孔扩张量 a/a_0 所需的小孔压力。

(5) 当 $c/b=1$ 时,整个球体范围内都进入塑性,此时压力-扩张曲线需要联合式(3.128)和式(3.148)求得:①选择一个小孔压力值,这个压力必须小于使整个球体都进入塑性的压力值,由式(3.128)计算 b/a。②由式(3.148)计算 b/a_0,b/b_0 和 a/a_0。

改变 c/b,重复(1)~(4)步,改变小孔压力 p,重复步骤(5)以获得完整压力-扩张曲线的数据。扩张过程每一阶段的应力分布均可由式(3.121)~式(3.124)获得。

上述过程可用简单的 FORTRAN 程序在计算机上实现。

3.3.2 有限介质柱形孔扩张

考虑有限介质中厚壁筒初始内、外半径边界分别为 a_0 和 b_0,均质土体承受静压力为 p_0 的情况,本节主要研究当小孔内压 p 从初始静压力 p_0 缓慢增加时,小孔周围土体应力及应变场。这一解答由 Yu(1992)提出。

整个过程中内、外半径分别为 a 和 b 的筒体中任意点的应力必须满足平衡方程

$$(\sigma_\theta - \sigma_r) = r\frac{\partial \sigma_r}{\partial r} \tag{3.150}$$

式(3.150)同时要满足边界条件式(3.112)和式(3.113)。

3.3.2.1 弹性解

对于柱体扩张,弹性应力-应变关系可表示为

$$\dot{\epsilon}_r = \frac{\partial \dot{u}}{\partial r} = \frac{1-\nu^2}{E}\left[\dot{\sigma}_r - \frac{\nu}{1-\nu}\dot{\sigma}_\theta\right] \tag{3.151}$$

$$\dot{\epsilon}_\theta = \frac{\dot{u}}{r} = \frac{1-\nu^2}{E}\left[-\frac{\nu}{1-\nu}\dot{\sigma}_r + \dot{\sigma}_\theta\right] \tag{3.152}$$

式(3.150)~式(3.152)在满足边界条件式(3.112)和式(3.113)时的解为

$$\sigma_r = -p_0 + (p - p_0)\left[\frac{1}{\left(\frac{b}{a}\right)^2 - 1} - \frac{1}{\left(\frac{r}{a}\right)^2 - \left(\frac{r}{b}\right)^2}\right] \tag{3.153}$$

$$\sigma_\theta = -p_0 + (p - p_0)\left[\frac{1}{\left(\frac{b}{a}\right)^2 - 1} + \frac{1}{\left(\frac{r}{a}\right)^2 - \left(\frac{r}{b}\right)^2}\right] \tag{3.154}$$

$$u = \frac{p - p_0}{2G\left(\frac{1}{a^2} - \frac{1}{b^2}\right)}\left[\frac{1 - 2\nu}{b^2}r + \frac{1}{r}\right] \tag{3.155}$$

类似球形孔扩张问题,当应力满足屈服条件式(3.119)时,在柱形孔内壁首先出现初始屈服。此时,小孔压力为

$$p = p_{1y} = p_0 + \frac{(b^2 - a^2)[Y + (\alpha - 1)p_0]}{(1 + \alpha)b^2 + (\alpha - 1)a^2} \tag{3.156}$$

3.3.2.2 弹-塑性应力分析

小孔壁出现初始屈服后,随小孔内压 p 增大,在孔内壁附近将形成一个外半径为 c 的塑性区。

1) 塑性区应力

塑性区应力分量应满足平衡方程(3.150)和屈服条件(3.119),即

$$\sigma_r = \frac{Y}{\alpha - 1} + Ar^{-\frac{\alpha-1}{\alpha}} \tag{3.157}$$

$$\sigma_\theta = \frac{Y}{\alpha - 1} + \frac{A}{\alpha}r^{-\frac{\alpha-1}{\alpha}} \tag{3.158}$$

其中,A 是一个积分常数。

2) 弹性区应力

由平衡方程和弹性应力-应变关系,可得弹性区应力分量

$$\sigma_r = -p_0 + B\left(\frac{1}{b^2} - \frac{1}{r^2}\right) \tag{3.159}$$

$$\sigma_\theta = -p_0 + B\left(\frac{1}{b^2} + \frac{1}{r^2}\right) \tag{3.160}$$

其中,B 是第二个积分常数。

利用弹-塑性界面应力分量的连续性,确定常数 A 和 B

$$A = -[Y + (\alpha - 1)p_0] \times \left[\frac{1}{\alpha - 1} - \frac{\left(\frac{c}{b}\right)^2 - 1}{(\alpha - 1)\left(\frac{c}{b}\right)^2 + 1 + \alpha}\right]c^{\frac{(\alpha-1)}{\alpha}} \tag{3.161}$$

$$B = \frac{Y + (\alpha - 1) p_0}{\dfrac{\alpha - 1}{b^2} + \dfrac{1 + \alpha}{c^2}} \qquad (3.162)$$

联合式(3.112)和式(3.157)，得弹-塑性界面半径

$$\frac{c}{a} = \left\{ \frac{\left[\left(\dfrac{c}{b} \right)^2 + 1 + \dfrac{2}{\alpha - 1} \right] \left[Y + (\alpha - 1) p \right]}{\left(2 + \dfrac{2}{\alpha - 1} \right) \left[Y + (\alpha - 1) p_0 \right]} \right\}^{\frac{\alpha}{\alpha - 1}} \qquad (3.163)$$

当弹-塑性界面达到外边界 $c = b$ 时，整个筒体进入塑性。此时，可由式(3.163)求得小孔内压

$$p = \frac{Y + (\alpha - 1) p_0}{\alpha - 1} \left[\left(\frac{b}{a} \right)^{\frac{(\alpha - 1)}{\alpha}} - 1 \right] + p_0 \qquad (3.164)$$

3.3.2.3　弹-塑性位移分析

将式(3.159)和式(3.160)代入式(3.152)，可得弹性区位移

$$u = r - r_0 = \frac{1 + \nu}{\delta} \left[\frac{1 - 2\nu}{\alpha - 1 + (1 + \alpha) \left(\dfrac{b}{a} \right)^2} r + \frac{1}{(\alpha - 1) \left(\dfrac{r}{b} \right)^2 + (1 + \alpha) \left(\dfrac{r}{c} \right)^2} r \right] \qquad (3.165)$$

其中，$\delta = E / [Y + (\alpha - 1) p_0]$。特别地，柱面外边界位移为

$$u(b) = b - b_0 = \frac{2(1 - \nu^2) b}{\delta \left[\alpha - 1 + (1 + \alpha) \left(\dfrac{b}{c} \right)^2 \right]} \qquad (3.166)$$

确定塑性区位移场需要塑性流动法则。一般地，当出现屈服时，总应变可以分解为弹性和塑性分量。指数 e 和 p 用以区分总应变中的弹性和塑性部分。

对于柱孔扩张问题，非相关联的 Mohr-Coulomb 流动法则可以表示为

$$\frac{\dot{\varepsilon}_r^{p}}{\dot{\varepsilon}_\theta^{p}} = \frac{\dot{\varepsilon}_r - \dot{\varepsilon}_r^{e}}{\dot{\varepsilon}_\theta - \dot{\varepsilon}_\theta^{e}} = -\frac{1}{\beta} \qquad (3.167)$$

其中，$\beta = (1 + \sin\psi) / (1 - \sin\psi)$，$\psi$ 是土的剪胀角。

把弹性应变解式(3.151)和式(3.152)代入塑性流动法则式(3.167)，得

$$\beta \dot{\varepsilon}_r + \dot{\varepsilon}_\theta = \frac{1 - \nu^2}{E} \left[\left(\beta - \frac{\nu}{1 - \nu} \right) \dot{\sigma}_r + \left(1 - \frac{\beta\nu}{1 - \nu} \right) \dot{\sigma}_\theta \right] \qquad (3.168)$$

通过式(3.156)中定义的 $p = p_{1y}$，初始塑性屈服阶段土中应力应变分布可从式(3.151)~式(3.155)求得。再加上初始条件，积分式(3.168)可得总的应力-应变关系

$$\beta\varepsilon_r + \varepsilon_\theta = \frac{1-\nu^2}{E}\left[\left(\beta-\frac{\nu}{1-\nu}\right)\sigma_r + \left(1-\frac{\beta\nu}{1-\nu}\right)\sigma_\theta + \left(\beta+1-\frac{\nu(1+\beta)}{1-\nu}\right)p_0\right]$$

$$(3.169)$$

考虑塑性区大应变效应,采用对数形式定义应变,即

$$\varepsilon_r = \ln\left(\frac{\mathrm{d}r}{\mathrm{d}r_0}\right)$$

$$\varepsilon_\theta = \ln\frac{r}{r_0}$$

将上述塑性区应变定义和应力方程代入式(3.169),可得

$$\ln\left[\left(\frac{r}{r_0}\right)^{\frac{1}{\beta}}\frac{\mathrm{d}r}{\mathrm{d}r_0}\right] = \ln\eta - \bar{\omega}\left(\frac{c}{r}\right)^{\frac{(\alpha-1)}{\alpha}} \qquad (3.170)$$

其中

$$\eta = \exp\left[\frac{(\beta+1)(1-2\nu)(1+\nu)}{\delta(\alpha-1)\beta}\right] \qquad (3.171)$$

$$\bar{\omega} = \frac{1+\nu}{\delta\beta}\left(\beta-\nu-\beta\nu+\frac{1-\nu-\beta\nu}{\alpha}\right)\left[\frac{1}{\alpha-1}-\frac{\left(\frac{c}{b}\right)^2-1}{(\alpha-1)\left(\frac{c}{b}\right)^2+1+\alpha}\right]$$

$$(3.172)$$

通过下列转换

$$\theta = \bar{\omega}\left(\frac{c}{r}\right)^{\frac{(\alpha-1)}{\alpha}} \qquad (3.173)$$

$$\xi = \left(\frac{r_0}{c}\right)^{\frac{\beta+1}{\beta}} \qquad (3.174)$$

在式(3.165)中令 $r=c$,同时将式(3.170)在区间 $[r,c]$ 上积分,联合两式可得

$$\frac{\eta}{\gamma}\left\{\left[1-\frac{(1+\nu)g}{\delta}\right]^{\frac{\beta+1}{\beta}} - \left(\frac{r_0}{c}\right)^{\frac{\beta+1}{\beta}}\right\} = -\bar{\omega}^\gamma\int_\theta^{\bar{\omega}}\mathrm{e}^\theta\theta^{-\gamma-1}\mathrm{d}\theta \qquad (3.175)$$

其中,$\gamma = \frac{\alpha(1+\beta)}{(\alpha-1)\beta}$。$g$ 是 b/c 的函数,定义为

$$g = \frac{1-2\nu}{\alpha-1+(1+\alpha)\left(\frac{b}{c}\right)^2} + \frac{1}{(\alpha-1)\left(\frac{c}{b}\right)^2+1+\alpha} \qquad (3.176)$$

引入无穷级数

$$\mathrm{e}^\theta = \sum_{n=0}^{\infty}\frac{\theta^n}{n!}$$

令 $r=a$ 和 $r_0=a_0$ 代入式(3.175),可得

$$\frac{\eta}{\gamma}\left\{\left[1-\frac{(1+\nu)g}{\delta}\right]^{\frac{\beta+1}{\beta}}-\left(\frac{a_0}{c}\right)^{\frac{\beta+1}{\beta}}\right\}=\sum_{n=0}^{\infty}A_n^1 \tag{3.177}$$

其中，A_n^1 定义为

$$A_n^1=\begin{cases}\dfrac{(\alpha-1)\bar{\omega}^n}{\alpha n!}\ln\dfrac{c}{a}, & \text{若 } n=\gamma \\[2ex] \dfrac{\bar{\omega}^n}{n!(n-\gamma)}\left[\left(\dfrac{c}{a}\right)^{\frac{(\alpha-1)}{\alpha}(n-\gamma)}-1\right], & \text{其他情形}\end{cases} \tag{3.178}$$

3.3.2.4　完全塑性筒体

当塑性区域半径满足 $c=b$ 时，整个筒体均进入塑性状态，上述部分塑性筒体的位移方程就不再有效。此时，由塑性流准则求得的式(3.169)仍然可用，不过需要在整个区间$[r,b]$上积分，积分后得到

$$\frac{\eta}{\gamma}\left[\left(\frac{b_0}{b}\right)^{\frac{\beta+1}{\beta}}-\left(\frac{r_0}{b}\right)^{\frac{\beta+1}{\beta}}\right]=-\bar{\omega}^r\int_\theta^{\bar{\omega}}\mathrm{e}^\theta\theta^{-\gamma-1}\mathrm{d}\theta \tag{3.179}$$

其中，$\bar{\omega}$ 可以通过令 $c=b$ 从方程(3.172)中求出

$$\bar{\omega}=\frac{1+\nu}{\delta\beta(\alpha-1)}\left(\beta-\nu-\beta\nu+\frac{1-\nu-\beta\nu}{\alpha}\right) \tag{3.180}$$

令 $r=a$ 和 $r_0=a_0$，可以得到完全塑性筒体的位移方程

$$\frac{\eta}{\gamma}\left[\left(\frac{b_0}{b}\right)^{\frac{\beta+1}{\beta}}-\left(\frac{a_0}{b}\right)^{\frac{\beta+1}{\beta}}\right]=\sum_{n=0}^{\infty}A_n^2 \tag{3.181}$$

其中

$$A_n^2=\begin{cases}\dfrac{(\alpha-1)\bar{\omega}^n}{\alpha n!}\ln\dfrac{b}{a}, & \text{若 } n=\gamma \\[2ex] \dfrac{\bar{\omega}^n}{n!(n-\gamma)}\left[\left(\dfrac{b}{a}\right)^{\frac{(\alpha-1)}{\alpha}(n-\gamma)}-1\right], & \text{其他情形}\end{cases} \tag{3.182}$$

已知 $\bar{\omega}$ 是一个很小的数($1/E$ 量级)，容易证明级数对于任何实数 α 和 β 都会迅速收敛。

3.3.2.5　求解

确定完整的压力-扩张曲线和应力分布所需的方程都已经得到。因为压力-扩张关系不能用单一方程表示，所以需要联合求解，具体过程为：

(1) 输入土性参数 E,ν,C,ϕ,ψ,p_0 和筒体初始尺寸 b_0/a_0。

(2) 计算参数 $G,Y,\alpha,\beta,\gamma,\delta$。

(3) 若小孔压力小于 p_{1y}，小孔半径可以通过小应变弹性解(3.155)求得。

(4) 若小孔压力大于 p_{1y}，需要式(3.163)、式(3.166)和式(3.177)：①对于给定 c/b 值(小于 1，大于 a_0/b_0)，由式(3.166)计算 c/a_0 和 c/b_0，式(3.177)计算 c/a 和 a/a_0；②根据(3.163)求得小孔扩张量 a/a_0 计算所需的小孔压力。

(5) 当 $c/b=1$ 时，整个筒体范围内都进入塑性，此时压力-扩张曲线需要联合式(3.164)和式(3.181)求得：①选择一个小孔压力值，这个压力必须小于使整个球体都进入塑性的压力值，由式(3.164)计算 b/a。②由式(3.181)计算 b/a_0，b/b_0 和 a/a_0。

改变 c/b，重复(1)~(4)步，改变小孔压力 p，重复步骤(5)以获得完整压力-扩张曲线的数据。扩张过程每一阶段的应力分布均可由式(3.157)~式(3.160)获得。

3.3.2.6　一种特殊情形：小应变解

前面章节求得的结果从严格意义上讲是大应变解。如果小应变的假设成立，那么结果将大大简化。

小应变问题中的应力解的分析和大应变问题分析类似。主要的不同点在于塑性区位移方程，对于小应变问题，定义应变

$$\varepsilon_r = \frac{\mathrm{d}u}{\mathrm{d}r}$$

$$\varepsilon_\theta = \frac{u}{r}$$

将上述位移方程代入式(3.169)，可得下列小应变解的变形场

$$u = Kr^{-\frac{1}{\beta}} + \frac{\beta \ln\eta}{1+\beta}r - \frac{\alpha\beta\tilde{\omega}}{\alpha+\beta}c^{\frac{\alpha-1}{\alpha}}r^{\frac{1}{\alpha}} \tag{3.183}$$

其中

$$K = \frac{(1+\nu)\left[1+(1-2\nu)\left(\frac{c}{b}\right)^2\right]c^{1+\frac{1}{\beta}}}{\delta\left[(\alpha-1)\left(\frac{c}{b}\right)^2+1+\alpha\right]} + \frac{\alpha\beta\tilde{\omega}}{\alpha+\beta}c^{1+\frac{1}{\beta}} - \frac{\beta\ln\eta}{1+\beta}c^{1+\frac{1}{\beta}} \tag{3.184}$$

特别是当 $r = a$ 时，小孔壁位移可表为

$$\frac{u_a}{r} = \frac{\beta\ln\eta}{1+\beta}\left[1-\left(\frac{c}{a}\right)^{1+\frac{1}{\beta}}\right]$$

$$+ \frac{(1+\nu)\left[1+(1-2\nu)\left(\frac{c}{b}\right)^2\right]\left(\frac{c}{a}\right)^{1+\frac{1}{\beta}}}{\delta\left[(\alpha-1)\left(\frac{c}{b}\right)^2+1+\alpha\right]} + \frac{\alpha\beta\tilde{\omega}}{\alpha+\beta}\left[\left(\frac{c}{a}\right)^{1+\frac{1}{\beta}}-\left(\frac{c}{a}\right)^{1-\frac{1}{\alpha}}\right]$$

$$\tag{3.185}$$

其中,当小孔的压力给定后,塑性区半径 c 可由方程(3.163)求得。

3.3.3 无限介质小孔扩张

本节主要研究柱体或者球体的外半径无限大的特殊情况,即小孔在无限大土体中的扩张问题。对于这种情况,解析解可大大简化,这一结果由 Yu(1990)以及 Yu 和 Houlsby(1991)提出。

土体参数包括杨氏模量 E、泊松比 ν、黏聚力 C、内摩擦角 ϕ 和剪胀角 ψ。假定各向同性土体中的初始压力为 p_0,简化起见,可以将球小孔和柱小孔分析结合起来考虑。用参数 k 区分柱形孔($k=1$)或球形孔($k=2$)问题。

由一些物理量构成的关系式在小孔扩张理论分析中重复出现,为简化起见,定义下列量,其在任一给定的分析中为常数。

$$G = \frac{E}{2(1+\nu)}$$

$$M = \frac{E}{1-\nu^2(2-k)}$$

$$Y = \frac{2C\cos\phi}{1-\sin\phi}$$

$$\alpha = \frac{1+\sin\phi}{1-\sin\phi}$$

$$\beta = \frac{1+\sin\psi}{1-\sin\psi}$$

$$\gamma = \frac{\alpha(\beta+k)}{k(\alpha-1)\beta}$$

$$\delta = \frac{Y+(\alpha-1)p_0}{2(k+\alpha)G}$$

$$\mu = \frac{(1+k)\delta[1-\nu^2(2-k)]}{(1+\nu)(\alpha-1)\beta} \times \left[\alpha\beta+k(1-2\nu)+2\nu-\frac{k\nu(\alpha+\beta)}{1-\nu(2-k)}\right]$$

$$\chi = \exp\left\{\frac{(\beta+k)(1-2\nu)[1+(2-k)\nu][Y+(\alpha-1)p_0]}{E(\alpha-1)\beta}\right\}$$

整个过程中,在半径为 a 的小孔周围土体中任一点的应力必须满足平衡方程

$$(\sigma_\theta - \sigma_r) = \frac{r}{k}\frac{\partial\sigma_r}{\partial r} \tag{3.186}$$

式(3.186)同时要满足两个边界条件

$$\sigma_r\mid_{r=a} = -p$$

$$\sigma_r\mid_{r=\infty} = -p_0$$

3.3.3.1　弹性解

因为小孔内压从初始值不断增大,在轴对称条件下,土中的变形在开始阶段是纯弹性的。应力-应变关系可表示为

$$\dot{\varepsilon}_r = \frac{\partial \dot{u}}{\partial r} = \frac{1}{M}\left[\dot{\sigma}_r - \frac{k\nu}{1-\nu(2-k)}\dot{\sigma}_\theta\right] \tag{3.187}$$

$$\dot{\varepsilon}_\theta = \frac{\dot{u}}{r} = \frac{1}{M}\left\{-\frac{\nu}{1-\nu(2-k)}\dot{\sigma}_r + \left[1-\nu(k-1)\right]\dot{\sigma}_\theta\right\} \tag{3.188}$$

式(3.186)~式(3.188)满足应力边界条件的解是

$$\sigma_r = -p_0 - (p-p_0)\left(\frac{a}{r}\right)^{1+k} \tag{3.189}$$

$$\sigma_\theta = -p_0 + \frac{(p-p_0)}{k}\left(\frac{a}{r}\right)^{1+k} \tag{3.190}$$

$$u = \frac{p-p_0}{2kG}\left(\frac{a}{r}\right)^{1+k} r \tag{3.191}$$

当应力满足屈服条件(3.119)时,初始屈服首先出现在孔内壁。当小孔压力达到下面值时进入初始屈服阶段

$$p = p_{1y} = \frac{k[Y+(\alpha-1)p_0]}{k+\alpha} + p_0 = 2kG\delta + p_0 \tag{3.192}$$

3.3.3.2　弹-塑性应力分析

小孔壁出现初始屈服后,随小孔压力增大,在小孔内壁附近将形成外半径为 c 的塑性区。

1) 塑性区应力
塑性区应力分量必须满足平衡方程(3.186)和屈服条件式(3.119)

$$\sigma_r = \frac{Y}{\alpha-1} + Ar^{\frac{k(\alpha-1)}{\alpha}} \tag{3.193}$$

$$\sigma_\theta = \frac{Y}{\alpha-1} + \frac{A}{\alpha}r^{\frac{k(\alpha-1)}{\alpha}} \tag{3.194}$$

其中, A 是一个积分常数。

2) 弹性区应力
由平衡方程和弹性应力-应变关系可求得弹性区应力分量

$$\sigma_r = -p_0 - Br^{-(1+k)} \tag{3.195}$$

$$\sigma_\theta = -p_0 + \frac{B}{k}r^{-(1+k)} \tag{3.196}$$

其中,B 是第二个积分常数。

利用弹-塑性界面应力分量的连续性确定常数 A 和 B

$$A = -\frac{(1+k)\alpha[Y+(\alpha-1)p_0]}{(\alpha-1)(k+\alpha)} \times c^{\frac{k(\alpha-1)}{\alpha}} \tag{3.197}$$

$$B = \frac{k[Y+(\alpha-1)p_0]}{k+\alpha}c^{1+k} \tag{3.198}$$

利用小孔壁处 $\sigma|_{r=a}=-p$ 条件,联立式(3.193)和式(3.197),可得塑性区的外半径 c 与当前小孔半径和小孔压力之间的关系

$$\frac{c}{a} = \left\{\frac{(k+\alpha)[Y+(\alpha-1)p]}{\alpha(1+k)[Y+(\alpha-1)p_0]}\right\}^{\frac{\alpha}{k(\alpha-1)}} \tag{3.199}$$

应力表达式只含有单一未知量 c。在下文将主要研究位移问题,同时考虑 c 值的确定及完整的压力-扩张关系。

3.3.3.3 弹-塑性位移分析

将式(3.195)和式(3.196)代入式(3.188),可得弹性区位移

$$u = \delta\left(\frac{c}{r}\right)^{1+k}r \tag{3.200}$$

其中,δ 在本节开始已经定义过。塑性区位移场的确定需要用到塑性流动准则,一般认为,当出现屈服时,总应变可以分解为弹性和塑性分量部分。

对于柱形孔或者球形孔扩张,非相关联的 Mohr-Coulomb 流动法则均可表示为

$$\frac{\dot{\varepsilon}_r^p}{\dot{\varepsilon}_\theta^p} = \frac{\dot{\varepsilon}_r - \dot{\varepsilon}_r^e}{\dot{\varepsilon}_\theta - \dot{\varepsilon}_\theta^e} = -\frac{k}{\beta} \tag{3.201}$$

其中,β 是前文已给出的有关剪胀角的函数,若 $\beta=\alpha$,则认为土的流动法则是相关联的。

将弹性应变结果式(3.187)和式(3.188)代入塑性流动法则式(3.201),可得

$$\beta\dot{\varepsilon}_r + k\dot{\varepsilon}_\theta = \frac{1}{M}\left[\beta - \frac{k\nu}{1-\nu(2-k)}\right]\dot{\sigma}_r + \frac{1}{M}\left[k(1-2\nu)+2\nu - \frac{k\beta\nu}{1-\nu(2-k)}\right]\dot{\sigma}_\theta \tag{3.202}$$

其中,M 在本节开始已定义过。通过式(3.192)中的 $p=p_{1y}$,可由式(3.187)~式(3.191)求得初始塑性阶段土中应力、应变分布。积分式(3.202),同时考虑初始条件,得

$$\beta\varepsilon_r + k\varepsilon_\theta = \frac{1}{M}\left[\beta - \frac{k\nu}{1-\nu(2-k)}\right]\sigma_r + \frac{1}{M}\left[k(1-2\nu)+2\nu - \frac{k\beta\nu}{1-\nu(2-k)}\right]\sigma_\theta$$

$$+ \frac{1}{M}\left[\beta + k(1-2\nu) + 2\nu - \frac{k\nu(1+\beta)}{1-\nu(2-k)}\right]p_0 \tag{3.203}$$

考虑塑性区大应变影响,采用对数形式定义应变,即

$$\varepsilon_r = \ln\left(\frac{\mathrm{d}r}{\mathrm{d}r_0}\right)$$

$$\varepsilon_\theta = \ln\frac{r}{r_0}$$

将上述塑性区大应变定义和塑性应力式(3.193)和式(3.194)代入式(3.203),得

$$\ln\left[\left(\frac{r}{r_0}\right)^{\frac{k}{\beta}} \frac{\mathrm{d}r}{\mathrm{d}r_0}\right] = \ln\chi - \mu\left(\frac{c}{r}\right)^{\frac{k(\alpha-1)}{\alpha}} \tag{3.204}$$

其中,χ 和 μ 在本章开始已给出定义。

由下列转换

$$\rho = \left(\frac{c}{r}\right)^{\frac{k(\alpha-1)}{\alpha}} \tag{3.205}$$

$$\xi = \left(\frac{r_0}{c}\right)^{\frac{\beta+k}{\beta}} \tag{3.206}$$

将式(3.204)在区间$[r,c]$上积分并联合式(3.200)可以得到

$$\frac{\chi}{\gamma}\left[(1-\delta)^{\frac{\beta+k}{\beta}} - \left(\frac{r_0}{c}\right)^{\frac{\beta+k}{\beta}}\right] = \int_1^\rho \exp(\mu\rho)\rho^{-\gamma-1}\mathrm{d}\rho \tag{3.207}$$

式中,令 $r = r$ 和 $r_0 = a_0$,并联合式(3.199),有

$$\frac{\chi}{\gamma}\left[(1-\delta)^{\frac{\beta+k}{\beta}} - R^{-\gamma}\left(\frac{a_0}{a}\right)^{\frac{\beta+k}{\beta}}\right] = \int_1^R \exp(\mu\rho)\rho^{-\gamma-1}\mathrm{d}\rho \tag{3.208}$$

其中,R 是关于现有小孔压力的函数

$$R = \frac{(k+\alpha)[Y + (\alpha-1)p]}{\alpha(1+k)[Y + (\alpha-1)p_0]} \tag{3.209}$$

对于材料满足 Mohr-Coulomb 准则和相关联流动准则($k=2, \beta=\alpha$)的球形孔问题,式(3.208)简化为 Chadwick(1959)解。

由级数

$$\exp(\mu\rho) = \sum_{n=0}^\infty \frac{(\mu\rho)^n}{n!} \tag{3.210}$$

得到压力-扩张关系的简明表达式

$$\left(\frac{a}{a_0}\right)^{\frac{\beta+k}{\beta}} = \frac{R^{-\gamma}}{(1-\delta)^{\frac{\beta+k}{\beta}} - \frac{\gamma}{\chi}\sum_{n=0}^{\infty}A_n(R,\mu)} \tag{3.211}$$

其中，A_n 定义为

$$A_n(R,\mu) = \begin{cases} \dfrac{\mu^n}{n!}\ln R, & \text{若 } n=\gamma \\[3mm] \dfrac{\mu^n}{n!(n-\gamma)}(R^{n-\gamma}-1), & \text{其他情形} \end{cases} \tag{3.212}$$

3.3.3.4 特殊情形

1) 极限压力

当小孔在塑性变形材料中扩张时，小孔压力不能无限增加，而是存在极限压力。在式(3.211)中令 $a/a_0 \to \infty$，则小孔极限压力 $p_{\lim}$ 可通过求界限半径 $R_{\lim}$ 间接获取

$$\sum_{n=0}^{\infty}A_n(R_{\lim},\mu) = \frac{\chi}{\gamma}(1-\delta)^{\frac{\beta+k}{\beta}} \tag{3.213}$$

其中，A_n 与极限半径 $R_{\lim}$ 相关，定义如式(3.212)。一旦得到 $R_{\lim}$，那么小孔极限压力 $p_{\lim}$ 可由下列方程求出

$$R_{\lim} = \frac{(k+\alpha)[Y+(\alpha-1)p_{\lim}]}{\alpha(1+k)[Y+(\alpha-1)p_0]} \tag{3.214}$$

研究表明，小孔极限压力在很大程度上取决于土的内摩擦角和剪胀角，以及土的刚度性质。

2) 无摩擦情形

上述结果是在假设土体有摩擦和剪胀基础上获得的。对于无摩擦土（如 Tresca 材料），也即内摩擦角 $\phi=0$，计算结果并没有简化。这是因为在 $\alpha=1$ 情况下，$\alpha-1$ 频繁地出现在分母中，使得结果变得不确定。然而，可以证明，当 ϕ 很小时，本节求得的解和 Tresca 材料的式(3.67)结果很接近。

3) 小应变情形

大应变问题往往很复杂，因此在可能的情况下使用小应变理论会使问题简单化。小应变理论忽略变形对材料中点的位置影响，因此这一理论只适用于小的扩张问题。但需要注意的是应用小应变假设不能预测极限压力的大小。若小应变假设成立，可获得塑性区位移闭合形式解答

$$u = \left[\delta + \frac{\alpha\beta\mu}{k(\alpha+\beta)+\alpha\beta(1-k)} - \frac{\beta\ln\chi}{\beta+k}\right]\left(\frac{c}{r}\right)^{\frac{k}{\beta}}c$$

$$+ \frac{\beta\ln\chi}{\beta+k}r - \frac{\alpha\beta\mu}{k(\alpha+\beta)+\alpha\beta(1-k)}\left(\frac{c}{r}\right)^{\frac{k(\alpha-1)}{\alpha}}r \tag{3.215}$$

式(3.215)只适用于小孔最大压力相当小的情形,对于大应变问题不适用。这一小应变解由 Carter 等(1986)提出。对于符合相关联流动法则的球形孔和柱形孔问题,式(3.215)解答退化为小应变问题,其解分别由 Chadwick(1959)和 Florence 与 Schwer(1978)得到。

4) 忽略塑性区的弹性应变

对于塑性小孔扩张问题,一种常用的简化方式是忽略塑性区的弹性应变(Hughes et al.,1977)。一定程度上这种假设似乎是合理的,因为弹性应变远小于塑性应变,然而弹性应变对于预测结果有很重要的影响。

忽略塑性变形区的弹性变形,相对简化了小孔压力和小孔变形之间的关系

$$\frac{(k+\alpha)[Y+(\alpha-1)p]}{\alpha(1+k)[Y+(\alpha-1)p_0]} = \left[\frac{1-\left(\dfrac{a_0}{a}\right)^{1+\frac{k}{\beta}}}{1-(1-\delta)^{1+\frac{k}{\beta}}}\right]^{\frac{1}{\gamma}} \tag{3.216}$$

对比大应变近似解(3.216)和大应变精确解(3.211)可以看出,对于内摩擦角和剪胀角比较大、弹性刚度比较小的土,塑性区的弹性应变影响更为重要。

令 $a/a_0 \to \infty$, $\psi = 0$, 假设 $\delta = 0$, 则式(3.216)可简化为 Vesic(1972)得到的极限解。

3.3.4　无限介质小孔收缩

本节主要阐述满足 Mohr-Coulomb 准则和非相关联流动准则的土体材料中球形孔和柱形孔大应变收缩问题的解。

3.3.4.1　从弹-塑性应力状态的收缩

假设在满足 Mohr-Coulomb 准则的无限大土体中,存在单个球形孔或柱形孔,其内半径由初始半径 a_0 增加到 a,并且在加载阶段只在小孔壁附近周围形成塑性区,c 为弹性和塑性区界面的半径。前面章节已讨论过加载最终时刻的应力场和位移场,本节主要分析小孔压力递减过程中的应力和位移场的变化规律。Yu(1990)和 Yu 与 Houlsby(1995)给出了严格的求解过程,Salencon(1969)给出了满足 Mohr-Coulomb 准则土体在卸载阶段的近似解。本节结果已成功应用于砂土中旁压卸载试验的分析。

由于需要确定加载前、加载终点以及卸载后的状况作为参考,分析中包含相对多的变量,因此小孔卸载分析更为复杂。

与加载分析一样,土的力学参数包括杨氏模量 E、泊松比 ν、黏聚力 C、内摩擦角 ϕ 和剪胀角 ψ。假定土体为各向同性介质并且初始压力为 p_0。为简化表达,将球形孔和柱形孔分析结合起来考虑,用参数 k 来区分球形孔($k=2$)或柱形孔($k=1$)。

为简化计算,定义如下一些土性参数的函数,其中一些已在前面章节中用到。

$$G = \frac{E}{2(1+\nu)}$$

$$M = \frac{E}{1-\nu^2(2-k)}$$

$$Y = \frac{2C\cos\phi}{1-\sin\phi}$$

$$\alpha = \frac{1+\sin\phi}{1-\sin\phi}$$

$$\beta = \frac{1+\sin\psi}{1-\sin\psi}$$

$$\gamma = \frac{\alpha(\beta+k)}{k(\alpha-1)\beta}$$

$$\delta = \frac{Y+(\alpha-1)p_0}{2(k+\alpha)G}$$

$$m = \frac{2\delta G(1+k)}{\alpha-1}$$

$$N = \frac{1+k\beta}{k(\alpha-1)}$$

$$l = \frac{(\alpha-1)E}{[1-\nu^2(2-k)](1+k)[Y+(\alpha-1)P_0]}$$

1) 弹性卸载和反向屈服

假设小孔压力由初始压力 p_0 单调增加到当前压力 p,使其周围土体处于弹-塑性状态。在其基础上,再考虑小孔压力由 p 单调卸载到 $p-\chi(p-p_0)$ 的情况,这里的卸载因子范围为 $0 \leqslant \chi \leqslant \dfrac{p}{p-p_0}$。可以对 χ 施加限制,使得土中所有应力均处于压应力状态。

将最终加载状态(加载最后阶段)作为卸载过程中应力、应变确定的参考态,如图 3.3 所示。分析中,用上标"′"表示增量,上标"″"表示当前状态,即

$$\sigma_r'' = \sigma_r + \sigma_r' \tag{3.217}$$

$$\sigma_\theta'' = \sigma_\theta + \sigma_\theta' \tag{3.218}$$

$$u'' = u + u' \tag{3.219}$$

其中,σ_r 是径向应力,σ_θ 是切向应力,u 表示径向位移。

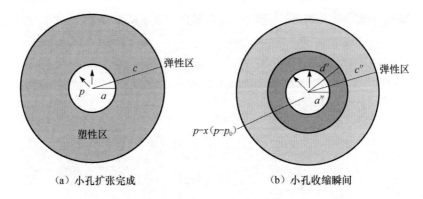

（a）小孔扩张完成　　　　　　　　　　（b）小孔收缩瞬间

图 3.3　小孔从弹性状态的收缩

当卸载因子 χ 从 0 起开始增加时，土体处于弹性卸载状态。由式（3.193）～式（3.198）可得到加载完成时土体中的应力重分布，孔壁处附加压力 $-\chi(p-p_0)$ 所产生的弹性应力场为：

对于塑性区 $a'' \leqslant r'' \leqslant c''$

$$\sigma_r'' = \frac{Y}{\alpha-1} - m\alpha \left(\frac{c}{r}\right)^{\frac{k(\alpha-1)}{\alpha}} + x(p-p_0)\left(\frac{a''}{r''}\right)^{1+k} \tag{3.220}$$

$$\sigma_\theta'' = \frac{Y}{\alpha-1} - m\left(\frac{c}{r}\right)^{\frac{k(\alpha-1)}{\alpha}} - \frac{x}{k}(p-p_0)\left(\frac{a''}{r''}\right)^{1+k} \tag{3.221}$$

对于外部弹性区 $r'' \geqslant c''$

$$\sigma_r'' = -p_0 - 2\delta Gk\left(\frac{c}{r}\right)^{1+k} + x(p-p_0)\left(\frac{a''}{r''}\right)^{1+k} \tag{3.222}$$

$$\sigma_\theta'' = -p_0 + 2\delta G\left(\frac{c}{r}\right)^{1+k} - \frac{x}{k}(p-p_0)\left(\frac{a''}{r''}\right)^{1+k} \tag{3.223}$$

其中，a 和 c 分别是小孔内半径和弹-塑性界面半径。

若继续增大 χ，当满足下列屈服条件时，将会出现反向屈服

$$\alpha\sigma_r'' - \sigma_\theta'' = Y \tag{3.224}$$

由式（3.220）和式（3.221）可知，当卸载因子达到

$$x = x_1 = \frac{k(1+\alpha)[Y+(\alpha-1)p]}{\alpha(1+k\alpha)(p-p_0)} \tag{3.225}$$

首先在小孔壁处产生屈服。

2）塑性卸载：应力分析

当反向塑性区形成后，假设用 d'' 表示反向塑性区的外半径。此时，反向塑性区远小于加载塑性区，即 $d'' \leqslant c''$。通过分别研究塑性和弹性区域，可以得到土体中

及弹-塑性界面 $r''=d''$ 的应力分布。

Yu(1990)以及 Yu 和 Houlsby(1995)详细阐述了这一问题的一般解,结果为:
对于反向塑性区 $a''\leqslant r''\leqslant d''$

$$\sigma_r''=\frac{Y}{\alpha-1}-m\left(\frac{c}{d}\right)^{\frac{k(\alpha-1)}{\alpha}}\left(\frac{r''}{d''}\right)^{k(\alpha-1)} \tag{3.226}$$

$$\sigma_\theta''=\frac{Y}{\alpha-1}-m\alpha\left(\frac{c}{d}\right)^{\frac{k(\alpha-1)}{\alpha}}\left(\frac{r''}{d''}\right)^{k(\alpha-1)} \tag{3.227}$$

对于加载塑性区内的反向弹性区 $r''\geqslant d''$

$$\sigma_r'=mk(1+\alpha)\left(\frac{c}{d}\right)^{\frac{k(\alpha-1)}{\alpha}}\left(\frac{d''}{r''}\right)^{1+k} \tag{3.228}$$

$$\sigma_\theta'=-m(1+\alpha)\left(\frac{c}{d}\right)^{\frac{k(\alpha-1)}{\alpha}}\left(\frac{d''}{r''}\right)^{1+k} \tag{3.229}$$

小孔壁处的应力条件

$$\sigma_r''\big|_{r''=a''}=-\left[p-x(p-p_0)\right] \tag{3.230}$$

可以用来构建附加的关系式

$$\left(\frac{a''}{d''}\right)^{k(\alpha-1)}\left(\frac{a}{d}\right)^{\frac{k(\alpha-1)}{\alpha}}=\frac{\alpha(1+k\alpha)\{Y+(\alpha-1)[p_0+(1-x)(p-p_0)]\}}{(k+\alpha)[Y+(\alpha-1)p]} \tag{3.231}$$

3) 塑性卸载:位移分析
在 $r''\geqslant d''$ 区的卸载位移为

$$u'=-\frac{(1+k)(1+\alpha)\delta}{1+k\alpha}\left(\frac{c}{d}\right)^{\frac{k(\alpha-1)}{\alpha}}\left(\frac{d''}{r''}\right)^{1+k}r'' \tag{3.232}$$

特别地对于弹-塑性界面

$$d=d''-u'\big|_{r''=d'}=d''\left[1+\frac{(1+k)(1+\alpha)\delta}{1+k\alpha}\left(\frac{c}{d}\right)^{\frac{k(\alpha-1)}{\alpha}}\right] \tag{3.233}$$

如 Yu(1990)和 Yu 与 Houlsby(1995)所指出,如果卸载因子满足式(3.234)简单条件,先前的假设 $d''\leqslant c''$ 总是正确的

$$x\leqslant 1+\frac{k[Y+(\alpha-1)p_0]}{(1+k\alpha)(p-p_0)} \tag{3.234}$$

对于反向塑性区的非相关联 Mohr-Coulomb 流动法则定义为

$$\frac{\dot{\varepsilon}_r^{p'}}{\dot{\varepsilon}_\theta^{p'}}=-k\beta \tag{3.235}$$

可以用来估算反向塑性区 $a''\leqslant r''\leqslant d''$ 的位移。

将弹性应变解(3.187)和式(3.188)代入反向塑性流动法则(3.235),得

$$\dot{\varepsilon}''_r + k\beta\dot{\varepsilon}''_\theta = \frac{1}{M}\Big[1 - \frac{k\beta\nu}{1-\nu(2-k)}\Big]\dot{\sigma}''_r + \frac{1}{M}\Big[k\beta(1+\nu-k\nu) - \frac{k\nu}{1-\nu(2-k)}\Big]\dot{\sigma}''_\theta$$

(3.236)

结合初始屈服条件,对微分方程(3.236)积分,可得总应力-应变关系

$$\varepsilon'_r + k\beta\varepsilon'_\theta = \frac{1}{M}\Big[1 - \frac{k\beta\nu}{1-\nu(2-k)}\Big]\dot{\sigma}''_r + \frac{1}{M}\Big[k\beta(1+\nu-k\nu) - \frac{k\nu}{1-\nu(2-k)}\Big]\dot{\sigma}''_\theta$$
$$- \frac{Y}{M(\alpha-1)}\Big[1 + k\beta(1+\nu-k\nu) - \frac{k\nu(1+\beta)}{1-\nu(2-k)}\Big]$$
$$+ \frac{m}{M}\Big[\alpha\Big(1 - \frac{k\beta\nu}{1-\nu(2-k)}\Big) + k\beta(1+\nu-k\nu) - \frac{k\nu}{1-\nu(2-k)}\Big]\Big(\frac{c}{r}\Big)^{\frac{k(\alpha-1)}{\alpha}}$$

(3.237)

从完全加载状态得到的对数应变分量为

$$\varepsilon'_r = \ln\Big(\frac{\mathrm{d}r''}{\mathrm{d}r}\Big)$$

(3.238)

$$\varepsilon'_\theta = \ln\Big(\frac{r''}{r}\Big)$$

(3.239)

需要注意,在式(3.238)和式(3.239)中使用的应变参考态是加载阶段结束的状态。

将反向塑性区的应力式(3.226)和式(3.227)代入式(3.237),得微分方程

$$\ln\Big[\Big(\frac{r''}{r}\Big)^{k\beta}\frac{\mathrm{d}r''}{\mathrm{d}r}\Big] = -\lambda\Big(\frac{r''}{d''}\Big)^{k(\alpha-1)} + \zeta\Big(\frac{d}{r}\Big)^{\frac{k(\alpha-1)}{\alpha}}$$

(3.240)

其中

$$\lambda = \frac{1}{(1+k\alpha)l}\Big\{1 - \frac{k\beta\nu}{1-\nu(2-k)} + \alpha\Big[k\beta(1+\nu-k\nu) - \frac{k\nu}{1-\nu(2-k)}\Big]\Big\}\Big(\frac{c}{d}\Big)^{\frac{k(\alpha-1)}{\alpha}}$$

(3.241)

$$\zeta = \frac{1}{(k+\alpha)l}\Big\{\alpha\Big[1 - \frac{k\beta\nu}{1-\nu(2-k)}\Big] + k\beta(1+\nu-k\nu) - \frac{k\nu}{1-\nu(2-k)}\Big\}\Big(\frac{c}{d}\Big)^{\frac{k(\alpha-1)}{\alpha}}$$

(3.242)

通过下列转换

$$\rho = \Big(\frac{d}{r}\Big)^{\frac{k(\alpha-1)}{\alpha}}$$

(3.243)

$$\xi = \Big(\frac{r''}{d''}\Big)^{k(\alpha-1)}$$

(3.244)

位移方程(3.240)在区间 $[d'', r'']$ 上积分,得

$$\alpha \int_1^\rho \rho^{-\alpha N-1} \exp(\zeta\rho) \,\mathrm{d}\rho + \left(\frac{d''}{d}\right)^{1+k\beta} \int_1^\xi \xi^{N-1} \exp(\lambda\xi) \,\mathrm{d}\xi = 0 \qquad (3.245)$$

令 $r=a$ 和 $r''=a''$,借助于级数形式,积分式(3.245),可得闭合形式的位移解

$$\alpha \sum_{n=0}^\infty A_n^1 + \left(\frac{d''}{d}\right)^{1+k\beta} \sum_{n=0}^\infty A_n^2 = 0 \qquad (3.246)$$

其中,级数函数定义为

$$A_n^1 = \begin{cases} \dfrac{k(\alpha-1)\zeta^n}{\alpha n!} \ln \dfrac{d}{a}, & \text{若 } n = \alpha N \\[3mm] \dfrac{\zeta^n}{n!(n-\alpha N)} \left[\left(\dfrac{d}{a}\right)^{\frac{k(\alpha-1)}{\alpha}(n-\alpha N)} - 1 \right], & \text{其他情形} \end{cases} \qquad (3.247)$$

$$A_n^2 = \frac{\lambda^n}{n!(n+N)} \left[\left(\frac{a''}{d''}\right)^{k(\alpha-1)(n+N)} - 1 \right] \qquad (3.248)$$

由于在求解过程中没有采用任何近似处理,因而所得到的解是精确的大应变解。值得一提的是,当忽略塑性区弹性应变影响时,式(3.236)的右侧变为零,塑性区的精确位移解(3.246)得到大大简化。采用这一假设,Houlsby 等(1986)和 Withers 等(1989)提出了球形孔及柱形孔卸载过程中小应变的近似解。

Senseny 等(1989)获得了满足关联流动法则的 Mohr-Coulomb 材料在加载和卸载特殊情况下的柱形孔小应变解。

4) 求解

确定完整的压力-扩张曲线和应力分布所需的方程均已求得。求解完整压力-扩张曲线的过程为:

(1) 选择输入土性参数 $E, \nu, C, \phi, \psi, \ p_0$;

(2) 计算参数 $G, M, Y, \alpha, \beta, \gamma, \delta, m, N, l$;

(3) 对于加载最终阶段小孔压力 p 给定的情形,卸载开始前的弹-塑性边界大小 c/a 可由加载解(3.199)计算

$$\frac{c}{a} = \left\{ \frac{(k+\alpha)[Y+(\alpha-1)p]}{\alpha(1+k)[Y+(\alpha-1)p_0]} \right\}^{\frac{\alpha}{k(\alpha-1)}}$$

(4) 当给定的卸载因子 r 小于式(3.225)求得的 r_1 时,卸载过程纯弹性,小孔壁压力和位移与弹性解相关

$$\frac{a''-a}{a} = \frac{-x(p-p_0)}{2kG}$$

(5) 当 x 大于 x_1 时,为弹-塑性卸载过程,选择 d/a 的一个值(大于1),由 c/a 和 d/a 计算 c/d。

（6）已知 c/d，由方程（3.233）求取 d/d''。

（7）已知 d/a 和 d/d''，由方程（3.246）计算出 a''/d''；因为方程（3.246）是含有单一未知量 a''/d'' 的非线性方程，所以需要采用牛顿迭代等方法求出未知量。

（8）已知 a''/d'' 和 d/a，由方程（3.231）计算当前的小孔压力。

通过改变 d/a 值，重复（5）～（8）步，可以得到完整的压力-收缩曲线。

3.3.4.2　从原位应力状态的收缩

考虑无黏结 Mohr-Coulomb 土体中含有单一球形孔或柱形孔的情况。假定小孔初始半径为 a_0，静水压力 p_0 作用在整个均质土体上，本节主要关注当小孔内压从初始值或原位值缓慢降低时，小孔周围土体中应力和位移的分布。符号 k 用来表示小孔的类型，柱形孔（$k=1$）、球形孔（$k=2$）。本节结果是由 Yu 和 Rowe（1999）为预测隧道围岩土性而提出的。前面章节定义的 Y,α 和 β 在这里仍然适用。

1）弹性响应和初始屈服

压力 p 由初始值 p_0 开始降低，土体变形在开始阶段是完全弹性的。在轴对称坐标系中，弹性应力-应变关系可表示为

$$\dot{\varepsilon}_r = \frac{\partial \dot{u}}{\partial r} = \frac{1}{M}\Big[\dot{\sigma}_r - \frac{k\nu}{1-\nu(2-k)}\dot{\sigma}_\theta\Big] \tag{3.249}$$

$$\dot{\varepsilon}_\theta = \frac{\dot{u}}{r} = \frac{1}{M}\Big\{-\frac{\nu}{1-\nu(2-k)}\dot{\sigma}_r + [1-\nu(k-1)]\dot{\sigma}_\theta\Big\} \tag{3.250}$$

其中，$M=E/[1-\nu^2(2-k)]$。

应力和位移的弹性解为

$$\sigma_r = -p_0 - (p-p_0)\Big(\frac{a}{r}\Big)^{1+k} \tag{3.251}$$

$$\sigma_\theta = -p_0 + \frac{(p-p_0)}{k}\Big(\frac{a}{r}\Big)^{1+k} \tag{3.252}$$

$$u = \frac{p-p_0}{2kG}\Big(\frac{a}{r}\Big)^{1+k} r \tag{3.253}$$

对于小孔卸载，Mohr-Coulomb 屈服条件是

$$\alpha\sigma_r - \sigma_\theta = Y \tag{3.254}$$

若小孔内压进一步降低，在满足

$$p = p_{1y} = \frac{1+k}{1+\alpha k}p_0 - \frac{kY}{1+\alpha k} \tag{3.255}$$

条件后，首先在小孔壁出现屈服。

2) 弹-塑性应力分析

当小孔壁出现初始屈服后，随压力 p 的继续减小，在小孔内壁附近形成一个塑性区域 $a \leqslant r \leqslant c$。

弹性区应力为

$$\sigma_r = -p_0 - Br^{-(1+k)} \tag{3.256}$$

$$\sigma_\theta = -p_0 + \frac{B}{k}r^{-(1+k)} \tag{3.257}$$

塑性区应力必须同时满足平衡方程和屈服条件

$$\sigma_r = \frac{Y}{\alpha - 1} + Ar^{k(\alpha-1)} \tag{3.258}$$

$$\sigma_\theta = \frac{Y}{\alpha - 1} + A\alpha r^{k(\alpha-1)} \tag{3.259}$$

利用弹-塑性界面应力分量的连续性，可以确定由塑性区半径 c 表示的常数 A 和 B。

$$A = -\frac{(1+k)[Y + (\alpha-1)p_0]}{(\alpha-1)(1+k\alpha)}c^{(1-\alpha)k} \tag{3.260}$$

$$B = \frac{k[(1-\alpha)p_0 - Y]}{1+k\alpha}c^{1+k} \tag{3.261}$$

应用小孔壁处 $\sigma_r = -p$ 条件，可得小孔压力 p 和塑性半径 c 之间的关系

$$\frac{c}{a} = \left\{\frac{(1+k\alpha)[Y + (\alpha-1)p]}{(1+k)[Y + (\alpha-1)p_0]}\right\}^{\frac{1}{k(1-\alpha)}} \tag{3.262}$$

3) 弹-塑性位移分析

在已知位移场之前，上述解尚不能用于计算应力分布。弹性区位移可表示为

$$u = \frac{(1-\alpha)p_0 - Y}{2G(1+k\alpha)}\left(\frac{c}{r}\right)^{1+k}r \tag{3.263}$$

因此，弹-塑性界面处的位移

$$u\mid_{r=c} = c - c_0 = -\frac{[(1-\alpha)p_0 + Y]c}{2(1+k\alpha)G} \tag{3.264}$$

对于卸载小孔，非相关联的 Mohr-Coulomb 流动准则为

$$\frac{\dot{\varepsilon}_r^{\mathrm{p}}}{\dot{\varepsilon}_\theta^{\mathrm{p}}} = \frac{\dot{\varepsilon}_r - \dot{\varepsilon}_r^{\mathrm{e}}}{\dot{\varepsilon}_\theta - \dot{\varepsilon}_\theta^{\mathrm{e}}} = -k\beta \tag{3.265}$$

其中，β 是关于剪胀角的简单函数，若 $\beta = \alpha$，则土的流动法则就变得相关联了。

若考虑塑性区的弹性应变，很难求得式(3.265)的解析解。如果忽略塑性变形

区的弹性应变影响,将大大简化求解过程。采用对数应变定义,对流动法则式(3.265)积分,得到如下关系

$$r^{k\beta}\mathrm{d}r = r_0^{k\beta}\mathrm{d}r_0 \tag{3.266}$$

在区间$[c,r]$上进一步积分式(3.266),得

$$r^{1+k\beta} - c^{1+k\beta} = r_0^{1+k\beta} - c_0^{1+k\beta} \tag{3.267}$$

因为c可以由弹性解(3.264)与c_0相联系,因此方程(3.267)定义了塑性区的位移场。在小孔壁处,方程(3.267)简化为

$$a^{1+k\beta} - a_0^{1+k\beta} = c^{1+k\beta} - c_0^{1+k\beta} \tag{3.268}$$

由式(3.264)求得c_0/c,在式(3.268)基础上借助式(3.262)可求得小孔壁处位移和小孔压力之间的关系

$$\frac{1-\left(\dfrac{a_0}{a}\right)^{1+k\beta}}{1-\left(\dfrac{c_0}{c}\right)^{1+k\beta}} = \left\{\frac{(1+k\alpha)[Y+(\alpha-1)p]}{(1+k)[Y+(\alpha-1)p_0]}\right\}^{\frac{1+k\beta}{k(1-\alpha)}} \tag{3.269}$$

4) 小应变位移分析

对于小应变假设,塑性区位移场可简化为

$$u = r - r_0 = -\frac{(1-\alpha)p_0 - Y}{2G(1+k\alpha)}\left(\frac{c}{r}\right)^{1+k\beta} r \tag{3.270}$$

令$r=a$,代入方程(3.270),可得小孔壁处的位移

$$\frac{u_a}{a} = \frac{[(1-\alpha)p_0 - Y]}{2G(1+k\alpha)}\left\{\frac{(1+k\alpha)[Y+(\alpha-1)p]}{(1+k)[Y+(\alpha-1)p_0]}\right\}^{\frac{1+k\beta}{k(1-\alpha)}} \tag{3.271}$$

3.3.5 从零半径起的小孔扩张

本节主要分析无限大土体中零半径小孔扩张的特殊问题。正如 Hill(1950)所指出的,这个问题由于没有特征长度,而只有一个类似解。该解假设小孔压力恒定,连续变形在几何上是自相似的。因此,用 Hill(1950)分析 Trasca 材料小孔扩张时采用的速率逼近方法,获得了 Mohr-Coulomb 材料小孔扩张的极限压力解。

Carter 等(1986)首次尝试解析 Mohr-Coulomb 土体中小孔扩张极限压力。由于在其求解中忽略了应力速率的运动学部分,因此所得到的解仅是近似解。随后,Collins 和 Wang(1990)提出了一个包括应力速率运动学部分的适用于纯摩擦土体的更为严格的解,然而,他们到的是数值解,而不是解析解。简单比较 Collins 和 Wang(1990)、Wang(1992)的结果可见,当剪胀角较小时,应力速率的运动学部分影响较小,但当剪胀角增大后,这种差异可达 20%。

在 3.2.1 节求解的方法和结果的基础上，本节将得到在黏性-摩擦无限大土体中小孔从初始半径为零开始扩张的更为严格解析解。本节的求解过程与 Collins 和 Wang(1990)稍有区别，塑性半径 c 当成了时间尺度，同时解的形式与 Collins 和 Wang 的也不同，采用级数形式得到了该问题的闭合解。

土性由杨氏模量 E、泊松比 ν、黏聚力 C、内摩擦角 ϕ 和剪胀角 ψ 定义。各向同性土体的初始压力为 p_0。为了简化表达，用参数 k 来区分是柱形孔($k=1$)或球形孔($k=2$)。

为简化数学形式，定义如下一些函数，这些在给定的分析中是常量。

$$G = \frac{E}{2(1+\nu)}$$

$$M = \frac{E}{1-\nu^2(2-k)}$$

$$Y = \frac{2C\cos\phi}{1-\sin\phi}$$

$$\alpha = \frac{1+\sin\phi}{1-\sin\phi}$$

$$\beta = \frac{1+\sin\psi}{1-\sin\psi}$$

$$\delta = \frac{Y+(\alpha-1)p_0}{2(k+\alpha)G}$$

3.3.5.1 外部弹性区的弹性解

外部弹性区土体的应力-应变关系可表示为

$$d\varepsilon_r^e = \frac{\partial \dot{u}}{\partial r} = \frac{1}{M}\left[d\sigma_r - \frac{k\nu}{1-\nu(2-k)}d\sigma_\theta\right] \tag{3.272}$$

$$d\varepsilon_\theta^e = \frac{\dot{u}}{r} = \frac{1}{M}\left\{-\frac{\nu}{1-\nu(2-k)}d\sigma_r + [1-\nu(k-1)]d\sigma_\theta\right\} \tag{3.273}$$

应力解为

$$\sigma_r = -p_0 - (p_{1y}-p_0)\left(\frac{c}{r}\right)^{1+k} \tag{3.274}$$

$$\sigma_\theta = -p_0 + \frac{(p_{1y}-p_0)}{k}\left(\frac{c}{r}\right)^{1+k} \tag{3.275}$$

$$u = \frac{p_{1y}-p_0}{2kG}\left(\frac{c}{r}\right)^{1+k}r \tag{3.276}$$

其中

$$p_{1y} = \frac{k[Y + (\alpha - 1)p_0]}{k + \alpha} + p_0 = 2kG\delta + p_0 \tag{3.277}$$

3.3.5.2　塑性区应力解

1) 塑性区应力

塑性区应力分量必须满足平衡方程(3.186)和屈服条件(3.119),即

$$\sigma_r = \frac{Y}{\alpha - 1} + A r^{\frac{k(\alpha-1)}{\alpha}} \tag{3.278}$$

$$\sigma_\theta = \frac{Y}{\alpha - 1} + \frac{A}{\alpha} r^{\frac{k(\alpha-1)}{\alpha}} \tag{3.279}$$

其中,A 是第一个积分常数。

2) 弹性区应力

弹性区应力分量可由平衡方程和弹性应力-应变关系求得

$$\sigma_r = -p_0 - B r^{-(1+k)} \tag{3.280}$$

$$\sigma_\theta = -p_0 + \frac{B}{k} r^{-(1+k)} \tag{3.281}$$

其中,B 是第二个积分常数。

利用弹-塑性界面应力分量的连续性,可以确定常量 A 和 B

$$A = -\frac{(1+k)\alpha[Y + (\alpha - 1)p_0]}{(\alpha - 1)(k + \alpha)} c^{\frac{k(\alpha-1)}{\alpha}} \tag{3.282}$$

$$B = \frac{k[Y + (\alpha - 1)p_0]}{k + \alpha} c^{1+k} \tag{3.283}$$

由小孔壁处边界条件 $\sigma_r|_{r=a} = -p$,可得塑性区外半径 c 与当前小孔半径和压力的关系

$$\frac{c}{a} = \left\{ \frac{(k + \alpha)[Y + (\alpha - 1)p]}{\alpha(1 + k)[Y + (\alpha - 1)p_0]} \right\}^{\frac{\alpha}{k(\alpha-1)}} \tag{3.284}$$

应力表达式中仅含单一未知量 c。下文主要分析位移问题,同时确定 c 值以及小孔压力。

3.3.5.3　弹-塑性位移分析

将式(3.277)代入式(3.276),得弹性区位移

$$u = \delta \left(\frac{c}{r} \right)^{1+k} r \tag{3.285}$$

其中,δ 在本节开始已定义。分析塑性区位移场需要用到塑性流动准则,一般认为,当出现屈服时,总的应变可以分解为弹性和塑性分量。

对于小孔扩张,非相关联 Mohr-Coulomb 流动法则可表示为

$$\frac{\mathrm{d}\varepsilon_r^p}{\mathrm{d}\varepsilon_\theta^p} = \frac{\mathrm{d}\varepsilon_r - \mathrm{d}\varepsilon_r^e}{\mathrm{d}\varepsilon_\theta - \mathrm{d}\varepsilon_\theta^e} = -\frac{k}{\beta} \tag{3.286}$$

其中,β 是如前所述的剪胀角的简单函数。若 $\beta=\alpha$,则土的流动法是相关联的。

将式(3.272)和式(3.273)代入塑性流动法则(3.286),得

$$\beta\mathrm{d}\varepsilon_r + k\mathrm{d}\varepsilon_\theta = \frac{1}{M}\Big[\beta - \frac{k\nu}{1-\nu(2-k)}\Big]\mathrm{d}\sigma_r + \frac{1}{M}\Big[k(1-2\nu) + 2\nu - \frac{k\beta\nu}{1-\nu(2-k)}\Big]\mathrm{d}\sigma_\theta \tag{3.287}$$

其中,M 在本节开始已定义。在塑性区由屈服条件 $\mathrm{d}\sigma_\theta = \frac{1}{a}\mathrm{d}\sigma_r$,式(3.287)可以简化为

$$\mathrm{d}\varepsilon_r + \frac{k}{\beta}\mathrm{d}\varepsilon_\theta = \frac{\chi}{\beta}\mathrm{d}\sigma_r \tag{3.288}$$

其中

$$\chi = \frac{1}{M}\Big[\beta - \frac{k\nu}{1-\nu(2-k)}\Big] + \frac{1}{M a}\Big[k(1-2\nu) + 2\nu - \frac{k\beta\nu}{1-\nu(2-k)}\Big] \tag{3.289}$$

因为参数 c 出现在应力公式中,因此在计算任意单一质点的位移时,将塑性边界的运动作为扩张过程的"时间"或者尺度是十分方便的。我们说质点速率 V,意味着当塑性边界向外移动 $\mathrm{d}c$ 时,质点将移动 $V\mathrm{d}c$。V 可以用总位移 u 直接表示,是小孔当前半径 r 和塑性区半径 c 的函数。

$$\mathrm{d}u = \frac{\partial u}{\partial c}\mathrm{d}c + \frac{\partial u}{\partial r}\mathrm{d}r = \Big(\frac{\partial u}{\partial c} + V\frac{\partial u}{\partial r}\Big)\mathrm{d}c$$

其中,r 和 c 是独立的变量。使上式等于 $V\mathrm{d}c$,可得质点速率

$$V = \frac{\frac{\partial u}{\partial c}}{1 - \frac{\partial u}{\partial r}}$$

为计算应力和应变增量,我们必须追踪一个给定的单元,因此

$$\mathrm{d}\varepsilon_r = \frac{\partial(\mathrm{d}u)}{\partial r} = \frac{\partial V}{\partial r}\mathrm{d}c$$

$$\mathrm{d}\varepsilon_\theta = \frac{\mathrm{d}u}{r} = \frac{V}{r}\mathrm{d}c$$

$$\mathrm{d}\sigma_r = \Big(\frac{\partial\sigma_r}{\partial c} + V\frac{\partial\sigma_r}{\partial r}\Big)\mathrm{d}c$$

以速率项改写方程(3.288)

$$\frac{\partial V}{\partial r} + \frac{k}{\beta} \frac{V}{r} = \frac{\chi}{\beta} \left(\frac{\partial \sigma_r}{\partial c} + V \frac{\partial \sigma_r}{\partial r} \right) \tag{3.290}$$

将有关塑性区径向应力的表达式(3.278)和式(3.282)代入式(3.290),得速率的微分方程

$$\frac{\partial V}{\partial r} + P(r)V = Q(r) \tag{3.291}$$

其中

$$P(r) = \frac{k}{\beta r} + \frac{\chi q k (\alpha - 1)}{\alpha \beta} \left(\frac{c}{r} \right)^{\frac{k(\alpha-1)}{\alpha}} \frac{1}{r} \tag{3.292}$$

$$Q(r) = \frac{s}{c} \left(\frac{c}{r} \right)^{\frac{k(\alpha-1)}{\alpha}} \tag{3.293}$$

式中,q 和 s 定义为

$$q = \frac{(1+k)\alpha[Y+(\alpha-1)p_0]}{(\alpha-1)(k+\alpha)}$$

$$s = -\frac{\chi q k (\alpha - 1)}{\alpha \beta}$$

注意,由弹性区的位移解可以得到塑性区界面的位移速率,因此,由式(3.285)得

$$V_{r=c} = \delta(1+k) \tag{3.294}$$

利用上述边界条件,由式(3.291)可以求解速率 V

$$V = \exp\left[-\frac{\chi q}{\beta} \left(\frac{c}{r} \right)^{\frac{k(\alpha-1)}{\alpha}}\right] \left\{ \sum_{n=0}^{\infty} A_n \left(\frac{c}{r} \right)^{\frac{k(\alpha-1)(1+n)}{\alpha}-1} + \left[\delta(1+k)\exp\left(\frac{\chi q}{\beta}\right) - \sum_{n=0}^{\infty} A_n \right] \left(\frac{c}{r} \right)^{\frac{k}{\beta}} \right\} \tag{3.295}$$

其中,A_n 定义为

$$A_n = \frac{1}{n!} \left(\frac{\chi q}{\beta} \right)^n \frac{\alpha \beta s}{k\alpha - k\beta(\alpha-1)(1+n) + \alpha\beta} \tag{3.296}$$

式中,n 是从零到无穷大的整数。

在小孔壁处 $r=a$,$V=\mathrm{d}a/\mathrm{d}c$,故有

$$\frac{\mathrm{d}a}{\mathrm{d}c} = \exp\left[-\frac{\chi q}{\beta} \left(\frac{c}{a} \right)^{\frac{k(\alpha-1)}{\alpha}}\right] \left\{ \sum_{n=0}^{\infty} A_n \left(\frac{c}{a} \right)^{\frac{k(\alpha-1)(1+n)}{\alpha}-1} + \left[\delta(1+k)\exp\left(\frac{\chi q}{\beta}\right) - \sum_{n=0}^{\infty} A_n \right] \left(\frac{c}{a} \right)^{\frac{k}{\beta}} \right\} \tag{3.297}$$

对于从零初始半径开始的小孔扩张,塑性区变形认为是几何相似的,也就是

弹-塑性界面半径与小孔半径的比是恒定的,即

$$\frac{\mathrm{d}a}{\mathrm{d}c} = \frac{a}{c} \tag{3.298}$$

　　根据上述关系,可将式(3.297)简化为 c/a 的非线性方程

$$\frac{a}{c} = \exp\left[-\frac{\chi q}{\beta}\left(\frac{c}{a}\right)^{\frac{k(\alpha-1)}{\alpha}}\right]\left\{\sum_{n=0}^{\infty}A_n\left(\frac{c}{a}\right)^{\frac{k(\alpha-1)(1+n)}{\alpha}-1} + \left[\delta(1+k)\exp\left(\frac{\chi q}{\beta}\right) - \sum_{n=0}^{\infty}A_n\right]\left(\frac{c}{a}\right)^{\frac{k}{\beta}}\right\} \tag{3.299}$$

由此可求得 c/a 值。一旦确定 c/a 值,由式(3.284)可确定极限压力 p 。

忽略应力速率的运动学部分

　　如果忽略应力速率的运动学部分,式(3.290)可简化为

$$\frac{\partial V}{\partial r} + \frac{k}{\beta}\frac{V}{r} = \frac{\chi}{\beta}\frac{\partial \sigma_r}{\partial c} \tag{3.300}$$

进一步简化,得

$$\frac{\partial V}{\partial r} + \frac{k}{\beta}\frac{V}{r} = Q(r) \tag{3.301}$$

其中, $Q(r)$ 由式(3.293)给出。结合边界条件式(3.294),可求解式(3.301)得到速率 V

$$V = \gamma\left(\frac{c}{r}\right)^{\frac{k(\alpha-1)}{\alpha}-1} + \left[\delta(1+k) - \gamma\right]\left(\frac{c}{r}\right)^{\frac{k}{\beta}} \tag{3.302}$$

其中

$$\gamma = \frac{\alpha\beta s}{k\alpha - k\beta(\alpha-1) + \alpha\beta} \tag{3.303}$$

　　和前述相同,由式(3.302)可以导出关于 c/a 的非线性方程

$$1 = \gamma\left(\frac{c}{a}\right)^{\frac{k(\alpha-1)}{\alpha}} + \left[\delta(1+k) - \gamma\right]\left(\frac{c}{a}\right)^{1+\frac{k}{\beta}} \tag{3.304}$$

式(3.304)与 Carter 等(1986)的结果相同。

3.4　小　　结

　　(1) 对于球形孔扩张课题,von Mises 屈服准则等同于 Tresca 准则。对于无限长、平面应变柱形孔扩张问题,如果剪切强度乘以 1.15 的系数,von Mises 准则可以用 Tresca 准则近似。

　　(2) 对于具有有限边界 Tresca 土体中初始半径为非零的球形孔扩张问题,其

大应变解的小孔压力-位移关系不能用单一方程表示,但可以联立式(3.19)和式(3.32)求得完整的小孔扩张曲线。对于无限大不可压缩介质小孔从零初始半径开始扩张的问题,小孔压力是可由式(3.34)确定的恒定值。

(3) 对于具有有限边界 Tresca 土体中初始半径为非零的柱形孔扩张问题,其大应变解的小孔压力-位移关系可以由式(3.54)和式(3.60)联立求得。同时考虑两种特殊情况:第一,对于在无限大不可压缩土体中的小孔扩张,小孔压力仍然是一恒值,其大小由式(3.34)确定;第二,对于有限边界不可压缩土体中的小孔扩张,大应变的压力-位移关系可以由单一方程(3.67)求得。这些是黏土旁压试验结果解释的理论基础,将在第 8 章详细讨论。

(4) 对于 Tresca 材料,原位应力卸载过程的球形孔或柱形孔扩张的大应变小孔压力和位移之间的关系可由式(3.86)给出。若采用小应变假设,其解可以简化为式(3.88)。这些结论也是预测黏土中地下隧道引起地面沉降的理论基础,将在第 10 章进行讨论。

(5) 对于 Tresca 材料,临界塑性状态的球形孔或柱形孔卸载大应变的小孔压力和位移之间的关系可以由方程(3.109)获得。这一结果将作为第 8 章讨论黏土中锥形旁压试验结果分析的理论基础。

(6) 对于小孔初始半径非零的有限大 Mohr-Coulomb 材料中的球形孔或柱形孔扩张的大应变小孔压力-位移关系不能由单一方程求出,但可联立一些方程求得小孔扩张曲线。由小应变假设可以得到更为简洁形式的解。例如,对于柱形孔,小孔压力-扩张曲线可以由式(3.185)和式(3.163)联合给出。本章关于柱形孔扩张的解答可用来评价锥形贯入试验中压力腔尺寸对锥尖阻力的影响。

(7) 与有限边界情况类似,对于无限大 Mohr-Coulomb 土体中初始半径非零的球形孔或柱形孔扩张问题,大应变的小孔压力和位移之间的关系不能由单一方程得出,但可联立一些方程求解完整的小孔扩张曲线。对于小应变条件,可以得到更加简洁的塑性区位移解[式(3.215)]。若进一步假设忽略塑性区的弹性变形,则可由方程(3.216)求得小孔压力和位移之间的关系。这一假设考虑了大摩擦角和剪胀角土体的影响。

(8) 对于无限大 Mohr-Coulomb 土体中球形孔或柱形孔的弹-塑性卸载过程问题,大应变的小孔压力和位移关系不能由单一方程给出,但可联立相关方程求出完整的压力-扩张曲线。这一卸载问题的解答将在第 8 章中应用于对砂中旁压卸载试验结果的理论解释。

(9) 对于无限大 Mohr-Coulomb 材料,如果忽略塑性区的弹性变形,将会得到小孔从原位应力阶段卸载问题的简单的大应变解,其解可由方程(3.269)求出。这一结果将在第 10 章应用于预测黏性-摩擦土体中隧道周围土体的变形。

(10) 作为一种特殊情况,对于无限大 Mohr-Coulomb 土体中小孔从零初始半径开始扩张的问题,提出了小孔扩张的近似解,其中小孔压力是一恒定值且连续变形几何相似。对于有限大土体中的小孔扩张,当达到很大应变时,恒定的小孔压力值等于极限压力。小孔压力的精确解可以联立式(3.284)和式(3.299)求出。若忽略应力速率的运动学部分,Carter 等(1986)提出了极限压力的近似解。在剪胀角很小时,这一假设引起的误差一般很小;但当剪胀角增大后,这种差异可达 20%。这些小孔扩张极限压力的结果将在第 8 章和第 9 章中用来研究锥形贯入试验中的锥尖阻力以及砂中打入桩的桩端承载力。

参 考 文 献

Bigoni,D. and Laudiero,F. (1989). The quasi-static finite cavity expansion in a non-standard elasto-plastic medium. International Journal of Mechanical Sciences,31,825-837.

Carter,J. P. ,Booker,J. R. and Yeung,S. K. (1986). Cavity expansion in cohesive frictional soils. Geotechnique,36(3),349-353.

Chadwick,P. (1959). The quasi-static expansion of a spherical cavity in metals and ideal soils. Quarterly Journal of Mechanics and Applied Mathematics,12,52-71.

Collins,I. F. and Wang,Y. (1990). Similarity solutions for the quasi-static expansion of cavities in frictional materials. Research report No. 489,Department of Engineering Science,University of Auckland,New Zealand.

Davis,E. H. (1968). Theories of plasticity and the failure of soil masses. In: Soil Mechanics(Editor: I. K. Lee). London,Butterworths.

Florence,A. L. and Schwer,L. E. (1978). Axisymmetric compression of a Mohr-Coulomb medium around a circular hole. International Journal for Numerical and Analytical Methods in Geomechanics,2,367-379.

Gibson,R. E. and Anderson,W. F. (1961). In situ measurement of soil properties with the pressuremeter. Civil Engineering and Public Works Review,56,615-618.

Hill,R. (1950). The Mathematical Theory of Plasticity. Oxford University Press.

Houlsby,G. T. and Withers, N. J. (1988). Analysis of the cone pressuremeter test in clay. Geotechnique,38(4),575-587.

Houlsby,G. T. ,Clarke,B. G. and Wroth,C. P. (1986). Analysis of unloading of a pressuremeter in sand. Proceedings of the 2nd International Symposium on Pressuremeters,ASTM STP 950,245-264.

Hughes,J. M. O. , Wroth, C. P. and Windle, D. (1977). Pressuremeter tests in sands. Geotechnique,27(4),455-477.

Jefferies,M. G. (1988). Determination of horizontal geostatic stress in clay with self-bored pressuremeter. Canadian Geotechnical Journal,25,559-573.

Ladanyi,B. (1963). Evaluation of pressuremeter tests in granular soils. Proc. 2nd Pan American Conference on Soil Mechanics,San Paulo,1,3-20.

Salencon,J. (1969). Contraction quasi-statique d'une cavite a symetrie spherique ou cylindrique dans un milieu elastoplastique. Annales des Ponts et Chaussees,4,231-236.

Senseny,P. E. ,Lindberg,H. E. and Schwer,L. E. (1989). Elastic-plastic response of a circular hole to repeated loading. International Journal for Numerical and Analytical Methods in Geomechanics,13,459-476.

Vesic,A. S. (1972). Expansion of cavities in infinite soil mass. Journal of the Soil Mechanics and Foundations Division,ASCE,98,265-290.

Wang,Y. (1992). Cavity Expansion in Sands with Applications to Cone Penetrometer Tests. PhD Thesis,Auckland University.

Withers,N. J. ,Howie,J. ,Hughes,J. M. O. and Robertson,P. K. (1989). Performance and analysis of cone pressuremeter tests in sands. Geotechnique,39,433-454.

Yu,H. S. (1990). Cavity Expansion Theory and Its Application to the Analysis of Pressuremeters. Dphil Thesis,Oxford University.

Yu,H. S. (1992). Expansion of a thick cylinder of soils. Computers and Geotechnics,14,21-41.

Yu,H. S. (1993). Finite elastoplastic deformation of an internally pressurized hollow sphere. Acta Mechanica Solida Sinica,6(1),81-97.

Yu,H. S. and Houlsby,G. T. (1991). Finite cavity expansion in dilatant soils: loading analysis. Geotechnique,41(2),173-183.

Yu,H. S. and Houlsby,G. T. (1995). A large strain analytical solution for cavity contraction in dilatant soils. International Journal for Numerical and Analytical Methods in Geomechanics,19(11),793-811.

Yu,H. S. and Rowe,R. K. (1999). Plasticity solutions for soil behavior around contracting cavities and tunnels. International Journal for Numerical and Analytical Methods in Geomechanics,23,1245-1279.

4 临界状态解

4.1 引　言

在第 3 章的小孔扩张问题求解中,假设土体为理想弹-塑性材料。理想塑性体的重要特点是材料在加载、卸载过程中的强度保持不变。然而,实际土体强度将随变形历史而变化。为了在小孔扩张分析中考虑这一依赖关系,需要采用应变硬化/软化的塑性模型。

土力学中应用最广的应变硬化/软化模型应是剑桥大学基于临界状态概念建立的模型(Schofield,Wroth,1968;Roscoe,Burland,1968)。临界状态土体小孔扩张问题十分复杂,大多的现有临界状态解均是最近几年发展起来的。本章将介绍一些近期得到的基于塑性模型的临界状态土体小孔扩张的理论解,并同时考虑黏土和砂土两种土性。

4.2　从有限初始半径起的小孔扩张

4.2.1　不排水条件下黏土小孔扩张

本节主要涉及正常固结和超固结两种黏土不排水条件下的小孔扩张。采用一系列剑桥黏土临界状态模型(Schofield,Wroth,1968;Muir Wood,1990)来模拟土体,这部分的理论解由 Collins 和 Yu(1996)提出。

不排水条件下的变形问题通常采用总应力分析法分析,然而由于土体的强度并非总应力的函数,而是有效应力的函数,因此考虑临界状态时总应力分析法不再适用。特别地,与有效应力法不同,总应力分析无法考虑应力历史对土性的影响。

分析小孔扩张问题所涉及的四个基本方程是:①质量守恒方程或“连续性”方程;②准静力平衡方程;③屈服条件;④弹/塑性流变法则。对于不排水条件下小孔扩张,当每一土体单元的总量保持恒定时自动满足方程①,这将大大简化弹、塑性区土体单元有限剪切应变与位置坐标之间的关系。在通过对本构方程③和流动法则④进行积求得有效应力分布后,才可通过平衡方程②求取超孔隙压力分布。由于材料假定为各向同性的,因此方程③和④可以方便地用有效平均应力和偏应力形式表达。通过求解两个应力不变量,可快速地确定有效应力分量的分布。

4.2.1.1　小孔扩张运动学

不排水条件下变形等容,因而体积守恒条件给出了初始值为 r_0 的单元当前半径 r 与小孔当前和初始半径 a 及 a_0 的关系(图4.1)

$$r^{k+1} - r_0^{k+1} = a^{k+1} - a_0^{k+1} \tag{4.1}$$

其中,k 是一个用于表示柱形($k=1$)和球形($k=2$)孔的参数。

单元半径速率与小孔扩张速率之间的关系

$$w = \dot{r} = \left(\frac{a}{r}\right)^k \dot{a} \tag{4.2}$$

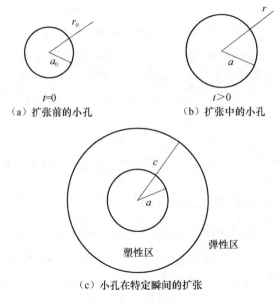

(a) 扩张前的小孔　　　　　(b) 扩张中的小孔

(c) 小孔在特定瞬间的扩张

图4.1　小孔扩张运动学

因此,径向、切向、剪切和体积应变率可表达为

$$e_r = -\frac{\partial w}{\partial r} = \left(\frac{ka^k}{r^{k+1}}\right)\dot{a} \tag{4.3}$$

$$e_\theta = -\frac{w}{r} = -\left(\frac{a^k}{r^{k+1}}\right)\dot{a} \tag{4.4}$$

$$\dot{\gamma} = e_r - e_\theta = \left[(k+1)\frac{a^k}{r^{k+1}}\right]\dot{a} \tag{4.5}$$

$$\dot{\delta} = e_r + ke_\theta = 0 \tag{4.6}$$

利用式(4.1)，剪切应变速率可以写成初始状态 r_0 的表达式

$$\dot{\gamma} = \left[\frac{(k+1)a^k}{a^{k+1} + r_0^{k+1} + a_0^{k+1}}\right]\dot{a} \tag{4.7}$$

质点的初始位置为 r_0，对式(4.7)积分，给出与质点的原始位置 r_0 相关的有限 Lagrangean 剪切应变

$$\gamma = \ln\left(\frac{a^{k+1} + r_0^{k+1} - a_0^{k+1}}{r_0^{k+1}}\right) = (k+1)\ln\frac{r}{r_0} \tag{4.8}$$

结合式(4.1)消除式(4.8)中的 r_0，可将上述关系式改写成当前半径 r 的形式

$$\gamma = -\ln\left(1 - \frac{a^{k+1} - a_0^{k+1}}{r^{k+1}}\right) \tag{4.9}$$

或其逆形式

$$r^{k+1} = \frac{a^{k+1} - a_0^{k+1}}{1 - \exp(-\gamma)} \tag{4.10}$$

式(4.9)得到了当前小孔半径为 a 时用单元瞬时半径 r 表示的剪应变分布。从式(4.8)~式(4.10)可分别获得①给定质点、②固定瞬时的单元半径和剪切应变增量之间的关系

$$(k+1)\frac{\mathrm{d}r}{r} = \mathrm{d}\gamma, \quad (k+1)\frac{\mathrm{d}r}{r} = -\frac{\mathrm{d}\gamma}{\exp(\gamma) - 1} \tag{4.11}$$

注意，小孔壁剪切应变为

$$\gamma_c = (k+1)\ln\frac{a}{a_0} \tag{4.12}$$

当小孔初始半径为零时，其值无穷大。需要强调的是，这些结果是建立在小孔扩张弹性和弹/塑性阶段的运动学的基础上的。

4.2.1.2　小孔扩张弹性阶段

根据 Collins 和 Stimpson(1994) 的研究，用如下定义的两个有效应力不变量来分析小孔扩张问题

$$q = \sigma_r' - \sigma_\theta', \quad p' = \frac{\sigma_r' + k\sigma_\theta'}{1+k} \tag{4.13}$$

其中，σ_r' 和 σ_θ' 分别是有效径向和切向应力。充分利用相似定律，通过一些参照应力对所有应力和模量进行量纲为一化处理将给问题的分析带来极大的方便。这些量纲为一的量用量上叠加的"—"来表示。在临界状态土力学中，通常将等效固结压力 p_e' 作为参照应力(图 4.2)。

方便起见，将弹性本构关系表达为速率的形式

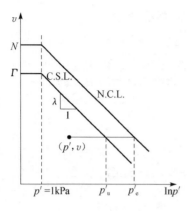

图 4.2　临界状态常数的定义

$$\overset{0}{\dot\delta^e} = \frac{\overset{0}{p'}}{K(\overline{p'},v)}, \quad \overset{0}{\dot\gamma^e} = \frac{\overset{0}{q}}{2\overline{G}(\overline{p'},v)} \quad (4.14)$$

其中,$\dot\delta^e$ 和 $\dot\gamma^e$ 分别表示弹性体积速率和剪切应变率;$\overset{0}{p'}$ 和 $\overset{0}{q}$ 是材料的有效平均应力和剪切应力不变量的量纲为一的变化率。瞬时体积模量和剪切模数通常都是比容 v 和平均有效压力 p' 的函数,这样积分得到的弹性应力-应变关系将是非线性的。符号 $\overset{0}{(\,)}$ 表示与给定材料质点相关的时间导数,并且涉及局部时间导数 $\dot{(\,)}$,用式 (4.15)计算在位置 r 的变化

$$\overset{0}{(\,)} = \dot{(\,)} + w\frac{\partial(\,)}{\partial r} \quad (4.15)$$

其中,w 是材料单元的径向速度。

在不排水小孔扩张的初始完全弹性阶段,弹性体积应变率 $\dot\delta^e=0$,从式(4.14)可知平均有效压力为常数,且等于其初值 p_0'。因此,瞬时弹性体积模量和剪切模数也保持为常数,且分别等于其初值 K_0 和 G_0。式(4.14)的第二部分弹性剪切应变率可沿质点路径积分,这样,剪切应力不变量 q 恰好是初始剪切模量乘以有限剪切应变 γ 的两倍,即

$$\gamma = \frac{\overline{q}}{2\overline{G}_0} \quad (4.16)$$

因此,有效应力的径向和切向分量为

$$\overline{\sigma}_r' \equiv \overline{p}_0' + \frac{2\overline{G}_0\gamma k}{k+1}, \quad \overline{\sigma}_\theta' = \overline{p}_0' - \frac{2\overline{G}_0\gamma}{k+1} \quad (4.17)$$

联合式(4.8)或式(4.9)在上式中消去 γ 后,上述应力表达式变为用径向位置坐标表达的形式。值得注意的是,在上述有效应力分布的分析中没有用到平衡方程,也无需进行小应变假设。由于有效平均压力是常数,小孔扩张的弹性阶段材料单元的应力路径在 $\overline{q}$-$\overline{p}'$ 空间中是一垂直线,如图 4.3 所示。

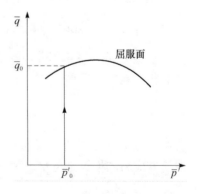

图 4.3　小孔扩张弹性阶段的应力路径

根据屈服准则,当剪应力不变量达到屈服值 q_0 时,小孔壁附近的土体首先进入塑性状态,相应的剪切应变为

$$\gamma_0 = (k+1)\ln\frac{a_1}{a_0} = \frac{\overline{q}_0}{2\overline{G}_0} = \frac{q_0}{2G_0} \tag{4.18}$$

其中,a_1 是小孔在开始屈服时的半径,γ_0 是材料性质规定的屈服剪切应变。在理想塑性模型中,q_0 是不排水抗剪强度的 2 倍,因此 γ_0 是刚性指数的倒数。但这一结论并不适用于更一般的模型。

在小孔扩张弹塑性阶段,上述结果对于外部弹性区是正确的。在小孔半径达到 a 的瞬时,弹/塑性界面半径 c 可由式(4.9)或式(4.10)得到

$$c^{k+1} = \frac{a^{k+1} - a_0^{k+1}}{1 - \exp(-\gamma_0)} \tag{4.19}$$

剪切应变和径向坐标之间的关系可写成

$$\left(\frac{r}{c}\right)^{k+1} = \frac{1 - \exp(-\gamma_0)}{1 - \exp(-\gamma)} \tag{4.20}$$

4.2.1.3　小孔扩张弹-塑性阶段

1) 有效应力分布

将上述基本解采用一般形式表述有利于将其应用于更多种类的材料中,屈服条件和塑性流变法则写成如下形式

$$\overline{q} = f(\overline{p}'), \frac{\dot{\delta}^{\mathrm{p}}}{\dot{\gamma}^{\mathrm{p}}} = g(\overline{p}') \tag{4.21}$$

在不排水条件下,总的体积应变率是零,于是 $\dot{\delta}^{\mathrm{e}} = -\dot{\delta}^{\mathrm{p}}$。由式(4.14)和式(4.21)得到总应变率为

$$\dot{\gamma} = \dot{\gamma}^{\mathrm{e}} + \dot{\gamma}^{\mathrm{p}} = L(\overline{p}')\frac{0}{p} \tag{4.22}$$

其中

$$L(\overline{p}') = \frac{f'(\overline{p}')}{2G(\overline{p}')} - \frac{1}{\overline{K}(\overline{p}')g(\overline{p}')} \tag{4.23}$$

沿着从弹-塑性界面开始的质点路径积分式(4.22),可得有限剪切应变和有效平均应力之间的关系

$$\gamma = \gamma_0 + I(\overline{p}') - I(\overline{p}'_0) \tag{4.24}$$

其中

$$I(\overline{p}')\int^{\overline{p}'} L(\overline{p}')\mathrm{d}\overline{p}' \tag{4.25}$$

　　作为特例,式(4.24)描述了小孔壁进入塑性状态后小孔压力和小孔剪切应变之间的关系。在后续章节中可以看到,积分式(4.25)可以得到原始剑桥模型的解析解,而在其他情况下很容易得到数值解。通过在式(4.24)和式(4.8)、式(4.9)或式(4.20)中消除 γ,可得到变量 $\bar{p}'$ 随半径 r 变化的隐式关系。

　　2) 超孔隙压力计算

　　孔隙压力分布 $U(r)$ 可通过静态径向平衡方程求得

$$\frac{\mathrm{d}\bar{\sigma}_r}{\mathrm{d}r} + k\frac{\bar{\sigma}_r - \bar{\sigma}_\theta}{r} = 0 \tag{4.26}$$

因为 $\bar{\sigma}_r = \bar{p} + [k/(k+1)]\bar{q}$ 和 $\bar{p} = \bar{U} + \bar{p}'$,则量纲为一的孔隙压力梯度为

$$\frac{\mathrm{d}\bar{U}}{\mathrm{d}r} = -\frac{\mathrm{d}\bar{p}'}{\mathrm{d}r} - \frac{k}{k+1}\frac{\mathrm{d}\bar{q}}{\mathrm{d}r} - \frac{k\bar{q}}{r} \tag{4.27}$$

　　当弹性区有效平均压力分布恒定时,孔隙压力(超孔隙压力)的变化为

$$\Delta\bar{U} = -\frac{k}{k+1}\bar{q} - k\int\bar{q}\frac{\mathrm{d}r}{r} \tag{4.28}$$

　　同时,通过式(4.16)和式(4.11)的第二项,$\bar{q}$ 和 $(\mathrm{d}r/r)$ 可同样由 γ 来表达,这样式(4.28)变为 γ 二次方的方程

$$\Delta\bar{U} = -\frac{2k\bar{G}_0}{k+1}\Big[\gamma - \int_0^r \frac{\gamma}{\exp(\gamma)-1}\mathrm{d}\gamma\Big] = \frac{k\bar{G}_0\gamma^2}{2(k+1)} \tag{4.29}$$

　　Collins 和 Stimpson(1994)早已提出,对于剪切应变一阶项,弹性区内超孔压是常数。而对剪切应变二阶项,弹-塑性界面上的超孔隙压力为

$$\Delta\bar{U}_0 = -\frac{k\bar{G}_0\gamma^2}{2(k+1)} \tag{4.30}$$

　　3) 塑性区超孔隙压力

　　在从弹-塑性界面起通过塑性区的区域内积分式(4.27),可得超孔隙压力和有限剪切应变间关系

$$\Delta\bar{U} = \Delta\bar{U}_0 - (\bar{p}' - \bar{p}_0') - \frac{k}{k+1}\{\bar{q} - \bar{q}_0 - [J(\gamma) - J(\gamma_0)]\} \tag{4.31}$$

这里,通过式(4.11),式(4.21)和式(4.22)中 $\bar{q}$,r 与 $\bar{p}$ 的关系,可以很方便地对积分 J 进行数值计算

$$J(\gamma) = \int^r \frac{\bar{q}}{\exp(\gamma)-1}\mathrm{d}r = \int^r \frac{f(\bar{p}')L(\bar{p}')}{\exp(\gamma)-1}\mathrm{d}\bar{p}' \tag{4.32}$$

　　作为特例,式(4.31)表示小孔壁处超孔隙压力与有限剪切应变之间的塑性关系。一旦有效应力状态达到临界状态,$\bar{q}$ 值是一有效常数,则积分式(4.32)可得解析结果

$$J(\gamma) = \bar{q}_{cs}\ln[1 - \exp(-\gamma)]$$ (4.33)

4.2.1.4 特殊情形:理想塑性模型

在讨论不同临界状态模型解答之前,有必要首先回顾一下 Tresca 准则支配的理想塑性模型解。这与在达到临界状态之前,不排水加载条件下原位土表现为纯弹性性质相对应。由于此时的剪切应力和有效平均压力均为常数,式(4.32)的 J 通过塑性环面积分,可得

$$\Delta\bar{U} = \Delta\bar{U}_0 + \frac{k}{k+1}\bar{q}_0\ln\frac{1 - \exp(-\gamma)}{1 - \exp(-\gamma_0)}$$ (4.34)

或使用式(4.19)和式(4.20),以径向坐标形式表达

$$\Delta\bar{U} = \Delta\bar{U}_0 + k\bar{q}_0\ln\frac{c}{r} = \Delta\bar{U}_0 + \frac{k}{k+1}\bar{q}_0\ln\frac{\left(\dfrac{a}{r}\right)^{k+1} - \left(\dfrac{a_0}{r}\right)^{k+1}}{1 - \exp(-\gamma_0)}$$ (4.35)

在小孔壁上,对于弹性极限应变 γ_0 一阶项,超孔隙压力为

$$\Delta\bar{U}_c = \frac{k}{k+1}\bar{q}_0\left\{\ln\left[1 - \left(\frac{a_0}{a}\right)^{k+1}\right] + \ln I_r\right\}$$ (4.36)

式中,$I_r = 1/\gamma_0$ 是已知的刚性指数。利用式(4.36),Gibson 和 Anderson(1961)推导了众所周知的小孔壁总径向应力解

$$\bar{\sigma}_r\mid_c = \bar{p}_0 + \frac{k}{k+1}\bar{q}_0\left\{1 + \ln\left[1 - \left(\frac{a_0}{a}\right)^{k+1}\right] + \ln I_r\right\}$$ (4.37)

在变形初始阶段,γ 很小,式(4.36)可简化为

$$\Delta\bar{U}_c = \frac{k}{k+1}\bar{q}_0(\ln\gamma_c + \ln I_r)$$ (4.38)

从中可见,在小孔扩张早期阶段,超孔隙压力是与小孔的对数剪切应变成比例的。另外,对大的扩张,$a_0/a \rightarrow 0$

$$\Delta\bar{U}_c = \frac{k}{k+1}\bar{q}_0\ln I_r$$ (4.39)

$$\bar{\sigma}_r\mid_c = \bar{p}_0 + \frac{k}{k+1}\bar{q}_0(1 + \ln I_r)$$ (4.40)

这就是众所周知的理论塑性材料中超孔隙压力以及从零初始半径开始小孔扩张过程中小孔压力的极限解。

4.2.1.5 临界状态塑性模型

正常固结和超固结黏土的原始剑桥模型

Schofield 和 Wroth(1968)采用的原始剑桥模型屈服函数为

$$\bar{q} = f(\bar{p}') = \frac{M}{\Lambda}\bar{p}'\ln\bar{p}' \tag{4.41}$$

其中，通过相同比容 v 时的等效固结压力，应力成为量纲为一的形式

$$p'_{\mathrm{e}} = \exp\left(\frac{N-v}{\lambda}\right) \tag{4.42}$$

常数 $\Lambda = 1 - \varkappa/\lambda$，$\varkappa$ 和 λ 分别是 $\ln p'$-v 空间弹性膨胀线和正常固结线的斜率，N 是当 $p' = 1\mathrm{kPa}$ 时正常固结线上的 v 值。最终临界状态参数 M 是 $\bar{p}'$-$\bar{q}$ 空间临界状态线的斜率。

在这个模型里，弹性模量为

$$\bar{K} = \frac{v\bar{p}'}{\varkappa}, \quad \bar{G} = \alpha\bar{K} \tag{4.43}$$

其中，$\alpha = (1+k)(1-2\mu)/\{2[1+(k-1)\mu]\}$，$\mu$ 是泊松比。一些研究者把 μ 视为常数，另一些则假设 G 恒定，并用式(4.43)计算泊松比(Atkinsonhe,Bransby,1978;Muir Wood,1990)。本书将证明假定泊松比为常数更有助于使得模型中定义的所有材料参数量纲化为一，这样准则将大大简化。不过，在下文将说明现有小孔扩张解析过程也包含了常剪切模量。

超固结比(OCR)与平均有效压力的关系为

$$n_p = (\bar{p}'_0)^{\frac{1}{\Lambda}} \tag{4.44}$$

在临界状态 $\bar{q}/\bar{p}' = M$，$n_p = \mathrm{e}$，$p' = \mathrm{e}^{-\Lambda}$。但在 $\bar{p}'$-$\bar{q}$ 空间，当 $\bar{p}' = 1/\mathrm{e}$，$\bar{q}/\bar{p}' = M/\Lambda$ 时，不排水应力路径存在一个最大值，如图 4.4 所示。

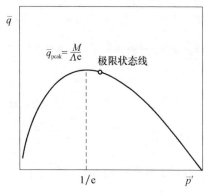

图 4.4　原始剑桥模型屈服面

可由正交流动法则计算塑性体积变化和剪切应变率

$$\frac{\dot{\delta}^{\mathrm{p}}}{\dot{\gamma}^{\mathrm{p}}} = g(\bar{p}') = \frac{kM}{(k+1)\Lambda}(\Lambda + \ln\bar{p}') \tag{4.45}$$

因此，利用式(4.23)计算有效压力分布时，函数 $L(\bar{p}')$ 采用如下形式

$$L(\bar{p}') = -\frac{A(1+\ln\bar{p}')}{\bar{p}'} - \frac{B}{\bar{p}'(\Lambda + \ln\bar{p}')} \tag{4.46}$$

并且，用于计算剪切应变的式(4.24)中积分函数为

$$I(\bar{p}') = -A\left[\ln\bar{p}' + \frac{1}{2}(\ln\bar{p}')^2\right] - B\ln|(\Lambda + \ln\bar{p}')| \tag{4.47}$$

其中，$A=M\varkappa/(2\Lambda\alpha v)$ 和 $B=(\kappa+1)\Lambda\varkappa/(\kappa Mv)$ 是常数。值得一提的是，从积分 I 的表达式可以看出，剪切应变与比容成反比关系。

1) 正常固结和轻度超固结黏土的原始剑桥模型——重度超固结黏土的 Hvorslev 屈服面

对于超固结黏土，原始剑桥模型计算的土体强度明显偏高。原始剑桥模型采用 Hvorslev 面作为屈服函数。在 $\bar{p}'$-$\bar{q}$ 空间，Hvorslev 屈服面是一条直线(Atkinsonhe，Bransby，1978)

$$\bar{q}=h\bar{p}'+(M-h)\exp(-\Lambda) \tag{4.48}$$

其中，h 是 Hvorslev 屈服面斜率，如图 4.5 所示。

对于重度超固结黏土，式(4.43)的计算将导致弹性模量过低。为克服这个缺点，Randolph 等(1979)提出了一个更贴合实际的假设，即选择 G 作为土体在整个加载过程中达到的体积弹性模量最大值 K_{max} 的一半。但仍然假定体积模量取决于压力，这样导致模型的弹性行为偏于保守(Zytynski et al.，1978)。对于重度超固结黏土，式(4.43)可用式(4.49)替代

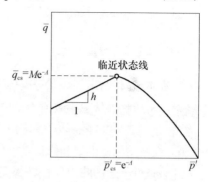

图 4.5 原始剑桥黏土-Hvorslev 屈服面

$$\bar{K}=\frac{v\bar{p}'}{\varkappa}, \quad \bar{G}=\frac{v+\lambda(\Lambda-1)\ln n_p}{2\varkappa}(n_p)^{1-\Lambda} \tag{4.49}$$

用式(4.48)作为屈服函数，式(4.41)作为塑性势，式(4.49)对于弹性模量，得

$$L(\bar{p}')=\frac{h}{2\bar{G}}-\frac{(1+k)\varkappa}{kv(M-h)}\frac{1}{[\bar{p}'-\exp(-\Lambda)]} \tag{4.50}$$

和

$$I(\bar{p}')=\frac{h\bar{p}'}{2\bar{G}}-\frac{(1+k)\varkappa}{kv(M-h)}\ln[\bar{p}'-\exp(-\Lambda)] \tag{4.51}$$

其中，常数 $\bar{G}$ 由式(4.49)确定。

2) 正常固结和超固结黏土的修正剑桥模型

修正剑桥模型的屈服函数(Muir Wood，1990)为

$$\bar{q}=f(\bar{p}')=M\bar{p}'\sqrt{(\bar{p}'^{\frac{1}{\Lambda}}-1)} \tag{4.52}$$

在临界状态，$\bar{q}/\bar{p}'=M$，$n_p=2$，$\bar{p}'=2^{-\Lambda}$，如图 4.6 所示。

由正交流动法则，可计算塑性体积率和剪切应变率

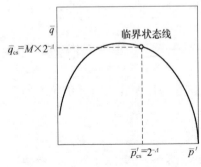

图 4.6　修正剑桥黏土屈服面

$$\frac{\dot{\delta}^p}{\dot{\gamma}^p} = g(\overline{p}') = -\frac{kM}{2(k+1)} \frac{\overline{p}'^{-1/\Lambda}}{(\overline{p}'^{-1/\Lambda}-1)^{1/2}}$$

$$(4.53)$$

由式(4.52)和式(4.53)可以得函数$L(\overline{p}')$，进而结合式(4.23)计算有效应力分布。与原始剑桥模型不同，在式(4.24)中计算剑桥模型剪切应变所需的函数不能得到封闭形式解，因而需要采用简单的数值积分。

4.2.1.6　检验结果

在本节，将给出临界状态土体不排水条件下的小孔扩张曲线和应力分布的检验结果。所选临界状态参数值为伦敦黏土：$\Gamma = 2.759, \lambda = 1.161, \varkappa = 0.062$，临界状态摩擦角$\phi'_{cs} = 22.75°$，Hvorslev 摩擦角 $\phi'_{hc} = 19.7°$(Muir Wood, 1990)。土体比容均为$v = 2.0$。在原始剑桥模型和修正剑桥模型中，泊松比均取为 0.3。若假定三轴和平面应变加载条件下土的临界状态摩擦角相同(见 Muir Wood, 1990，第 178 页关于实验验证和进一步讨论)，球形孔和柱状孔的 M 值可分别用 $M = 6\sin\phi'_{cs}/(3-\sin\phi'_{cs})$ 和 $M = 2\sin\phi'_{cs}$ 来确定。类似地，可由 ϕ'_{hc} 确定 h 值。按照 Yu 和 Houlsby(1991)的分析，对于柱形孔情形，可通过竖直方向的平面应变条件，由其他两个应变分量得到竖向有效应力。由于式(4.13)和式(4.21)与塑性流变法则均要求竖向塑性应变率是零，因此，上述方法获得竖向有效应力的条件是竖向弹性应变率为零。

用原始剑桥模型和修正剑桥模型得到了数值解。图 4.7～图 4.10 是当超固结度 $n_p = 1.001$ 和 8，$a/a_0 = 4$ 瞬时塑性变形区的小孔扩张曲线和应力分布，图中包含了球形孔和柱状孔两种情况。如果取 $n_p = 1$，需要达到屈服面的剪切应变为零，则弹-塑性界面变得无法确定，因此用 $n_p = 1.001$ 表征正常固结黏土。

在不排水条件下，所有应力和压力都通过定义不排水剪切强度为 $s_u = 0.5M\exp[(\Gamma-v)/\lambda]$ 来归一化处理。需要指出，本节中的总径向应力不包含孔隙压力。从得到的小孔扩张曲线可以看出，修正和原始剑桥模型对于正常固结黏土的响应是相似的。对超固结土，用原始剑桥黏土模型得到的小孔扩张曲线比修正剑桥模型要稍显不平滑。实际上，用修正剑桥模型得到的小孔总压力和超孔隙压力的极限解比用原始剑桥模型平均要小 10%～20%。根据应力分布，用原始剑桥模型得到的弹-塑性界面半径远大于修正剑桥模型计算结果，这是因为达到修正剑桥模型屈服面所需的剪切应变 γ_0 要远大于达到原始剑桥模型屈服面所需的剪切应变。同时发现，由于由式(4.43)所得重度超固结黏土的弹性模量非常低，因此当超固结比提高时,超孔压可能为负。

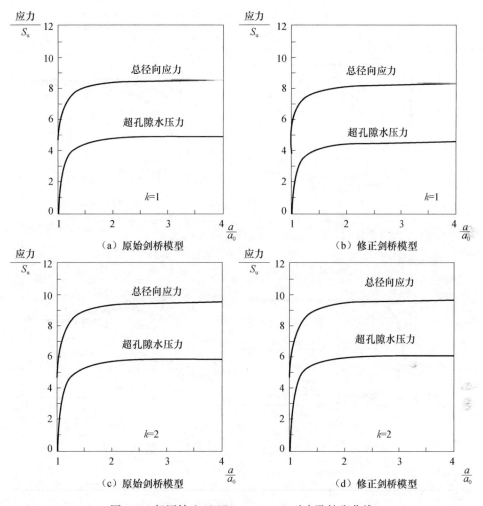

图 4.7　超固结比(OCR)n_p＝1.001 时小孔扩张曲线

Collins 和 Yu(1996)对按 Hvorslev 屈服准则以及原始和修正剑桥模型计算的结果详细比较表明,由 Hvorslev 屈服准则得到的小孔总压力和超孔隙压力极限解略高于原始和修正剑桥模型的结果。然而,随超固结比的增长,这种差异趋于减小。同时注意到,用 Hvorslev 模型计算的弹-塑性界面半径远大于由原始和修正剑桥模型得到的结果。与原始和修正剑桥模型不同,当超固结比小于 16 时,Hvorslev 屈服准则的计算结果里没有出现负超孔隙压力,这主要是因为 Hvorslev 模型中采用了恒剪切模量。

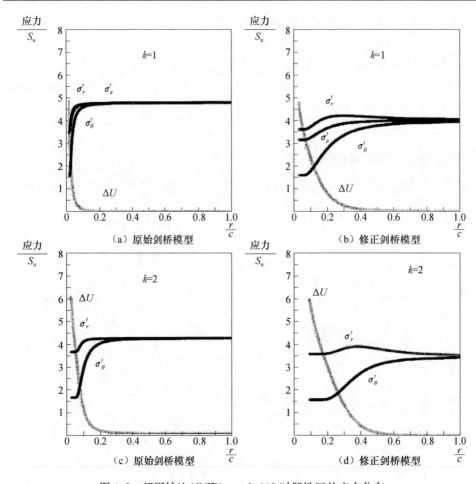

图 4.8　超固结比（OCR）n_p ＝1.001 时塑性区的应力分布

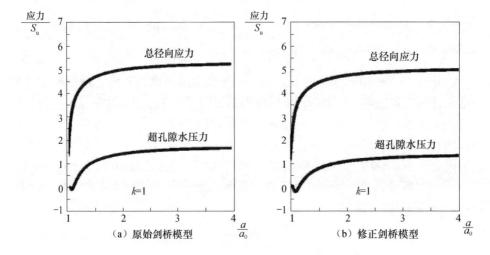

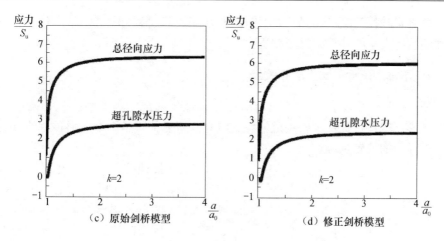

图 4.9 超固结比(OCR)$n_p = 8$ 时小孔扩张曲线

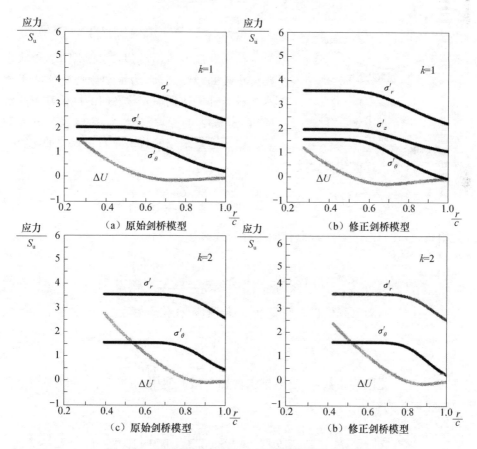

图 4.10 超固结比(OCR)$n_p = 8$ 时塑性区的应力分布

总之,与对小孔总压力的影响相比,临界状态模型对超孔隙压力、有效应力分布和塑性区大小的计算结果影响更大。

4.2.2　不排水条件下黏土小孔收缩

Yu 和 Rowe(1999)将 4.2.1 节所得加载过程解推广到了小孔从初始压力卸载的情形。这里仅提供一些关键解答,在第 10 章有关隧道围土变形预测的分析中将给出详细的求解过程。

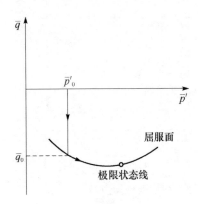

图 4.11　弹塑性小孔卸载的应力路径

为小孔扩张建立的方程组式(4.1)～式(4.33),同样适用于临界状态土体中小孔卸载问题。其区别在于小孔卸载的屈服函数与小孔加载情形不同。图 4.11 表示临界状态土体中小孔卸载的应力路径。

4.2.2.1　理想弹-塑性 Tresca 模型

与小孔加载情形类似,在求不同临界状态模型小孔卸载解之前,为了和原位土体在不排水加载条件下达到临界状态前的纯弹性阶段对应,首先需要讨论理想塑性 Tresca 模型的卸载解。由于这里采用的剪切应力和有效平均压力是常数,通过塑性环面积分式(4.32)中的 J,可得

$$\Delta \overline{U} = \Delta \overline{U}_0 + \frac{k}{k+1}\overline{q}_{cs}\ln \frac{\exp(-\gamma)-1}{\exp(-\gamma_0)-1} \tag{4.54}$$

或使用式(4.19)和式(4.20),以径向坐标形式表达

$$\Delta \overline{U} = \Delta \overline{U}_0 + k\overline{q}_{cs}\ln \frac{c}{r} = \Delta \overline{U}_0 + \frac{k}{k+1}\overline{q}_{cs}\ln \frac{\left(\frac{a_0}{r}\right)^{k+1}-\left(\frac{a}{r}\right)^{k+1}}{\exp(-\gamma_0)-1} \tag{4.55}$$

在小孔壁上,对于弹性极限应变 γ_0 一阶项,超孔隙压力为

$$\Delta \overline{U}_c = \frac{k}{k+1}\overline{q}_{cs}\left\{\ln\left[\left(\frac{a_0}{a}\right)^{k+1}-1\right]+\ln I_r\right\} \tag{4.56}$$

其中,$I_r = G/s_u$ 是刚性指数,s_u 是不排水剪切强度。使用式(4.56),可以得到小孔壁总的径向应力解

$$\overline{\sigma}_r|_c = \overline{p}_0 + \frac{k}{k+1}\overline{q}_{cs}\left\{1+\ln\left[\left(\frac{a_0}{a}\right)^{k+1}-1\right]+\ln \frac{G}{s_u}\right\} \tag{4.57}$$

将 $q_{cs} = -2s_u$ 代入式(4.57),化简后可以得到下列小孔压力-收缩关系式

$$p = p_0 - \frac{2ks_u}{1+k}\left(1+\ln\frac{G}{s_u}\right) - \frac{2ks_u}{1+k}\ln\left[\left(\frac{a_0}{a}^{k+1}\right)-1\right] \quad (4.58)$$

其中，p 是总的小孔压力，p_0 是土体中初始总应力。需要注意，上述解与第 3 章 Tresca 土中小孔卸载结果相同。

对完全卸载小孔(对应无衬砌隧道)，在式(4.58)中设 $p=0$，得小孔壁的最大位移

$$\frac{a_0}{a} = \left[1+\exp\left(\frac{1+k}{2k}\times\frac{p_0}{s_u}-1-\ln\frac{G}{s_u}\right)\right]^{\frac{1}{k+1}} \quad (4.59)$$

4.2.2.2　临界状态土塑性模型

正常和超固结黏土的原始剑桥模型

原始剑桥黏土模型小孔卸载问题的屈服函数可以表达为

$$\bar{q} = f(\bar{p}') = \frac{M}{\Lambda}\bar{p}'\ln\bar{p}' \quad (4.60)$$

其中，已通过相同比容 v 条件下的等效固结压力将应力量纲化为一。

由正交流动法则计算塑性体积变化率和剪切应变率

$$\frac{\delta^p}{\gamma^p} = g(\bar{p}') = -\frac{kM}{(k+1)\Lambda}(\Lambda+\ln\bar{p}') \quad (4.61)$$

计算有效应力分布式所需的式(4.23)中函数 $L(\bar{p})$ 可以写成

$$L(\bar{p}') = \frac{A(1+\ln\bar{p}')}{\bar{p}'} + \frac{B}{\bar{p}'(\Lambda+\ln\bar{p}')} \quad (4.62)$$

计算剪切应变所需的式(4.24)中积分函数为

$$I(\bar{p}') = A\left[\ln\bar{p}' + \frac{1}{2}(\ln\bar{p}')^2\right] + B\ln|(\Lambda+\ln\bar{p}')| \quad (4.63)$$

其中，$A=M\chi/(2\Lambda av)$ 和 $B=(k+1)\Lambda\chi/(kMv)$ 是常数。从积分式 I 可以看出，剪切应变与土体比容 v 成反比。

1) 正常固结和轻度超固结黏土的原始剑桥模型——重度超固结黏土的 Hvorslev 屈服面

在 $\bar{p}'$-$\bar{q}'$ 空间，Hvorslev 屈服面是一条直线

$$\bar{q} = -h\bar{p}' - (M-h)\exp(-\Lambda) \quad (4.64)$$

其中，h 是 Hvorslev 屈服面斜率。

用式(4.64)作为屈服函数，式(4.60)作为塑性势和式(4.49)的弹性模量，可得

$$L(\bar{p}') = -\frac{h}{2\bar{G}} + \frac{(1+k)\chi}{kv(M-h)}\frac{1}{[\bar{p}'-\exp'(-\Lambda)]} \quad (4.65)$$

和

$$I(\overline{p}') = -\frac{h\overline{p}'}{2G} + \frac{(1+k)\chi}{k\nu(M-h)}\ln[\overline{p}' - \exp(-\Lambda)] \tag{4.66}$$

其中,常数 $\overline{G}$ 由式(4.49)确定。

2) 正常和超固结黏土的修正剑桥模型

可以利用修正剑桥模型来弥补正常固结黏土原始剑桥模型的不足。对于小孔卸载问题,修正剑桥模型的屈服面为

$$\overline{q} = f(\overline{p}') = -M\overline{p}'\sqrt{(\overline{p}'^{\frac{1}{\Lambda}} - 1)} \tag{4.67}$$

在临界状态, $\overline{q}/\overline{p}' = M, n_{\mathrm{p}} = 2$ 和 $\overline{p}' = 2^{-\Lambda}$。

由正交流动法则计算塑性体积率和剪切应变率

$$\frac{\dot{\delta}^p}{\dot{\gamma}^p} = g(\overline{p}') = \frac{k}{(k+1)}\left(\frac{M^2 - \eta^2}{2\eta}\right) \tag{4.68}$$

其中, η 可用式(4.67)表示为平均有效应力的函数。通过式(4.67)和式(4.68),可得计算有效压力分布所需的式(4.23)中函数 $L(\overline{p}')$。与原始剑桥模型不同,计算剑桥模型剪切应变所需的式(4.24)中函数不能得到封闭形式的解,因而需要采用简单的数值积分。

4.2.3　排水条件下正常固结黏土柱形孔扩张

Palmer 和 Mitchell(1970)用一个非常简单的临界状态模型首先推导了充分排水条件下正常固结黏土中圆柱形小孔扩张的近似小应变解析解。为了简化,Palmer 和 Mitchell 在推导中忽略了弹性变形。

4.2.3.1　简单临界状态模型

图 4.12 是恒比容条件下正常固结黏土屈服面的横断面图。与剑桥模型和修

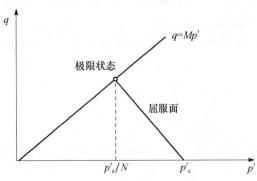

图 4.12　Palmer 和 Mitchell(1970)采用的屈服面

正剑桥模型的弯曲屈服面不同,这里使用的是 Palmer(1967)提出的直线理想模型。由于忽略了弹性变形,膨胀线与平均应力轴是平行的。

对于给定比容的屈服面可以表述为

$$\chi\sigma'_r - \sigma'_\theta = (\chi-1)p'_e \tag{4.69}$$

其中,屈服面的大小由等效固结压力 p'_e 控制,其与初始平均有效应力 p'_0、初始比容 v_0 和当前比容 v 的关系为

$$v_0 - v = \lambda\ln\frac{p'_e}{p'_0} \tag{4.70}$$

将式(4.70)中的 p'_e 代入式(4.69),可得边界面状态方程

$$\chi\sigma'_r - \sigma'_\theta = (\chi-1)p'_0\exp\left(\frac{v_0-v}{\lambda}\right) \tag{4.71}$$

χ 值取决于对竖向应力的假设,存在两种可能性

$$\chi = \begin{cases} \dfrac{M+3N-3}{3N-2M-3}, & 若\ \sigma'_z = \sigma'_\theta \\ \dfrac{M+2N-2}{2N-M-2}, & 若\ \sigma'_z = \dfrac{1}{2}(\sigma'_r+\sigma'_\theta) \end{cases} \tag{4.72}$$

Palmer 和 Mitchell(1970)的研究仅考虑了第一种可能,即 $\sigma'_z = \sigma'_\theta$ 的情形。

4.2.3.2　求解

Palmer 和 Mitchell 注意到,将所有长度和位移量通过采用相应的小孔初始半径对其进行量纲为一化,非常便于小孔扩张问题的分析,量纲为一化处理后在小孔壁处 $r=1$。

当小孔因内压力而扩张时,径向应变压缩,轴向应变为零,切向应变拉伸。应力大小的次序为 $\sigma'_r > \sigma'_z > \sigma'_\theta$。对正常固结黏土,一旦孔压 ψ 从初始值 p'_0 开始增加,土体就进入塑性状态。换句话说,对这一特殊情形,小孔周围土体中没有弹性区。

1) 位移分析

考察一个小的径向位移 u,可得应变

$$\varepsilon_r = -\frac{du}{dr}, \quad \varepsilon_\theta = -\frac{u}{r} \tag{4.73}$$

应用相关联流变法则和屈服函数式(4.71),可得应变关系

$$\frac{\varepsilon_r}{\varepsilon_\theta} = -\chi \tag{4.74}$$

将式(4.73)代入上述塑性流动法则,得

$$\frac{\mathrm{d}u}{\mathrm{d}r}+\chi\frac{u}{r}=0 \tag{4.75}$$

积分后可得小孔壁位移 u_1 和任意半径 r 处位移 u 之间的关系

$$u=u_1 r^{-\chi} \tag{4.76}$$

因此,可得比容变化

$$v_0-v=-v_0\left(\frac{u}{r}+\frac{\mathrm{d}u}{\mathrm{d}r}\right)=(\chi-1)v_0 u_1 r^{-(\chi+1)} \tag{4.77}$$

2) 应力分析

土体中应力需满足平衡方程

$$r\frac{\mathrm{d}\sigma_r'}{\mathrm{d}r}+\sigma_r'-\sigma_\theta'=0 \tag{4.78}$$

和屈服函数式(4.71)。

结合屈服函数式(4.71)、比容变化关系式(4.77)和平衡方程(4.78),得到径向应力

$$r\frac{\mathrm{d}\sigma_r'}{\mathrm{d}r}+(1-\chi)\sigma_r'=(1-\chi)p_0'\exp[ar^{-(1+\chi)}] \tag{4.79}$$

其中,a 是小孔位移的函数,定义为

$$a=\frac{(\chi-1)v_0}{\lambda}u_1 \tag{4.80}$$

边界条件

$$\sigma_r'|_{r\to\infty}=p_0' \tag{4.81}$$

对控制方程(4.79)进行积分,可得下列径向应力的解

$$\frac{\sigma_r'}{p_0'}=1+(\chi-1)\sum_{n=1}^{\infty}\frac{[ar^{-(1+\chi)}]^n}{n![(n+1)\chi+n-1]} \tag{4.82}$$

根据屈服方程,切向应力可用径向应力表达

$$\frac{\sigma_\theta'}{p_0'}=\chi\frac{\sigma_r'}{p_0'}-(\chi-1)\exp[ar^{-(1+\chi)}] \tag{4.83}$$

注意,式(4.82)中级数必须对所有实际的 a 值迅速收敛。

特别是在小孔壁 $r=1$ 时,式(4.82)简化为

$$\frac{\psi}{p_0'}=1+(\chi-1)\sum_{n=1}^{\infty}\frac{a^n}{n![(n+1)\chi+n-1]} \tag{4.84}$$

此式定义了小孔压力和小孔位移之间的关系。

3) 临界状态逼近分析

在土体没有达到临界状态的前提下,前面得到的解均为有效的。假设初始应力状态为各向同性,且应力比 $\sigma_r'/\sigma_\theta'=1.0$。当连续加载时,应力比增加且在内边界总是最大。在某一时间点,首先在小孔壁,然后在围绕小孔壁向外发展的区域达到临界状态。

当应力分量满足式(4.85)时,达到临界状态

$$\frac{\sigma_r'}{\sigma_\theta'} = \beta \tag{4.85}$$

值 β 取决于竖向应力的假定,即

$$\beta = \begin{cases} \dfrac{3+2N}{3-M}, & \text{若 } \sigma_z' = \sigma_\theta' \\[2mm] \dfrac{2+M}{2-M}, & \text{若 } \sigma_z' = \dfrac{1}{2}(\sigma_r' + \sigma_\theta') \end{cases} \tag{4.86}$$

取 $r=1$,将式(4.82)和式(4.83)代入式(4.85),可得小孔壁进入临界状态瞬间的位移 u_1^*。对于 $a^* = (\chi-1)v_0 u_1^*/\lambda$ 的非线性方程为

$$\frac{1 + (\chi-1)\sum_{n=1}^{\infty} A_n (a^*)^n}{\chi + (\chi^2 - \chi)\sum_{n=1}^{\infty} A_n (a^*)^n - (\chi-1)\exp(a^*)} = \beta \tag{4.87}$$

其中

$$A_n = \frac{1}{n![(n+1)\chi + n - 1]} \tag{4.88}$$

式(4.87)可以确定小孔壁达到临界状态时的小孔极限位移 u_1^*。

若继续加载,将出现如图 4.13 所示由内、外两部分构成的区域,在半径 r_1 内的是临界状态区,但对半径外部区域,前述塑性分析的应力解答仍然适用。

假定外部区域仍未达到临界状态,位移可以表达为式(4.76)的形式

$$u = \delta r^{-\chi} \tag{4.89}$$

容易证明,外部塑性区应力仍然可用式(4.82)和式(4.83)来表达,但是 a 应该表达为 δ 形式,即 $a=(\chi-1)v_0\delta/\lambda$。

在 $r=r_1$ 界面,应力必须满足临界状

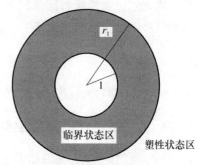

图 4.13 排水条件下黏土
中小孔扩张

件式(4.85),其结果为

$$\frac{(\chi-1)v_0}{\lambda}\delta r_1^{-(1+\chi)} = a^* \tag{4.90}$$

由式(4.90),得用临界状态区域半径 r_1 表达的 δ

$$\delta = \frac{\lambda a^*}{(\chi-1)v_0}r_1^{1+\chi} \tag{4.91}$$

因此,临界状态区域外部的位移是

$$u = \frac{\lambda a^*}{(\chi-1)v_0}\left(\frac{r_1}{r}\right)^{1+\chi}r \tag{4.92}$$

现在,将焦点转向临界状态区域内的应力。临界状态区域内的应力必须满足平衡方程(4.78)和屈服条件式(4.85)。合并这两个方程,得

$$r\frac{\mathrm{d}\sigma_r'}{\mathrm{d}r} + \left(1-\frac{1}{\beta}\right)\sigma_r' = 0 \tag{4.93}$$

积分式(4.93),得

$$\sigma_r'r^{\left(1-\frac{1}{\beta}\right)} = \text{const.} \tag{4.94}$$

利用 $r=r_1$ 处径向应力的连续性,得临界状态区域径向应力

$$\frac{\sigma_r'}{p_0} = \left\{1+(\chi-1)\sum_{n=1}^{\infty}\frac{(a^*)^n}{n![(n+1)\chi+n-1]}\right\}\left(\frac{r}{r_1}\right)^{\frac{1}{\beta}-1} \tag{4.95}$$

特别是在小孔壁 $r=1$ 处,通过式(4.96)可将小孔压力 ψ 与临界状态区半径联系起来

$$\frac{\psi}{p_0} = \left\{1+(\chi-1)\sum_{n=1}^{\infty}\frac{(a^*)^n}{n![(n+1)\chi+n-1]}\right\}(r_1)^{1-\frac{1}{\beta}} \tag{4.96}$$

通常假设临界状态区体积不变,因此材料是不可压缩的,这就可以将小孔壁位移与临界区域半径联系起来

$$u_1 = \delta r_1^{(1-\chi)} = \frac{\lambda a^*}{(\chi-1)v_0}(r_1)^{2\chi} \tag{4.97}$$

将式(4.97)代入式(4.96),可确定小孔压力 ψ 和小孔位移 u_1 之间的关系。

4.2.4　排水条件下重度超固结黏土小孔扩张

本节将讨论重度超固结黏土(OC)中小孔扩张的小应变分析解,分析中将 Hvorslev 面作为重度超固结黏土的屈服函数。Yu(1993)首次推导了重度超固结黏土中小孔扩张解。

4.2.4.1 屈服函数,塑性势和流变法则

如图 4.5 所示,Hvorslev 屈服面在 $\overline{p}'$-$\overline{q}$ 空间是一条直线(Atkinson,Bransby,1978)

$$q - hp' + (M \quad h)\exp\left(\frac{\Gamma - v}{\lambda}\right) \tag{4.98}$$

其中,h 是 Hvorslev 屈服面斜率。

按照 Collins 和 Stimpson(1994)的研究,定义两个有效应力不变量来分析小孔扩张问题

$$q = \sigma_r' - \sigma_\theta', \quad p' = \frac{\sigma_r' + k\sigma_\theta'}{1 + k}$$

其中,σ_r' 和 σ_θ' 分别是有效径向和切向应力。对于充分排水加载条件,有效应力等于总应力。

若用径向和切向应力表达 Hvorslev 屈服函数,则式(4.98)可改写成

$$\alpha\sigma_r' - \sigma_\theta' = Y\exp\left(\frac{\Gamma - v}{\lambda}\right) \tag{4.99}$$

其中

$$\alpha = \frac{1 + k - h}{1 + k + kh} \tag{4.100}$$

$$Y = \frac{(1 + k)(M - h)}{1 + k + kh} \tag{4.101}$$

通常采用具有与屈服函数式(4.99)相似的塑性势函数的非相关联流变法则

$$\beta\sigma_r' - \sigma_\theta' = \text{const.} \tag{4.102}$$

其中,β 是土体剪胀量,定义为

$$\beta = \frac{1 + k - h_1}{1 + k + kh_1} \tag{4.103}$$

其中,h_1 是塑性势函数的斜率,其值在 $0 \sim h$。若 $h_1 = h$,则流变法则是相关联的。

任意时刻,半径为 a 的小孔周围土体中的任意位置的应力必须满足平衡方程

$$(\sigma_\theta' - \sigma_r') = \frac{r}{k}\frac{\partial\sigma_r'}{\partial r} \tag{4.104}$$

两个边界条件为

$$\sigma_r'|_{r=a} = p'$$
$$\sigma_r'|_{r=\infty} = p_0'$$

4.2.4.2　弹性解

当小孔压力从初值起增加时,土体变形首先是弹性的,应力和位移解可表示为

$$\sigma'_r = p'_0 + (p' - p'_0)\left(\frac{a}{r}\right)^{1+k} \tag{4.105}$$

$$\sigma'_\theta = p'_0 - \frac{p' - p'_0}{k}\left(\frac{a}{r}\right)^{1+k} \tag{4.106}$$

$$u = \frac{p' - p'_0}{2kG}\left(\frac{a}{r}\right)^{1+k} r \tag{4.107}$$

当应力满足屈服条件式(4.99)时,小孔壁出现初始屈服。此时,小孔压力将达到

$$p' = p'_{1y} = \frac{k\left[Y\exp\left(\dfrac{\Gamma - v}{\lambda}\right) + (1-\alpha)p'_0\right]}{1 + k\alpha} + p'_0 \tag{4.108}$$

4.2.4.3　弹-塑性分析

在小孔壁初始屈服后,继续增大 p' ,将在小孔壁周围形成一个塑性区,塑性区外半径用 c 表示。

1) 塑性区位移

若忽略弹性变形,由塑性势函数式(4.102)可得应变之间的关系

$$\frac{\varepsilon_r}{\varepsilon_\theta} = -k\beta \tag{4.109}$$

积分后可得小孔壁位移 u_1 与任意半径 r 处的位移 u 的关系

$$u = u_1\left(\frac{a}{r}\right)^{k\beta} \tag{4.110}$$

因此,得到比容变化方程

$$v_0 - v = -v_0\left(\frac{u}{r} + k\frac{\mathrm{d}u}{\mathrm{d}r}\right) \tag{4.111}$$

变换形式,得

$$v = v_0\left[1 + \frac{(k - k\beta)u_1}{\alpha}\left(\frac{a}{r}\right)^{1+k\beta}\right] \tag{4.112}$$

利用外部弹性区位移在弹-塑性界面 $r = c$ 处连续的条件,可得小孔壁位移 u_1 与塑性区半径 c 的关系

$$\frac{u_1}{a} = \frac{\left[Y\exp\left(\dfrac{\Gamma - v_0}{\lambda}\right) + (1-\alpha)p'_0\right]}{2G(1 + k\alpha)}\left(\frac{c}{a}\right)^{1+k\beta} \tag{4.113}$$

这样,对于给定的小孔壁位移,就可用式(4.113)确定塑性区的半径。

2) 塑性区应力

塑性区应力分量必须满足平衡方程(4.104)和屈服条件式(4.99),合并两式后得到

$$\frac{\mathrm{d}\sigma'_r}{\mathrm{d}r} + \frac{k(1-\alpha)}{r}\sigma'_r = -\frac{kY\exp\left(\dfrac{\Gamma-v}{\lambda}\right)}{r} \tag{4.114}$$

借助于式(4.112),式(4.114)可以确定塑性区的径向应力

$$\sigma'_r = Ar^{-k(1-\alpha)} - kY\exp\left(\frac{\Gamma-v_0}{\lambda}\right)r^{-k(1-\alpha)}\sum_{n=0}^{\infty}A_n(r) \tag{4.115}$$

其中,A 是积分常数,函数 $A_n(r)$ 可表为

$$A_n(r) = \frac{m^n r^{k-k\alpha-nk\beta-n}}{n!(k-k\alpha-nk\beta-n)} \tag{4.116}$$

式中

$$m = -\frac{v_0(k-k\beta)u_1}{\lambda}a^{k\beta} \tag{4.117}$$

需要注意的是,通过屈服函数式(4.99),可由径向应力获得切向应力的表达式。

3) 弹性区应力

弹性区应力分量可由平衡方程和弹性应力-应变关系得到

$$\sigma'_r = p'_0 + Br^{-(1+k)} \tag{4.118}$$

$$\sigma'_\theta = p'_0 - \frac{B}{k}r^{-(1+k)} \tag{4.119}$$

其中,B 是第二个积分常数。

根据应力分量在弹-塑性界面的连续性,确定积分常数 A

$$A = \frac{(1+k)p'_0}{1+\alpha k}c^{k(1-\alpha)} + kY\exp\left(\frac{\Gamma-v_0}{\lambda}\right)\left[\sum_{n=0}^{\infty}A_n(c) + \frac{c^{k(1-\alpha)}}{1+\alpha k}\right] \tag{4.120}$$

在小孔壁处有 $\sigma'_r|_{r=a} = p'$,可得塑性半径 c、当前小孔半径以及小孔压力之间的关系式

$$p' = Aa^{-k(1-\alpha)} - kY\exp\left(\frac{\Gamma-v_0}{\lambda}\right)a^{-k(1-\alpha)}\sum_{n=0}^{\infty}A_n(a) \tag{4.121}$$

首先通过给定的小孔位移计算塑性区半径,进而确定小孔压力,用这种方法,可以得到一条完整的小孔扩张曲线。

4.3　零初始半径小孔扩张

　　本节将应用临界状态模型分析从零初始半径开始的小孔扩张问题。通过第 3 章的讨论已知,当孔从零半径开始扩张时,小孔从零半径扩张问题没有长度尺度特征,小孔压力是常数,弹-塑性界面半径与小孔半径的比也将保持常数,而小孔的恒定压力可视为有限小孔扩张到无限时渐近的极限压力。

4.3.1　排水条件下砂性土小孔扩张

　　Collins 等(1992)用一个基于简单状态参数的临界状态模型对无黏性砂中从零初始半径开始的小孔扩张问题进行了分析,并获得了该问题的半解析解。以下简要描述其求解过程。

4.3.1.1　基于临界状态模型的砂土状态参数

　　Collins(1990),Jefferies(1993)和 Yu(1994,1998)分别讨论了状态参数模型。状态参数模型的基本假定是存在一个临界状态,在这一状态下砂土变形没有任何塑性体积变化,因而剪胀角为零。由状态参数控制的临界状态出现之前的材料性质定义为(图 4.14)

$$\xi = v + \lambda \ln\left(\frac{p'}{p'_1}\right) - \Gamma \qquad (4.122)$$

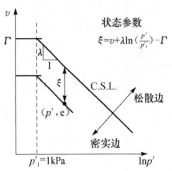

图 4.14　状态参数的定义

　　其中,v 是比容,p' 是平均有效应力,p'_1 是在土力学中常常取为单位压力的参考平均压力。在临界状态,状态参数 ξ 为零,松散的一边取为正,密实的一边取为负。

　　Collins 等(1992)使用的状态参数模型实际上是在假设砂土试样各向同性、连续的基础上建立的弹-塑性应变硬化(或软化)模型。

　　选择塑性势和屈服函数基本方程是构建基本模型的重要一步,因为应变速率本质上依赖于其关于应力的微分。

　　在 Collins 等(1992)的求解中采用了 Mohr-Coulomb 屈服准则描述砂的特性,即

$$\sigma'_r - \alpha \sigma'_\theta = 0 \qquad (4.123)$$

其中,α 是摩擦角 ϕ_m 的函数

$$\alpha = \frac{1 + \sin\phi_{\mathrm{m}}}{1 - \sin\phi_{\mathrm{m}}} \tag{4.124}$$

Collins 等(1992)建议使用下列塑性势推导塑性应变率

$$\sigma_r' - \beta\sigma_\theta' = 0 \tag{4.125}$$

其中,β 是剪胀角 ψ_{m} 的函数,定义为

$$\beta = \frac{1 + \sin\psi_{\mathrm{m}}}{1 - \sin\psi_{\mathrm{m}}} \tag{4.126}$$

Collins 等(1992)认为,可以采用指数形式经验公式解释 Been 和 Jefferies(1985)的试验数据

$$\phi_{\mathrm{m}} - \phi_{\mathrm{cv}} = A[\exp(-\xi) - 1] \tag{4.127}$$

其中,ϕ_{cv} 是临界状态内摩擦角,量纲是弧度;A 是曲线拟合参数,根据砂的类型在 0.6~0.95 变化。根据上述关系,在达到临界状态前的砂土力学性质(如屈服函数)取决于孔隙比和由单一复合状态参数表达的平均有效应力。临界状态摩擦角 ϕ_{cv} 可通过实验室的常规试验获取,其值范围通常在 $30°\sim33°$。

通过描述摩擦角和扩张之间关系的应力-剪胀方程,可以将塑性势和状态参数联系起来。Rowe(1962)提出的应力-剪胀模型应该是最成功的,后来由 Bolton (1986)进一步简化为

$$\psi_{\mathrm{m}} = 1.25(\phi_{\mathrm{m}} - \phi_{\mathrm{cv}}) = 1.25A[\exp(-\xi) - 1] \tag{4.128}$$

当摩擦角与剪胀角不相等时,上述假设意味着一个不相关联的流变法则。

4.3.1.2　弹性区解

在外部弹性区,用弹性应力-应变关系和平衡方程推导位移和应力解

$$u = \varepsilon_c \left(\frac{c}{r}\right)^k c \tag{4.129}$$

$$\sigma_r' = p_0' + 2Gk\varepsilon_c \left(\frac{c}{r}\right)^{1+k} \tag{4.130}$$

$$\sigma_\theta' = p_0' - 2G\varepsilon_c \left(\frac{c}{r}\right)^{1+k} \tag{4.131}$$

其中,ε_c 是弹-塑性界面 $r = c$ 处的切向应变。

需要注意的是,在弹性变形中,平均有效压力,也即状态参数 ξ 恒定不变。在弹-塑性界面

$$\frac{\sigma_r'}{\sigma_\theta'} = \alpha_0 = \alpha(\xi_0) = \frac{1 + \sin\phi_0}{1 - \sin\phi_0} \tag{4.132}$$

其中,ξ_0 和 ϕ_0 是初始状态参数和摩擦角。联立式(4.130)～式(4.132),得

$$\varepsilon_c = \frac{(\alpha_0 - 1)p_0'}{2(k + \alpha_0)G} \tag{4.133}$$

弹-塑性界面的径向应力定义为

$$\sigma_c' = \sigma_{r|r=c}' = \frac{(1+k)\alpha_0 p_0'}{\alpha_0 + k} \tag{4.134}$$

上述弹-塑性界面的弹性解为塑性区的求解提供了边界条件。

4.3.1.3　塑性区解

在塑性区,应力必须满足平衡方程

$$(\sigma_\theta' - \sigma_r') = \frac{r}{k} \frac{\partial \sigma_r'}{\partial r} \tag{4.135}$$

通过塑性流变法则,可得下列用速率 V 表达的控制方程

$$\frac{\partial V}{\partial r} + \frac{k}{\beta} \frac{V}{r} = -\frac{1}{2G}[A(\beta)\overset{0}{\sigma_r'} + B(\beta)\overset{0}{\sigma_\theta'}] \tag{4.136}$$

如前所述,符号$\overset{0}{()}$表示与给定质点相关的材料的时间导数,并且涉及局部时间导数$\overset{\cdot}{()}$,通过式(4.137)可以求解固定位置 r 的值

$$\overset{0}{()} = \overset{\cdot}{()} + V \frac{\partial ()}{\partial r} \tag{4.137}$$

其中,V 是固体介质单元体的径向速度。$A(\beta)$ 和 $B(\beta)$ 定义为

$$A(\beta) = \frac{(1 - 2\mu) + k\mu(\beta - 1)/\beta}{1 + (k-1)\mu} \tag{4.138}$$

$$B(\beta) = \frac{k(1-\mu)/\beta - k\mu}{1 + (k-1)\mu} \tag{4.139}$$

其中,μ 是泊松比。

屈服函数式(4.123)速率形式为

$$\overset{0}{\sigma_r'} = \alpha \overset{0}{\sigma'} + \frac{\alpha'}{\alpha} \overset{0}{\xi} \sigma_r' \tag{4.140}$$

其中,$\alpha' = \mathrm{d}\alpha/\mathrm{d}\xi$。由于状态参数取决于比容和平均有效压力,它的物质导数为

$$\overset{0}{\xi} = \xi_{,v} \overset{0}{v} + \xi_{,p} \overset{0}{p} \tag{4.141}$$

式中,逗号表示偏导数(如 $\xi_{,v} = \partial/\partial v$)。

比容和平均有效应力的物质导数可表达为

$$\overset{0}{v} = -v\left(\frac{\partial V}{\partial r} + k\frac{V}{r}\right) \tag{4.142}$$

$$\overset{0}{p}{}' = \frac{\overset{0}{\sigma}{}'_r + k\overset{0}{\sigma}{}'_\theta}{1+k} \tag{4.143}$$

联合式(4.140)~式(4.143),用$\overset{0}{\sigma}{}'_r$和V,v,ξ消去速度方程(4.136)和状态进化方程(4.141)中的$\overset{0}{\sigma}{}'_\theta$项和$\overset{0}{\xi}$项后,得到

$$m\frac{\partial V}{\partial r} + n\frac{V}{r} = -\frac{q}{2G}\overset{0}{\sigma}{}'_r \tag{4.144}$$

以及

$$h\overset{0}{\xi} = v\xi_{,v}\left(\frac{\partial V}{\partial r} + k\frac{V}{r}\right) + l\overset{0}{\sigma}{}'_r \tag{4.145}$$

其中

$$m = 1 - \frac{\alpha'\sigma'_r}{\alpha^2}[\xi_{,v}B(\beta)/(2G) - \xi_{,p}k/(1+k)] \tag{4.146}$$

$$n = \frac{k}{\beta}\left[1 + \frac{k\alpha'}{\alpha^2}\sigma'_r\xi_{,p}/(1+k)\right] - \frac{k\alpha'}{\alpha^2}[\sigma'_r\xi_{,v}B(\beta)/(2G)] \tag{4.147}$$

$$q = A(\beta) + \frac{B(\beta)}{\alpha} + [\alpha'\xi_{,p}\sigma_r/(1+k)\alpha^2][kA(\beta) - B(\beta)] \tag{4.148}$$

$$h = 1 + k\xi_{,p}\alpha'\sigma'_r/(1+k)\alpha^2 \tag{4.149}$$

$$l = \xi_{,p}(a+k)/(1+k)\alpha \tag{4.150}$$

对于从零半径开始的小孔扩张问题,由量纲为一的径向坐标表示的速度、应力和状态参数的解取决于半径r和时间t

$$\eta = \frac{r}{c} = \frac{r}{V_c t} \tag{4.151}$$

其中,$V_c = \partial c/\partial t = \dot{c}$是弹-塑性界面速率。注意,因为$t=0$时,$c=0$,因此$c = V_c t$是有根据的。

容易得到量纲为一的速度和应力分量

$$\overline{V} = \frac{V}{V_c}, \quad \bar{\sigma}' = \frac{\sigma'}{p'_0} \tag{4.152}$$

结合式(4.151),在控制方程中出现的各种导数可以用$\partial/\partial\eta$表达为

$$\frac{\partial}{\partial r} = \frac{1}{c}\frac{\partial}{\partial\eta} \tag{4.153}$$

$$\frac{\partial}{\partial t} = \dot{(\,)} = -\frac{V_c \eta}{c}\frac{\partial}{\partial \eta} \tag{4.154}$$

$$\frac{\mathrm{d}}{\mathrm{d}t} = \overset{0}{(\,)} = \frac{V_c(\bar{V} - \eta)}{c}\frac{\partial}{\partial \eta} \tag{4.155}$$

在引进以上量纲为一的变量的基础上,得到常微分方程

$$\frac{\mathrm{d}\bar{\sigma}_r'}{\mathrm{d}\eta} + k\left(1 - \frac{1}{\alpha}\right)\frac{\bar{\sigma}_r'}{\eta} = 0 \tag{4.156}$$

本构方程(4.144)和状态参数进化方程(4.145)可写为

$$\frac{\mathrm{d}\bar{V}}{\mathrm{d}\eta} = \frac{k\left(1 - \frac{1}{\alpha}\right)(\bar{V} - \eta)\left[E(\xi)A(\beta) + C(\xi)B(\beta)\right](\sigma_c'/2G)(\bar{\sigma}_r'/\eta)}{E(\xi) - D(\xi,v)B(\beta)\bar{\sigma}_r'(\sigma_c'/2G)}$$

$$-\frac{k\left[E(\xi)/\beta - D(\xi,v)B(\beta)(\sigma_c'/2G)\bar{\sigma}_r'\right]\left(\dfrac{\bar{V}}{\eta}\right)}{E(\xi) - D(\xi,v)B(\beta)\bar{\sigma}_r'(\sigma_c'/2G)} \tag{4.157}$$

和

$$\frac{\mathrm{d}\xi}{\mathrm{d}\eta} = \frac{v(\mathrm{d}\bar{V}/\mathrm{d}\eta + k\bar{V}/\eta)}{E(\bar{V} - \eta)} + \frac{\lambda}{E\bar{\sigma}_r'}\frac{\mathrm{d}\bar{\sigma}_r'}{\mathrm{d}\eta} \tag{4.158}$$

其中,C,D 和 E 定义为

$$C(\xi) = \frac{1 - \lambda\alpha'/(\alpha + k)}{\alpha} \tag{4.159}$$

$$D(\xi,v) = \frac{v\alpha'}{\alpha^2} \tag{4.160}$$

$$E(\xi) = 1 + \frac{\lambda k\alpha'}{\alpha + (\alpha + k)} \tag{4.161}$$

采用标准 NAG 差分方程求解程序求解式(4.156)~式(4.158)可以获得应力、速率和状态参数的解。在解的每个阶段,式(4.158)中的比容可由式(4.162)计算

$$v = \xi + \Gamma - \lambda\ln\left[\frac{\bar{\sigma}_r'(\alpha + k)p_0'}{\alpha(1 + k)}\right] \tag{4.162}$$

边界条件

在弹-塑性界面,由式(4.134)得

$$\bar{\sigma}_r'(\eta)\mid_{\eta=1} = \frac{(1 + k)\alpha_0}{\alpha_0 + k} \tag{4.163}$$

差分方程(4.129)与时间 t 和 $r=c$ 相关,弹-塑性界面的法向速率为

$$\bar{V}(\eta)\mid_{\eta=1} = (1+k)\varepsilon_c = \frac{(1+k)(\alpha_0-1)p_0'}{2(k+\alpha_0)G} \qquad (4.164)$$

小孔壁的法向速率是

$$\bar{V}(\eta)\mid_{\eta=a/c} = \frac{\dot{a}}{\dot{c}} = \frac{a}{c} = \eta \qquad (4.165)$$

状态参数的初始值是

$$\xi_0 = v_0 - \Gamma + \lambda\ln\left(\frac{p_0'}{p_1'}\right) \qquad (4.166)$$

其中,基准压力 p_1' 可视为 1,然后从弹-塑性边界开始求解直到小孔壁。由式(4.165)可知,当 $\bar{V}=\eta$ 时到达小孔壁。

上述有关砂土中小孔扩张的半解析解求解方法也被 Collins 和 Stimpson (1994)用来分析黏土中排水和不排水条件下小孔从零初始半径开始扩张的情形。

4.3.2 不排水条件下亚弹性黏土柱形孔扩张

Davis 等(1984)提出了用一个简单的亚弹性本构模型描述排水条件下土体中柱形孔从零初始半径开始扩张的问题。虽然与传统弹塑性模型相比,亚弹性模型更容易求解,但其主要问题在于实际计算中难以区分加载和卸载过程。

Davis 等(1984)采用的简单亚弹性模型包含了应变硬化和软化效应,模型中的破坏面与 Roscoe 和 Burland(1968)的修正剑桥模型屈服面相似(图 4.15)。

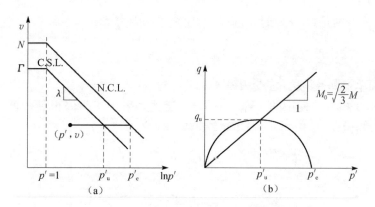

图 4.15　Davis 等(1984)使用的亚弹性模型的破坏面

4.3.2.1　小孔扩张运动学

考虑一个完全不排水加载条件下从零初始半径开始扩张的柱形孔。t 时刻的小孔半径为 a,最初位置为 r_0 的质点此刻的位置为 r。由于不排水加载过程中土体体积没有变化,故有

$$r^2 - a^2 = r_0^2 \tag{4.167}$$

式中,a 是时间 t 的函数,$r = r(r_0, t)$。对上式求导,得

$$\dot{r} = \frac{a}{r}\dot{a} \tag{4.168}$$

其中,$\dot{r} = \partial r / \partial t$ 和 $\dot{a} = \partial a / \partial t$ 是局域时间导数。

这样,非零应变速率可表示为

$$\dot{\varepsilon}_r = -\frac{\partial \dot{r}}{\partial r} \tag{4.169}$$

$$\dot{\varepsilon}_\theta = -\frac{\dot{r}}{r} \tag{4.170}$$

定义小孔应变速率 $\dot{e}_c$ 为负的切向应变速率,且采用不可压缩条件,有

$$\dot{e}_c = -\dot{\varepsilon}_c = \frac{\dot{r}}{r} = -\frac{\partial \dot{r}}{\partial r} \tag{4.171}$$

对式(4.171)积分,得

$$e_c = e_c(r, t) = \ln\left(\frac{r}{r_0}\right) = -\frac{1}{2}\ln\left(1 - \frac{a^2}{r^2}\right) \tag{4.172}$$

需要注意的是,当 r 趋近 a 时,小孔应变趋于无穷大。

4.3.2.2　求解过程

1) 简单亚弹性应力-应变关系

Davis 等(1984)使用的亚弹性应力-应变关系采用了与修正剑桥模型屈服面(图 4.15)相似(不是相同)的破坏面。q 和 p' 定义为

$$q = \left[\frac{(\sigma_r' - \sigma_\theta')^2 + (\sigma_\theta' - \sigma_z')^2 + (\sigma_z' - \sigma_r')^2}{3}\right]^{\frac{1}{2}} \tag{4.173}$$

$$p' = \frac{\sigma_r' + \sigma_\theta' + \sigma_z'}{3} \tag{4.174}$$

注意,Davis 等(1984)定义的 q 是临界状态土力学里惯用定义 q 的 $\sqrt{2/3}$ 倍.

对于柱形孔扩张问题,应力-应变关系的形式为

$$\dot{\sigma}_r' = \frac{2G}{q_u^2}\big[(\sigma_r' - \sigma_\theta')(p_u' - \sigma_r') + q_u^2\big]\dot{e}_c \tag{4.175}$$

$$\dot{\sigma}_\theta' = \frac{2G}{q_u^2}\big[(\sigma_r' - \sigma_\theta')(p_u' - \sigma_\theta') - q_u^2\big]\dot{e}_c \tag{4.176}$$

$$\dot{\sigma}_z' = \frac{2G}{q_u^2}(\sigma_r' - \sigma_\theta')(p_u' - \sigma_\theta')\dot{e}_c \tag{4.177}$$

其中，p_u' 是给定比容及 $q_u = M_0 p_u' = \sqrt{2/3}M p_u'$ 条件下的等效临界状态压力；M 是临界状态土力学中通常采用的临界状态常数。

2) 有效应力

通过引入下列量纲为一的应力变量

$$\bar{\sigma}_r' = \frac{\sigma_r' - p_u'}{\sqrt{2}q_u} \tag{4.178}$$

$$\bar{\sigma}_\theta' = \frac{\sigma_\theta' - p_u'}{\sqrt{2}q_u} \tag{4.179}$$

$$\bar{\sigma}_z' = \frac{\sigma_z' - p_u'}{\sqrt{2}q_u} \tag{4.180}$$

$$\beta = \frac{\sqrt{2}G}{q_u} \tag{4.181}$$

基本方程式(4.175)~式(4.177)变为

$$\dot{\bar{\sigma}}_r' = 2\beta\Big[\frac{1}{2} - \bar{\sigma}_r'(\bar{\sigma}_r' - \bar{\sigma}_\theta')\Big]\dot{e}_c \tag{4.182}$$

$$\dot{\bar{\sigma}}_\theta' = 2\beta\Big[-\frac{1}{2} - \bar{\sigma}_\theta'(\bar{\sigma}_r' - \bar{\sigma}_\theta')\Big]\dot{e}_c \tag{4.183}$$

$$\dot{\bar{\sigma}}_z' = -2\beta\bar{\sigma}_z'(\bar{\sigma}_r' - \bar{\sigma}_\theta')\dot{e}_c \tag{4.184}$$

积分上式，得

$$\bar{\sigma}_r' = \frac{1}{2}\Big[\frac{\exp(4\beta e_c) + 4\bar{\sigma}_{r0}'\exp(2\beta e_c) - 1}{\exp(4\beta e_c) + 1}\Big] \tag{4.185}$$

$$\bar{\sigma}_\theta' = \frac{1}{2}\Big[\frac{-\exp(4\beta e_c) + 4\bar{\sigma}_{r0}'\exp(2\beta e_c) + 1}{\exp(4\beta e_c) + 1}\Big] \tag{4.186}$$

$$\bar{\sigma}_z' = \frac{2\bar{\sigma}_{z0}'\exp(2\beta e_c)}{\exp(4\beta e_c) + 1} \tag{4.187}$$

其中，$\bar{\sigma}_{r0}' = \bar{\sigma}_{\theta0}'$ 和 $\bar{\sigma}_{z0}'$ 是量纲为一的应力初值。

通过使用小孔应变的表达式(4.172)，上述应力解可进一步表达为半径 r 的形式

$$\bar{\sigma}_r' = \frac{1}{2} \left\{ \frac{-\left[1-\left(\frac{a}{r}\right)^2\right]^{2\beta} + 4\bar{\sigma}_{r0}'\left[1-\left(\frac{a}{r}\right)^2\right]^{\beta} + 1}{\left[1-\left(\frac{a}{r}\right)^2\right]^{2\beta} + 1} \right\} \tag{4.188}$$

$$\bar{\sigma}_\theta' = \frac{1}{2} \left\{ \frac{\left[1-\left(\frac{a}{r}\right)^2\right]^{2\beta} + 4\bar{\sigma}_{r0}'\left[1-\left(\frac{a}{r}\right)^2\right]^{\beta} - 1}{\left[1-\left(\frac{a}{r}\right)^2\right]^{2\beta} + 1} \right\} \tag{4.189}$$

$$\bar{\sigma}_z' = \frac{2\bar{\sigma}_{z0}'\left[1-\left(\frac{a}{r}\right)^2\right]^{\beta}}{\left[1-\left(\frac{a}{r}\right)^2\right]^{2\beta} + 1} \tag{4.190}$$

3) 总应力和孔隙压力

确定总应力及孔隙压力需要平衡方程

$$(\sigma_\theta - \sigma_r) = r\frac{\partial \sigma_r}{\partial r} \tag{4.191}$$

由式(4.178)～式(4.179)，得

$$\sigma_r - \sigma_\theta = \sigma_r' - \sigma_\theta' = \sqrt{2}q_u(\bar{\sigma}_r' - \bar{\sigma}_\theta') \tag{4.192}$$

在式(4.192)基础上结合平衡方程(4.191)可得

$$\frac{\partial \sigma_r}{\partial r} + \frac{\sqrt{2}q_u}{r}\left[\frac{-\left(1-\frac{a^2}{r^2}\right)^{2\beta} + 1}{\left(1-\frac{a^2}{r^2}\right)^{2\beta} + 1}\right] = 0 \tag{4.193}$$

求解式(4.193)，得总径向应力的解

$$\sigma_r = \sigma_{r0} + \frac{\sqrt{2}q_u}{r}\int_1^{1-a^2/r^2}\left(\frac{\chi^{2\beta}-1}{\chi^{2\beta}+1}\right)\frac{\mathrm{d}x}{1-x} \tag{4.194}$$

其中，σ_{r0} 是初始总水平应力。

虽然式(4.194)的右边尚无封闭形式的解答，但可容易求得其数值解。一旦确定了总径向应力，就可计算孔隙压力

$$U = \sigma_r - \sigma_r' \tag{4.195}$$

随后，可用其求取总应力的其余两个分量

$$\sigma_\theta = U + \sigma_\theta' \tag{4.196}$$

$$\sigma_z = U + \sigma_z' \tag{4.197}$$

4.4 小 结

（1）通常用总应力法分析不排水条件下的小孔扩张问题。第 3 章在 Tresca 屈服准则的基础上采用总应力方法研究了不排水条件下的小孔扩张或收缩课题。但是总应力分析法并不适合临界状态模型，因为土体强度是有效应力的函数，而非总应力函数。总应力分析法的主要缺点是其不能考虑应力历史的影响。

（2）Collins 和 Yu(1996)采用一系列临界状态模型获得了不排水黏土中大应变小孔扩张解析解。使用的模型包括剑桥模型、修正剑桥模型以及剑桥模型与 Hvorslev 屈服面的组合模型。土的应力历史（如超固结比 OCR）对小孔扩张结果有重要影响。本章小孔扩张解答将在第 9 章用于模拟黏土中打入桩周围孔隙压力变化。

（3）Yu 和 Rowe(1999)根据临界状态理论推导了不排水黏土中小孔从原位应力状态收缩的解析解。与加载的情形一样，小孔卸载过程中土的应力历史（OCR）有重要影响。在第 10 章，这些卸载解答将用于预测隧道周围土体的位移。

（4）Palmer 和 Mitchell(1970)首次利用简单的临界状态模型推导了排水条件下正常固结土中柱形孔扩张问题的小应变解。

（5）通过引入 Hvorslev 屈服面，Yu(1993)将排水条件下正常固结土柱形孔扩张的小应变解推广到超固结土，如式(4.113)和式(4.121)所示。这一解答对分析超固结黏土中自钻式旁压试验结果有潜在的应用价值。

（6）Collins 等(1992)用基于状态参数的临界状态模型得到砂土从零初始半径开始的小孔扩张问题半解析解。由于该课题没有长度尺度特征，因此当小孔从零半径起扩张时，小孔压力是常数。小孔恒定压力可被视为当小孔从有限扩张到无限时渐进的极限压力。摩擦和剪胀效应的影响可简单地用强度参数的平均值（摩擦角和剪胀角）来分析计算。在第 9 章，根据小孔极限压力预测砂土中打入桩桩端承载力时，将进一步讨论这一结果。

（7）Davis 等(1984)利用一个简单的亚弹性土体模型推导了不排水条件下小孔从零初始半径扩张的解析解。Davis 等(1984)认为该解答可用于预测黏土中打入桩的性质。使用亚弹性模型的主要问题是在实际计算中难以区分加载和卸载过程。

参 考 文 献

Atkinson,J. H. and Bransby,P. L. (1978). The Mechanics of Soil. McGraw-Hill,England.

Been,K. and Jefferies,M. G. (1985). A state parameter for sands. Geotechnique,35,99-112.

Bolton, M. D. (1986). The strength and dilatancy of sands. Geotechnique, 36, 65-78.

Carter, J. P. , Randolph, M. F. and Wroth, C. P. (1979). Stress and pore pressure change in clay during and after the expansion of a cylindrical cavity. International Journal for Numerical and Analytical Methods in Geomechanics, 3, 305-323.

Collins, I. F. (1991). On the mechanics of state parameter models for sands. Proc. of 7th International Conference on Computer Methods and Advances in Geomechanics, Cairns, Australia, 1, 593-599.

Collins, I. F. , Pender, M. J. and Wang, Y. (1992). Cavity expansion in sands under drained loading conditions. International Journal for Numerical and Analytical Methods in Geomechanics, 16(1), 3-23.

Collins, I. F. and Stimpson, J. R. (1994). Similarity solutions for drained and undrained cavity enpansions in soils. Geotechnique, 44(1), 21-34.

Collins, I. F. and Yu, H. S. (1996). Undrained expansions of cavities in critical state soils. International Journal for Numerical and Analytical Methods in Geomechanics, 20(7), 489-516.

Davis, R. O. , Scott, R. F. and Mullenger, G. (1984). Rapid expansion of a cylindrical cavity in a rate type soil. International Journal for Numerical and Analytical Methods in Geomechanics, 8, 3-23.

Jefferies, M. G. (1993). Nor-sand: a simple critical state model for sand. Geotechnique, 43(1), 91-103.

Muir Wood, D. (1990). Soil Behaviour and Critical State Mechanics. Cambridge Univerdity Press.

Palmer, A. C. and Mitchell, R. J. (1971). Plane strain expansion of a cylindeical cavity in clay. Proceedings of the Roscoe Memorial Symposium, Cambridge, 588-599.

Palmer, A. C. (1967). Stress strain relations for clay: an energy approach. Geotechnique, 17(4), 348-358.

Prevost, J. H. and Hoeg, K. (1975). Analysis of pressuremeter in strain softening soil. Journal of the Geotechnical Engineering Division. ASCE, 101(GT8), 717-732.

Randolph, M. F. , Carter, J. P. and Wroth, C. P. (1979). Driven piles in clay-the effect of installation and subsequent consolidation. Geotechnique. 29. 361-393.

Roscoe, K. H. and Burland, J. B. (1968). On generalised stress strain behaviour of wet clay. In: Engineering Plasticety (edited by Heyman and Leckie), 535-609.

Rowe, P. W. (1962). The stress-dilatancy relation for static equilibrium of an assembly of particles in contact. Proceedings of Royal Society, 267, 500-527.

Schofield, A. N. and Wroth, C. P. (1968). Critical State Soil Mechanics. McGraw-Hill, England. Smith, I. M. (1970). Incremental nulmerical solution of a simple deformation problem in soil mechanics. Geotechnique. 20(4), 357-372.

Yu, H. S. (1993). Cavity expansion in heavily OC clays under fully drained loading conditions. Unpublished notes. The University of Newcastle, NSW2308, Australia.

Yu, H. S. (1994). State parameter from self-boring pressuremeter tests in sand. Journal of Geotechical Engineering, ASCE, 120(12), 2118-2135.

Yu, H. S. (1998). CASM: a unified state parameter model for clay and sand. International Journal for Numerical and Analytical Methods in Geomechanics, 22, 621-653.

Yu, H. S. and Rowe, R. K. (1999). Plasticity solutions for soil behaviour around contracting cavities and tunnels. International Journal for Numerical and Analytical Methods in Geomechanics, 23, 1245-1279.

Zytynski, M., Randolph, M. F., Nova, R. and Wroth, C. P. (1978). On modelling the unloading-reloading behaviour of soils. International Journal for Numerical and Analytical Methods in Geomechanics, 2, 87-93.

5 弹-塑性解的发展

5.1 引　　言

在第 4 章,提出了用临界状态应变硬化/软化模型模拟土中小孔扩张与收缩问题的解析解。尽管临界状态模型广泛应用于土力学,但也常用其他塑性模型来描述岩土体的非线性应力-应变特性。基于此,本章将介绍弹-塑性应变硬化/软化土体和岩石中小孔问题的另外一些解答。

5.2　硬化/软化土小孔扩张

5.2.1　不排水条件下应变硬化/软化黏土柱形孔扩张

Prevost 和 Hoeg(1975)在采用双曲线形应力-应变关系并忽略弹性变形的基础上,提出一种近似小应变解来解决应变硬化/软化黏土中柱形孔的不排水扩张问题的方法。本节将概述这一解答的分析过程。值得注意的是,非线性弹性模型也能用来描述在小孔扩张分析中观察到的初始非线性应力-应变曲线(Bolton,Whittle,1999)。

5.2.1.1　应变硬化/软化土的特性模拟

总应力变量由式(5.1)给出

$$p = \frac{\sigma_r + \sigma_\theta + \sigma_z}{3} \tag{5.1}$$

$$q = \frac{1}{\sqrt{2}} \left[(\sigma_r - \sigma_\theta)^2 + (\sigma_\theta - \sigma_z)^2 + (\sigma_z - \sigma_r)^2 \right]^{1/2} \tag{5.2}$$

其中,$\sigma_r, \sigma_\theta, \sigma_z$ 分别是柱形孔问题的径向、切向和轴向总应力值。

与应力变量 p 和 q 相对应,引入塑性应变增量不变量

$$d\delta^p = d\varepsilon_r^p + d\varepsilon_\theta^p \tag{5.3}$$

$$d\gamma^p = \frac{2}{3} \left[(d\varepsilon_r^p)^2 - d\varepsilon_r^p d\varepsilon_\theta^p + (d\varepsilon_\theta^p)^2 \right] \tag{5.4}$$

对于单调应变硬化土体,剪应力 q 和塑性剪应变 γ^p 之间的双曲线关系可假

设为

$$q = F(\gamma^p) = \frac{\gamma^p}{D + \gamma^p} q_{ult} \tag{5.5}$$

其中，D 是材料常数，而 q_{ult} 是极限剪应力。

在室内试验和原位测试中，可以观察到许多土体都有先应变硬化，随后又软化的特性。为了模拟这一特性，需要使用下列关系

$$q = F(\gamma^p) = A \frac{B(\gamma^p)^2 + \gamma^p}{1 + (\gamma^p)^2} \tag{5.6}$$

其中，A 和 B 是材料常数。

根据方程(5.6)，当剪切应变

$$\gamma^p_{peak} = B + \sqrt{1 + B^2} \tag{5.7}$$

时，剪切强度达到峰值。

另外，在大剪应变时的残余强度 q_{res} 可用常数 A 和 B 表示为

$$q_{res} = AB \tag{5.8}$$

通过以上两个方程，可以由应力-应变试验曲线求得材料常数 A 和 B。

5.2.1.2　求解

假定柱形孔扩张发生在平面应变和不排水加载条件下，土中初始应力状态为各向同性的 p_0。当小孔内压从初始值 p_0 增加时，重点关注小孔周围的应力场和位移场。

为了简化研究问题，忽略土体中的弹性变形，此时将不必区分总应变和塑性应变。由式(5.5)和式(5.6)描述应变硬化/软化模型的结果是：只要剪应力增加，就会发生塑性变形。由于土中不存在弹性区，一旦小孔压力增加，则整个土体就进入塑性。

对于柱形孔，总应力必须满足平衡方程

$$r \frac{d\sigma_r}{dr} + \sigma_r - \sigma_\theta = 0 \tag{5.9}$$

于是，可用径向位移表示非零的应变率

$$\varepsilon_r = -\frac{\partial u}{\partial r} \tag{5.10}$$

$$\varepsilon_\theta = -\frac{u}{r} \tag{5.11}$$

塑性流动法则，即不排水条件下土体不可压缩条件为

$$\frac{\varepsilon_r}{\varepsilon_\theta} = -1 \tag{5.12}$$

根据式(5.12)可以得到小孔半径为 a、土体半径为 r 处用小孔壁位移 u_1 表示的径向位移 u

$$u = \frac{a}{r} u_1 \tag{5.13}$$

于是,这个问题在运动学上可以定解了,并且非零的应变分量为

$$\varepsilon_r = -\frac{\partial u}{\partial r} = \frac{a}{r^2} u_1 \tag{5.14}$$

$$\varepsilon_\theta = -\frac{u}{r} = -\frac{a}{r^2} u_1 \tag{5.15}$$

得剪切应变为

$$\gamma = \frac{2}{3} \big[(\varepsilon_r)^2 - \varepsilon_r \varepsilon_\theta + (\varepsilon_\theta)^2 \big]^{\frac{1}{2}} = \frac{2}{\sqrt{3}} \frac{a}{r^2} u_1 \tag{5.16}$$

使用 z 方向平面应变条件,轴向应力可用其他两个方向的应力表达

$$\sigma_z = \frac{1}{2} (\sigma_r + \sigma_\theta) \tag{5.17}$$

联立上述方程,应力变量 p 和 q 简化为

$$p = \frac{1}{2} (\sigma_r + \sigma_\theta) \tag{5.18}$$

$$q = \frac{\sqrt{3}}{2} (\sigma_r - \sigma_\theta) \tag{5.19}$$

1) 应变硬化

对于应变硬化土体,应力必须满足平衡方程(5.9)和应力-应变关系式(5.5),结合两者可给出如下方程

$$r \frac{d\sigma_r}{dr} = -\frac{2\gamma}{\sqrt{3}(D+\gamma)} q_{ult} \tag{5.20}$$

结合外部边界的应力边界条件,对式(5.20)进行积分,可以得到

$$\sigma_r = p_0 + \frac{q_{ult}}{\sqrt{3}} \ln\left(1 + \frac{\gamma}{D}\right) \tag{5.21}$$

再利用应力-应变关系式(5.5),则切向应力为

$$\sigma_\theta = \sigma_r - \frac{2q_{ult}}{\sqrt{3}} \ln\left(\frac{\gamma}{D+\gamma}\right) \tag{5.22}$$

特别地,对于小孔壁,有当 $r=a$ 时,$\sigma_r = \psi$,可得如下小孔扩张关系

$$\psi = p_0 + \frac{q_{\text{ult}}}{\sqrt{3}}\ln\left(1 + \frac{2}{\sqrt{3}D}\frac{u_1}{a}\right) \tag{5.23}$$

式中,D 和 q_{ult} 是已知的土体材料常数。

2）应变硬化与软化

对于应变硬化和软化土体,需要使用应力-应变关系式(5.6)。遵循通用方法,应力场可由式(5.24)决定

$$\sigma_r = p_0 + \frac{A}{\sqrt{3}}\left[\frac{B}{2}\ln(1+\gamma^2) + \arctan(\gamma)\right] \tag{5.24}$$

$$\sigma_\theta = \sigma_r - \frac{2A}{\sqrt{3}}\frac{(\gamma + B\gamma^2)}{(1+\gamma^2)} \tag{5.25}$$

对于小孔壁,当 $r=a$ 时,$\sigma_r=\psi$,得小孔扩张关系

$$\psi = p_0 + \frac{A}{\sqrt{3}}\left\{\frac{B}{2}\ln\left[1 + \left(\frac{2}{\sqrt{3}}\frac{u_1}{a}\right)^2\right] + \arctan\left(\frac{2}{\sqrt{3}}\frac{u_1}{a}\right)\right\} \tag{5.26}$$

式中,A 和 B 是材料常数。

5.2.2 不排水条件下黏土从零半径开始的小孔扩张

本节研究不排水黏土从零半径开始的小孔扩张问题,黏土本构关系由假定的剪应力与剪应变之间的关系模拟。

书中求解过程由 Ladanyi(1963)得出。由于不区分弹性变形与塑性变形,所以求解过程相当简单,且适用于任何类型的剪应力-应变关系。但需要注意的是,Ladanyi(1963)所使用的剪应变表达式并不完全正确,为说明这一问题,在以下阐述中将采用与式(5.5)和式(5.6)类似的应力-应变表达式。

5.2.2.1 剪应力-剪应变关系

采用 Ladanyi(1963)定义的剪应力与剪应变关系

$$q = \sigma_r - \sigma_\theta \tag{5.27}$$
$$\gamma = \varepsilon_r - \varepsilon_\theta \tag{5.28}$$

假定黏土不排水加载试验应力-应变关系可由下列两个方程之一近似表达

$$q = F(\gamma) = \frac{\gamma}{D+\gamma}q_{\text{ult}} \tag{5.29}$$

$$q = F(\gamma) = A\frac{B(\gamma)^3 + \gamma}{1+\gamma^2} \tag{5.30}$$

式中,A,B 和 D 是材料常数。

5.2.2.2 从零半径开始的小孔扩张剪应变分布

对于从零半径开始的小孔扩张问题的应力和应变是单一变量 r/a 的函数,这

里 a 表示当前小孔半径，r 是给定质点的半径。

对于不排水小孔扩张，由式（5.28）所定义的剪应变可表示为（Collins, Yu, 1996；Davis et al., 1984）

$$\gamma = -\ln\left[1 - \left(\frac{a}{r}\right)^{1+k}\right] \tag{5.31}$$

式中，$k=1$ 代表柱形孔，$k=2$ 代表球形孔。从式（5.31）可见，剪应变在小孔壁处变为无限大，这是从零半径开始的小孔扩张问题普遍认可的结论，而 Ladanyi（1963）使用的剪应变公式得到小孔壁处的值是 $\pi/2$，所以不正确。

5.2.2.3　应力分布

剪应变被定义为量纲为一的半径 a/r 的函数后，可由式（5.29）或式（5.30）的应力-应变关系来确定小孔周围剪应力场的分布

$$q = -\frac{\ln\left[1 - \left(\frac{a}{r}\right)^{1+k}\right]}{D - \ln\left[1 - \left(\frac{a}{r}\right)^{1+k}\right]} q_{\text{ult}} \tag{5.32}$$

$$q = A \frac{B\left\{\ln\left[1 - \left(\frac{a}{r}\right)^{1+k}\right]\right\}^2 - \ln\left[1 - \left(\frac{a}{r}\right)^{1/k}\right]}{1 + \ln\left[1 - \left(\frac{a}{r}\right)^{1+k}\right]} \tag{5.33}$$

上两式分别对应于应变硬化或应变硬化/软化黏土。

土中的应力分量必须满足平衡方程

$$\frac{\mathrm{d}\sigma_r}{\mathrm{d}r} + k\frac{q}{r} = 0 \tag{5.34}$$

将式（5.32）或式（5.33）代入平衡方程（5.34），将得到一个微分方程，对该方程进行数值积分可得径向应力 σ_r 的分布。一旦确定了径向应力分量，则可由式 $\sigma_\theta = \sigma_r - q$ 得到切向应力分量。

闭合解

当用式（5.31）形式表达剪应变时，只能通过数值积分求得近似解。为了求得闭合形式的解，重新改写剪应变表达形式为

$$\gamma = -\ln\left[1 - \left(\frac{a}{r}\right)^{1+k}\right] \doteq \left(\frac{a}{r}\right)^{1+k} + \frac{\left(\frac{a}{r}\right)^{2(1+k)}}{2} + \frac{\left(\frac{a}{r}\right)^{3(1+k)}}{3} + \cdots \tag{5.35}$$

因为 $0 \leqslant \frac{a}{r} \leqslant 1$，故上式有效。

例如，当模拟土的应变硬化特性时，平衡方程可以写成为用剪应变表示的形式

$$d\sigma_r = -kq_{ult}\frac{\gamma}{D+\gamma}\frac{dr}{r} \tag{5.36}$$

通过使用式(5.35)的剪应变形式,上述平衡方程可以进行积分求解。

5.3　脆/塑性岩石中小孔收缩

岩石中深埋隧道围岩的收敛预测是岩石力学和矿业工程中的一个重要课题。当隧道为圆形时,通过小孔收缩理论可获得这类问题的合理解答。基于此,本节给出了一些岩石介质中小孔收缩问题的基本解析解。

5.3.1　Mohr-Coulomb 准则脆/塑性岩石中小孔卸载

在第3章,已经得到理想塑性 Mohr-Coulomb 材料中小孔卸载问题的解。这里主要考虑当岩石发生屈服后其强度将突然降到一定残余值的情形,这对于正确模拟节理岩体的变形特性非常必要。

在这种情况下,一个柱形孔(隧道)位于无限大岩体中,初始时,岩石受到静水压力作用,所有应力分量都是 p_0。关注当小孔壁压力逐渐降低到一个较低 p 值时小孔壁周围的应力场和位移场。这里给出的脆/塑性岩石的解析解与 Wilson (1980)、Fritz(1984)和 Reed(1986)的解相近。

对于绝大多数隧道问题,假设轴向应力 σ_z 是介于径向应力 σ_r 和切向应力 σ_θ 之间的中间主应力是合理的。对于卸载小孔,切向应力是最大主应力。采用线性 Mohr-Coulomb 屈服函数来判断岩体的初始屈服

$$\sigma_\theta - \alpha\sigma_r = Y \tag{5.37}$$

式中,α 和 Y 与内摩擦角 ϕ 和黏聚力 C 的关系如下

$$\alpha = \frac{1+\sin\phi}{1-\sin\phi}, \quad Y = \frac{2C\cos\phi}{1-\sin\phi} \tag{5.38}$$

假设屈服后岩体强度突然降低,为了考虑这种后屈服特性,假定岩土体屈服以后的应力由残余屈服函数控制

$$\sigma_\theta - \alpha'\sigma_r = Y' \tag{5.39}$$

式中,$\alpha' = (1+\sin\phi')/(1-\sin\phi')$ 和 $Y' = 2C'\cos\phi'/(1-\sin\phi')$ 是岩石的残余强度参数(图 5.1)。

5.3.1.1　应力分析

1) 弹性响应与初始屈服

当小孔壁压力降低时,岩石初始阶段呈

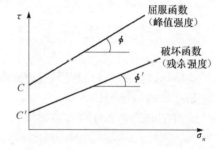

图 5.1　屈服前后岩石的强度参数

现弹性变形,其应力为

$$\sigma_r = p_0 - (p_0 - p)\left(\frac{a}{r}\right)^2 \tag{5.40}$$

$$\sigma_\theta = p_0 + (p_0 - p)\left(\frac{a}{r}\right)^2 \tag{5.41}$$

当弹性应力场满足屈服函数式(5.37)时,小孔壁开始屈服,此时小孔壁所受压力为

$$p = p_{1y} = \frac{2p_0 - Y}{\alpha + 1} \tag{5.42}$$

若孔壁压力 p 降低到式(5.42)值以下,将在小孔周围形成半径为 c 的塑性区,半径 c 之外的区域将仍然表现为弹性性质。

2) 弹性区 $c \leqslant r \leqslant \infty$ 应力

屈服发生后,外部弹性区应力场可表示为

$$\sigma_r = p_0 - (p_0 - p_{1y})\left(\frac{c}{r}\right)^2 \tag{5.43}$$

$$\sigma_\theta = p_0 + (p_0 - p_{1y})\left(\frac{c}{r}\right)^2 \tag{5.44}$$

3) 塑性区 $a \leqslant r \leqslant c$ 应力

塑性区应力必须满足残余破坏准则式(5.39)和平衡方程

$$r\frac{d\sigma_r}{dr} = \sigma_\theta - \sigma_r \tag{5.45}$$

联立两式,可确定塑性区应力

$$\sigma_r = \frac{Y' + (\alpha'-1)p}{\alpha'-1}\left(\frac{r}{a}\right)^{\alpha'-1} - \frac{Y'}{\alpha'-1} \tag{5.46}$$

$$\sigma_\theta = \alpha'\frac{Y' + (\alpha'-1)p}{\alpha'-1}\left(\frac{r}{a}\right)^{\alpha'-1} - \frac{Y'}{\alpha'-1} \tag{5.47}$$

根据平衡所需的弹-塑性界面 $r=c$ 处径向应力的连续性,塑性区半径为

$$\frac{c}{a} = \left[\frac{Y' + (\alpha'-1)p_{1y}}{Y' + (\alpha'-1)p}\right]^{\frac{1}{\alpha'-1}} \tag{5.48}$$

值得注意的是,只有当岩石是理想弹-塑性材料时,弹-塑性界面上的切向应力才是连续的($Y=Y'$)。

由平面应变条件可以确定应力 σ_z

$$\sigma_z = \nu(\sigma_r + \sigma_\theta) + (1-2\nu)p_0 \tag{5.49}$$

5.3.1.2 位移分析

对于小孔卸载问题,所有径向位移均指向小孔中心,若与压应力符号为正的规定相一致,径向位移应该为负。但是,为更方便处理小孔卸载的径向收敛问题,规定向内方向的位移为正。为简化,在以下讨论中,向小孔内的径向位移用符号 u 表示。

1) 外部弹性区位移

外部弹性区径向位移可表示为

$$u = \frac{1+\nu}{E}(p_0 - p_{1y})\frac{c^2}{r} \tag{5.50}$$

特别对于弹-塑性界面处的位移

$$u_c = u\,|_{r=c} = \frac{1+\nu}{E}(p_0 - p_{1y})c \tag{5.51}$$

2) 塑性区位移

为了确定塑性区位移场,需要运用塑性流动法则。通常一个非相关联流动法则可用来给出如下关系

$$\mathrm{d}\varepsilon_r^{\mathrm{p}} + \beta\,\mathrm{d}\varepsilon_\theta^{\mathrm{p}} = 0 \tag{5.52}$$

式中,$\beta = (1+\sin\psi)/(1-\sin\psi)$,$\psi$ 是剪胀角。

积分式(5.52),可得塑性应变之间的关系

$$\varepsilon_r^{\mathrm{p}} + \beta\varepsilon_\theta^{\mathrm{p}} = 0 \tag{5.53}$$

对于小应变问题,应变可以用向内的径向位移 u 表示

$$\varepsilon_r = \frac{\mathrm{d}u}{\mathrm{d}r}, \quad \varepsilon_\theta = \frac{u}{r} \tag{5.54}$$

根据式(5.54),再将弹性应变解代入方程(5.53),可得控制方程

$$\frac{\mathrm{d}u}{\mathrm{d}r} + \beta\frac{u}{r} = \frac{1+\nu}{E}\left[A\left(\frac{r}{c}\right)^{(\alpha'-1)} + B\right] \tag{5.55}$$

式中

$$A = \left[(1+\alpha'\beta)(1-\nu) - (\alpha'+\beta)\nu\right]\left(p_{1y} + \frac{Y'}{1}\right) \tag{5.56}$$

$$B = -(1-2\nu)(1+\beta)\left(p_0 + \frac{Y'}{\alpha'-1}\right) \tag{5.57}$$

根据边界条件,当 $r=c$ 时,有 $u=u_c$,式(5.55)的解为

$$u = \frac{1+\nu}{E}r\left[K_1\left(\frac{r}{c}\right)^{\alpha'-1} + K_2\left(\frac{c}{r}\right)^{\beta+1} + K_3\right] \tag{5.58}$$

式中

$$K_1 = \left[\frac{1+\alpha'\beta}{\alpha'+\beta}(1-\nu)-\nu\right]\left(p_{1y}+\frac{Y'}{\alpha'-1}\right) \tag{5.59}$$

$$K_3 = -(1-2\nu)\left(p_0+\frac{Y'}{\alpha'-1}\right) \tag{5.60}$$

$$K_2 = p_0 - p_{1y} - K_1 - K_3 \tag{5.61}$$

5.3.1.3　$\sigma_r < \sigma_z < \sigma_\theta$ 的有效性

上述求解过程假设 σ_z 为中间主应力,在小孔壁出现 $\sigma_z = \sigma_\theta$ 之前,这一假设始终有效。使用已得到的应力解,可得解答有效的小孔最低压力(Reed,1988)

$$p = p_{2y} = \frac{1-2\nu}{\alpha'(1-\nu)-\nu}\left(p_0+\frac{Y'}{\alpha'-1}\right) - \frac{Y'}{\alpha'-1} \tag{5.62}$$

若小孔压力进一步降低,当面外应力等于切向应力($\sigma_z = \sigma_\theta$)时,将形成一个内塑性区。另一种可能性是,内塑性区进一步发展以至于面外应力成为最大主应力($\sigma_r \leqslant \sigma_\theta \leqslant \sigma_z$),Reed(1988)已证明第二种情况是不可能的。

先前得到的式(5.46)和式(5.47)应力解将仍然适用于内塑性区,但在该区域内,面外应力等于切向应力。

在式(5.49)和式(5.47)中使 $\sigma_z = \sigma_\theta$,则得内、外塑性区的边界为

$$\frac{d}{a} = \left[\frac{Y'+(\alpha'-1)p_{2y}}{Y'+(\alpha'-1)p}\right]^{\frac{1}{\alpha'-1}} \tag{5.63}$$

式中,d 是内部塑性区半径,如图5.2所示。

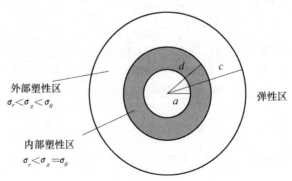

图5.2　小孔周围的两种不同塑性区

假定先前得到的位移解式(5.58)仍然适用于外部塑性区。内塑性区的位移场不同于外塑性位移场,因为其应力状态处于两个屈服面的交叉点上。此时,叠加两个对应的塑性势作用,可得到流动法则。

塑性流动法则可以给出塑性应变率之间的关系

$$d\varepsilon_r^p + \beta d\varepsilon_\theta^p + \beta d\varepsilon_z^p = 0 \tag{5.64}$$

使用条件式(5.53),并将 $\varepsilon_z^p = 0$ 作为塑性应变的初始值,积分方程(5.64),可得

$$\varepsilon_r^p + \beta\varepsilon_\theta^p + \beta\varepsilon_z^p = 0 \tag{5.65}$$

通过 $\varepsilon_z = 0$ 和 $\sigma_z = \sigma_\theta$,联合上述方程,可得内塑性区位移的微分方程

$$\frac{du}{dr} + \beta\frac{u}{r} = \frac{1}{E}\left[M\left(\frac{r}{c}\right)^{\alpha'-1} + N\right] \tag{5.66}$$

式中

$$M = \left[1 + 2\alpha'\beta - 2(\alpha' + \beta + \alpha'\beta)\nu\right]\left(p_{1y} + \frac{Y'}{\alpha'-1}\right) \tag{5.67}$$

$$N = -(1 + 2\beta)(1 - 2\nu)\left(p_0 + \frac{Y'}{\alpha'-1}\right) \tag{5.68}$$

方程(5.66)的解为

$$u = \frac{r}{E}\left[L_1\left(\frac{r}{c}\right)^{\alpha'-1} + L_2\left(\frac{c}{r}\right)^{\beta+1} + L_3\right] \tag{5.69}$$

式中

$$L_1 = \frac{1}{\alpha' + \beta}M \tag{5.70}$$

$$L_3 = \frac{1}{1 + \beta}N \tag{5.71}$$

L_2 可利用位移 u 在 $r = d$ 处的连续性,从方程(5.58)得到。

5.3.2　Hoek-Brown 准则脆/塑性岩石中小孔卸载

除了线性 Mohr-Coulomb 屈服准则外,一些研究者还使用非线性屈服准则来分析岩体中小孔卸载问题。一些比较有名的例子包括:Hobbs(1966)的能量准则,Kennedy 和 Lindberg(1978)分段线来近似非线性 Mohr 包线。但是,被普遍接受的是 Brown 等(1983)提出的小孔卸载解,他使用 Hoek-Brown 非线性经验准则(Hoek,Brown,1980)来描述岩体性质。本节应力解基于 Brown 等(1983)解答,但位移解却比 Brown 等(1983)解更为严密。

5.3.2.1　Hoek-Brown 准则

假定岩体的屈服由下列形式的 Hoek-Brown 准则控制

$$\sigma_1 = \sigma_3 + \sqrt{mY\sigma_3 + sY^2} \tag{5.72}$$

式中,σ_1 和 σ_3 是最大和最小主应力;Y 是完整岩石的单轴抗压强度;m 和 s 是常数,取决于岩体性质和在其承受主应力 σ_1 和 σ_3 之前的破坏程度。

在屈服后,强度参数 m 和 s 下降到其残值 m' 和 s'。岩体无侧限抗压强度从其峰值 $\sqrt{s}Y$ 变为其残值 $\sqrt{s'}Y$。于是破坏岩体残余强度为

$$\sigma_1 = \sigma_3 + \sqrt{m'Y\sigma_3 + s'Y^2} \tag{5.73}$$

在确定原位岩体强度方面,相对于其他方法,Hoek-Brown 准则有其优越性,因为它基于一种简单的材料性质 Y,而且可以从现场实测中系统收集岩体参数。

为能获得闭合形式的解,有必要进一步假定在屈服后岩体强度突然降低到其残余值,则应力-应变关系可以描述为图 5.3 所示形式。

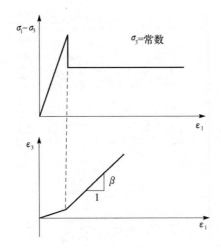

图 5.3　Hoek-Brown 准则的理想化应力-应变曲线

5.3.2.2　应力分析

在 5.3.1 节所讨论的 Mohr-Coulomb 准则情形中,外部弹性区应力为

$$\sigma_r = p_0 - (p_0 - p_{1y})\left(\frac{c}{r}\right)^2 \tag{5.74}$$

$$\sigma_\theta = p_0 + (p_0 - p_{1y})\left(\frac{c}{r}\right)^2 \tag{5.75}$$

式中,c 是弹-塑性界面半径,P_{1y} 是弹-塑性界面处径向应力。对于小孔卸载问题,Hoek-Brown 屈服准则的形式为

$$\sigma_\theta = \sigma_r + \sqrt{mY\sigma_r + sY^2} \tag{5.76}$$

$r=c$ 处弹性区的外边界应力必须满足上述屈服准则。将式(5.74)和

式(5.75),以及 $r=c$ 代入式(5.76),可得弹塑性界面处径向应力 p_{1y} 的解

$$p_{1y} = p_0 - MY \tag{5.77}$$

式中

$$M = \frac{1}{2}\left[\left(\frac{m}{4}\right)^2 + m\frac{p_0}{Y} + s\right]^{1/2} - \frac{m}{8} \tag{5.78}$$

在内塑性区(或者破坏区),应力必须满足平衡方程和下述残余强度准则

$$\sigma_\theta = \sigma_r + \sqrt{m'Y\sigma_r + s'Y^2} \tag{5.79}$$

可以联立平衡方程和破坏准则,求得塑性区径向应力解

$$\sigma_r = \frac{m'Y}{4}\left[\ln\left(\frac{r}{a}\right)\right]^2 + \sqrt{m'Yp + s'Y^2}\ln\left(\frac{r}{a}\right) + p \tag{5.80}$$

式中,p 是小孔压力。

为了简化上述表达,引入两个量

$$A = \sqrt{m'Yp + s'Y^2}, \quad B = \frac{1}{4}m'Y \tag{5.81}$$

这样,式(5.80)可以改写为

$$\sigma_r = p + A\ln\left(\frac{r}{a}\right) + B\ln^2\left(\frac{r}{a}\right) \tag{5.82}$$

根据残余强度函数式(5.79),塑性区切向应力可表为

$$\sigma_\theta = p + A + (A + 2B)\ln\left(\frac{r}{a}\right) + B\ln^2\left(\frac{r}{a}\right) \tag{5.83}$$

式(5.82)和式(5.83)完全确定了塑性区应力场。最后还需要确定弹-塑性边界半径 c,利用弹-塑性边界径向应力连续性得到

$$\frac{c}{a} = \exp\left(N - \frac{2}{m'Y}\sqrt{m'Yp + s'Y^2}\right) \tag{5.84}$$

式中

$$N = \frac{2}{m'Y}\sqrt{m'Yp_0 + s'Y^2 - m'Y^2M} \tag{5.85}$$

需要注意的是,只有在小孔压力降低到临界值 $p \leqslant p_{1y}$ 后,才会出现塑性区。

5.3.2.3 位移分析

1) 外部弹性区位移场

可以求得如下形式的外部弹性区位移场

$$u = \frac{1+\nu}{E}(p_0 - p_{1y})\frac{c^2}{r} \tag{5.86}$$

特别地,在弹-塑性区界面的位移为

$$u_c = u\mid_{r=c} = \frac{1+\nu}{E}(p_0 - p_{1y})c \tag{5.87}$$

2) 塑性区位移场

为了确定塑性区内位移场,需要利用塑性流动法则。假如利用一个类似于 Mohr-Coulomb 准则的非相关联流动法则(图 5.3),则可得

$$d\varepsilon_r^p + \beta d\varepsilon_\theta^p = 0 \tag{5.88}$$

式中,$\beta = (1+\sin\psi)/(1-\sin\psi)$,$\psi$ 是材料的剪胀角。

对式(5.88)进行积分,可以得到应变之间的关系

$$\varepsilon_r^p + \beta\varepsilon_\theta^p = 0 \tag{5.89}$$

此式可进一步写为

$$\varepsilon_r + \beta\varepsilon_\theta = \varepsilon_r^e + \beta\varepsilon_\theta^e \tag{5.90}$$

根据弹性理论,弹性应变与应力变化值相关,可表为

$$\varepsilon_r^e = \frac{1+\nu}{E}\left[(1-\nu)\sigma_r - \nu\sigma_\theta - (1-2\nu)p_0\right] \tag{5.91}$$

$$\varepsilon_\theta^e = \frac{1+\nu}{E}\left[(1-\nu)\sigma_\theta - \nu\sigma_r - (1-2\nu)p_0\right] \tag{5.92}$$

对于小变形,应变可用径向位移 u 表示

$$\varepsilon_r = \frac{du}{dr}, \quad \varepsilon_\theta = \frac{u}{r} \tag{5.93}$$

将式(5.91)~式(5.93)代入式(5.90),得

$$\frac{du}{dr} + \beta\frac{u}{r} = g(r) \tag{5.94}$$

式中

$$g(r) = D_1 + D_2\ln\left(\frac{r}{a}\right) + D_3\ln^2\left(\frac{r}{a}\right) \tag{5.95}$$

其中

$$D_1 = \frac{1+\nu}{E}\left[(1+\beta)(1-2\nu)(p-p_0) + (\beta-\nu\beta-\nu)A\right] \tag{5.96}$$

$$D_2 = \frac{1+\nu}{E}\left[(1-\nu)(A+\beta A+2\beta B) - \nu(\beta A+A+2B)\right] \tag{5.97}$$

$$D_3 = \frac{1+\nu}{E}(1+\beta)(1-2\nu)B \tag{5.98}$$

式(5.94)的通解为

$$u = n_1 \frac{r}{1+\beta} + n_2 \left[\frac{r\ln r}{1+\beta} - \frac{r}{(1+\beta)^2} \right]$$
$$+ D_3 \left[\frac{r\ln^2 r}{1+\beta} - \frac{2r\ln r}{(1+\beta)^2} + \frac{2r}{(1+\beta)^3} \right] + C_0 r^{-\beta} \tag{5.99}$$

式中

$$n_1 = D_1 - D_2 \ln a + D_3 \ln^2 a \tag{5.100}$$
$$n_2 = D_2 - 2D_3 \ln a \tag{5.101}$$

C_0 是积分常数,可由弹-塑性边界上已知的位移(式(5.87))确定

$$C_0 = \frac{1+\nu}{E}(p_0 - p_{1y})c^{1+\beta} - n_1 \frac{c^{1+\beta}}{1+\beta}$$
$$- n_2 \left[\frac{\ln c}{1+\beta} - \frac{1}{(1+\beta)^2} \right] c^{1+\beta} - D_3 \left[\frac{\ln^2 c}{1+\beta} - \frac{2\ln c}{(1+\beta)^2} + \frac{2}{(1+\beta)^3} \right] c^{1+\beta} \tag{5.102}$$

通过联立式(5.102)和式(5.99),就可完全确定塑性区内位移场。令式(5.99)中 $r=a$,则可得小孔壁位移。

5.4 分段 Mohr-Coulomb 准则解

第 3 章给出了线性 Mohr-Coulomb 准则的小孔扩张解。曲线型 Mohr-Coulomb 准则可以更好地模拟岩土的真实力学特征,换句话说,岩土体的内摩擦角并不是常数而是正应力的函数。过去已有学者采用非线性 Mohr-Coulomb 准则来分析小孔扩张或收缩问题,如 Baligh(1976)采用数值方法对 Vesic 的解进行了扩展,从而考虑了正应力对摩擦角的影响。另外,Kennedy 和 Lindberg(1978)根据分段 Mohr-Coulomb 屈服面导出了小应变解析解。本节给出的解法类似 Kennedy 和 Lindberg(1978)解,也是 Florence 和 Schwer(1978)线性 Mohr-Coulomb 准则解法的扩展。同上一节一样,规定向内的径向位移为正,并用 u 来表示。

5.4.1 非线性屈服面的分段逼近

通常一个非线性屈服面可用一系列具有不同斜率($\tan\omega_1, \tan\omega_2, \cdots, \tan\omega_{n+1}$)的线段($f_1, f_2, \cdots, f_{n+1}$)以任意精度表示。图 5.4 所示为两条这样的线段。

沿着每一条折线段可以定义一个屈服函数。例如,这些屈服函数可以表示如下

$$f_1 = 0, \quad 对于 \ \sigma_3 < p_1 \tag{5.103}$$

$$f_2 = 0, \quad 对于 \ p_1 < \sigma_3 < p_2 \tag{5.104}$$

$$f_3 = 0, \quad 对于 \ p_2 < \sigma_3 < p_3 \tag{5.105}$$

$$f_j = 0, \quad 对于 \ p_{j-1} < \sigma_3 < p_j \tag{5.106}$$

第 j 条折线的屈服函数可用下列方程表达

$$f_j = \sigma_1 - \alpha_j \sigma_3 - Y_j = 0 \tag{5.107}$$

式中

$$\alpha_j = 1 + \tan\omega_j = \frac{1 + \sin\phi_j}{1 - \sin\phi_j} \tag{5.108}$$

$$Y_j = \frac{2C_j \cos\phi_j}{1 - \sin\phi_j} \tag{5.109}$$

其中,f_j,C_j,Y_j 和 ϕ_j 如图 5.4 所示。

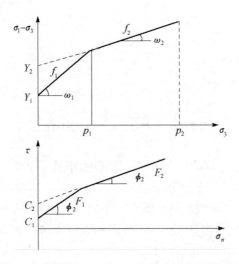

图 5.4　非线性 Mohr-Coulomb 准则的分段逼近

　　现在用非线性屈服函数的分段线性化来分析柱形孔扩张的弹塑性闭合解。设小孔半径为 a,且初始状态不受应力作用。在小孔壁和无限边界处分别逐渐增加内部压力 p_0 和外部压力 p。假定内部压力小于外部压力,并且在材料屈服之前内部压力增大到设定的最大值。随着外部压力的增加,小孔内壁将首先发生屈服。随着外部压力进一步增大,塑性区将向外扩展至某一半径 c 处。最终在 $a \leqslant r \leqslant c$ 的环状区域内材料表现为塑性特征,而 $c < r < \infty$ 范围内为完全弹性区。

5.4.2 控制方程

在对弹性区和塑性区分别进行分析前,首先归纳一下适用于这两个区域的控制方程。

1) 平衡方程

$$\frac{\mathrm{d}\sigma_r}{\mathrm{d}r} + \frac{\sigma_r - \sigma_\theta}{r} = 0 \tag{5.110}$$

2) 边界条件

$$\sigma_r = p_0, \quad 在 r = a \tag{5.111}$$

$$\sigma_r = p, \quad 在 r = \infty \tag{5.112}$$

3) 应变-位移关系

$$\varepsilon_r = \frac{\mathrm{d}u}{\mathrm{d}r}, \quad \varepsilon_\theta = \frac{u}{r} \tag{5.113}$$

4) 协调方程

$$\frac{\mathrm{d}\varepsilon_\theta}{\mathrm{d}r} + \frac{\varepsilon_\theta - \varepsilon_r}{r} = 0 \tag{5.114}$$

5) 应力-应变关系

当获得无应力状态下的应变和位移后,平面应变问题应力-应变关系可表为

$$\varepsilon_r - \varepsilon_r^p = \varepsilon_r^e = \frac{1}{E'}(\sigma_r - \nu'\sigma_\theta) \tag{5.115}$$

$$\varepsilon_\theta - \varepsilon_\theta^p = \varepsilon_\theta^e = \frac{1}{E'}(\sigma_\theta - \nu'\sigma_r) \tag{5.116}$$

式中

$$E' = \frac{E}{1-\nu^2}, \quad \nu' = \frac{\nu}{1-\nu} \tag{5.117}$$

5.4.3 塑性区划分

从线性 Mohr-Coulomb 屈服函数的解可知,最大主应力是切向应力,最小主应力是径向应力,而且径向应力是半径 r 的单调增函数。接近小孔壁处的径向应力介于 p_0 与 p_1 之间,屈服函数为 $f_1 = 0$,在 $r = c_1$ 处,在达到 $\sigma_r = p_1$ 前,屈服函数始终适用。对于 $p_1 \leqslant \sigma_r \leqslant p_2$ 范围,屈服函数为 $f_2 = 0$。依次往外类推,直到 $r = c_m$ 的弹-塑性界面处,这里 $m \leqslant n+1$,且 $n+1$ 为屈服函数折线段数目(图 5.5)。这样,塑性区被划分成许多圆环区域,对于每一个圆环区域均有一个屈服函数与之对应。

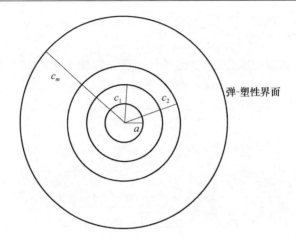

图 5.5　被划分为 m 个圆环的塑性区

5.4.4　应力分析

1）塑性区应力计算

如上所述，将塑性区分成 m 个环形区域，对应于不同区域有表示不同屈服条件的折线段形式的应力函数。因此，必须针对每一个区域分别加以分析。

对于小孔壁最近的区域 1，屈服函数为

$$f = f_1 = \sigma_\theta - \alpha_1 \sigma_r - Y_1 = 0 \tag{5.118}$$

将该屈服函数代入平衡方程（5.110），得用径向应力表示的方程

$$r \frac{\mathrm{d}\sigma_r}{\mathrm{d}r} + (1 - \alpha_1)\sigma_r = Y_1 \tag{5.119}$$

从中可以解出 σ_r

$$\sigma_r = \frac{Y_1}{1 - \alpha_1} + A r^{\alpha_1 - 1} \tag{5.120}$$

积分常数 A 可由小孔壁处边界条件确定

$$\sigma_r \mid_{r=a} = p_0 \tag{5.121}$$

则

$$A = \left(\frac{Y_1}{\alpha_1 - 1} + p_0 \right) a^{1 - \alpha_1} \tag{5.122}$$

因此，区域 1 中的应力可表示为

$$\sigma_r = \frac{Y_1}{1 - \alpha_1} + \left(\frac{Y_1}{\alpha_1 - 1} + p_0 \right) \left(\frac{r}{a} \right)^{\alpha_1 - 1} \tag{5.123}$$

$$\sigma_\theta = \frac{Y_1}{1-\alpha_1} + \alpha_1 \left(\frac{Y_1}{\alpha_1-1} + p_0\right)\left(\frac{r}{a}\right)^{\alpha_1-1} \tag{5.124}$$

类似地,可得其他区域中的应力表达式。如区域 j 的应力可表示为

$$\sigma_r = \frac{Y_j}{1-\alpha_j} + \left(\frac{Y_j}{\alpha_j-1} + p_{j-1}\right)\left(\frac{r}{a}\right)^{\alpha_j-1} \tag{5.125}$$

$$\sigma_\theta = \frac{Y_j}{1-\alpha_j} + \alpha_j\left(\frac{Y_j}{\alpha_j-1} + p_{j-1}\right)\left(\frac{r}{a}\right)^{\alpha_j-1} \tag{5.126}$$

各个区域的边界半径值 $c_1, c_2, \cdots, c_m$ 可由第 $j-1$ 区域与第 j 区域交界处径向应力连续条件确定,结果为

$$c_1 = \left[\frac{Y_1 + p_1(\alpha_1-1)}{Y_1 + p_0(\alpha_1-1)}\right]^{1/(\alpha_1-1)} a \tag{5.127}$$

$$c_2 = \left[\frac{Y_2 + p_2(\alpha_2-1)}{Y_2 + p_1(\alpha_2-1)}\right]^{1/(\alpha_2-1)} c_1 \tag{5.128}$$

$$c_3 = \left[\frac{Y_3 + p_3(\alpha_3-1)}{Y_3 + p_2(\alpha_3-1)}\right]^{1/(\alpha_3-1)} c_2 \tag{5.129}$$

$$\vdots \tag{5.130}$$

$$c_m = \left[\frac{Y_m + p_m(\alpha_m-1)}{Y_m + p_{m-1}(\alpha_m-1)}\right]^{1/(\alpha_m-1)} c_{m-1} \tag{5.131}$$

注意, p_m 是弹-塑性界面的径向应力,可由外部弹性区的应力场确定。

2) 弹性区应力计算

众所周知,外部弹性区的应力可表述为如下形式

$$\sigma_r = p - (p - p_m)\left(\frac{c_m}{r}\right)^2 \tag{5.132}$$

$$\sigma_\theta = p + (p - p_m)\left(\frac{c_m}{r}\right)^2 \tag{5.133}$$

根据弹-塑性边界处($r=c_m$)应力必须满足区域 m 屈服函数的条件

$$f = f_m = \sigma_\theta - \alpha_m\sigma_r - Y_m = 0 \tag{5.134}$$

可得弹-塑性界面径向应力

$$p_m = \frac{2p - Y_m}{1 + \alpha_m} \tag{5.135}$$

5.4.5 位移分析

该节主要分析如何确定弹、塑性区内应变和位移。联立式(5.115)～式(5.116)和式(5.132)～式(5.133)并求解,容易得到弹性区内应变的表达式。

但是,塑性区应变和位移计算需要塑性流动法则。尽管可以使用一般的非相关联 Mohr-Coulomb 流动法则进行计算,但为简单起见,这里仅列出采用相关联(塑性势与屈服函数相同)和完全非相关联(没有体积变化)的流动法则分析的结果。

1) 相关联流动法则

首先考察区域 $m(c_{m-1} \leqslant r \leqslant c_m)$,即离外部弹性区最近的区域。由相关联流动法则可得两个塑性应变分量之间的关系

$$\varepsilon_r^p + \alpha_m \varepsilon_\theta^p = 0 \tag{5.136}$$

式(5.136)也可写为

$$\varepsilon_r = \varepsilon_r^e - \alpha_m \varepsilon_\theta^p \tag{5.137}$$

$$\varepsilon_\theta = \varepsilon_\theta^e + \varepsilon_\theta^p \tag{5.138}$$

式中,切向塑性应变 ε_θ^p 待定。将方程式(5.137)和式(5.138)代入协调条件式(5.114),得如下关于 ε_θ^p 的方程

$$r \frac{d\varepsilon_\theta^p}{dr} + (1 + \alpha_m)\varepsilon_\theta^p = g_m(r) \tag{5.139}$$

式中

$$g_m(r) = -\frac{\alpha_m^2 - 1}{E'} \left[\frac{Y_m}{\alpha_m - 1} + p_{m-1} \right] \left(\frac{r}{c_{m-1}} \right)^{\alpha_m^{-1}} \tag{5.140}$$

求解式(5.139),得通解

$$\varepsilon_\theta^p = -\frac{\alpha_m^2 - 1}{2\alpha_m E'} \left[\frac{Y_m}{\alpha_m - 1} + p_{m-1} \right] \left(\frac{r}{c_{m-1}} \right)^{\alpha_m^{-1}} + Br^{-1-\alpha_m} \tag{5.141}$$

其中,积分常数 B 由弹-塑性边界面的边界条件确定

$$\varepsilon_\theta^p \mid_{r=c_m} = 0 \tag{5.142}$$

由此得到 B 的表达式为

$$B = -\frac{\alpha_m^2 - 1}{2\alpha_m E'} \left[\frac{Y_m}{\alpha_m - 1} + p_{m-1} \right] \left(\frac{c_m}{c_{m-1}} \right)^{\alpha_m^{-1}} (c_m)^{\alpha_m^{-1}} \tag{5.143}$$

于是,区域 m 内的应变和位移为

$$\varepsilon_r = \frac{1}{E'} \left\{ \frac{1-\nu'}{1-\alpha_m} Y_m + \left[1 - \nu'\alpha_m + \frac{1}{2}(\alpha_m^2 - 1) \right] \left(\frac{Y_m}{\alpha_m - 1} + p_{m-1} \right) \left(\frac{r}{c_{m-1}} \right)^{\alpha_m^{-1}} \right\}$$

$$- \frac{\alpha_m^2 - 1}{2\alpha_m E'} \left(\frac{Y_m}{\alpha_m - 1} + p_{m-1} \right) \left(\frac{c_m}{c_{m-1}} \right)^{\alpha_m^{-1}} \left(\frac{c_m}{r} \right)^{\alpha_m + 1} \tag{5.144}$$

$$\varepsilon_\theta = \frac{1}{E'} \left[\frac{1-\nu'}{1-\alpha_m} Y_m - \left(\frac{\alpha_m^2 - 1}{2\alpha_m} - \alpha_m + \nu' \right) \left(\frac{Y_m}{\alpha_m - 1} + p_{m-1} \right) \left(\frac{r}{c_{m-1}} \right)^{\alpha_m^{-1}} \right]$$

$$+ \frac{\alpha_m^2 - 1}{2\alpha_m E'} \left(\frac{Y_m}{\alpha_m - 1} + p_{m-1} \right) \left(\frac{c_m}{c_{m-1}} \right)^{\alpha_m^{-1}} \left(\frac{c_m}{r} \right)^{\alpha_m + 1} \tag{5.145}$$

$$u = r\varepsilon_\theta \qquad (5.146)$$

类似地,可以得到其他区域应变和位移表达式。在求解过程中,用位移连续性条件确定积分常数。

特别地,在小孔壁($r=a$)处的位移为

$$\frac{u_a}{a} = \frac{1}{E'}\Big[\frac{1-\nu'}{1-\alpha_1}Y_1 + (\alpha_1-\nu')\Big(\frac{Y_1}{\alpha_1-1}+p_0\Big)\Big]$$

$$+ \frac{\alpha_1^2-1}{2\alpha_1 E'}\Big(\frac{Y_1}{\alpha_1-1}+p_0\Big)\Big[\Big(\frac{c_1}{a}\Big)^{2\alpha_1}-1\Big]$$

$$+ \frac{\alpha_2^2-1}{2\alpha_2 E'}\Big(\frac{Y_2}{\alpha_2-1}+p_1\Big)\Big[\Big(\frac{c_2}{c_1}\Big)^{2\alpha_2}-1\Big]\Big(\frac{c_1}{a}\Big)^{\alpha_1+1}$$

$$+ \frac{\alpha_3^2-1}{2\alpha_3 E'}\Big(\frac{Y_3}{\alpha_3-1}+p_2\Big)\Big[\Big(\frac{c_3}{c_2}\Big)^{2\alpha_3}-1\Big]\Big(\frac{c_2}{c_1}\Big)^{\alpha_2+1}\Big(\frac{c_1}{a}\Big)^{\alpha_1+1}$$

$$+ \cdots\cdots$$

$$+ \frac{\alpha_m^2-1}{2\alpha_m E'}\Big(\frac{Y_m}{\alpha_m-1}+p_{m-1}\Big)\Big[\Big(\frac{c_m}{c_{m-1}}\Big)^{2\alpha_m}-1\Big]$$

$$\times \Big(\frac{c_{m-1}}{c_{m-2}}\Big)^{\alpha_{m-1}+1}\Big(\frac{c_{m-2}}{c_{m-3}}\Big)^{\alpha_{m-2}+1}\cdots\Big(\frac{c_2}{c_1}\Big)^{\alpha_2+1}\Big(\frac{c_1}{a}\Big)^{\alpha_1+1} \qquad (5.147)$$

2) 非相关联流动法则

考虑区域 $m(c_{m-1}\leqslant r\leqslant c_m)$,即距外部弹性区最近的区域。由非关联流动法则得两个塑性应变分量之间的关系

$$\varepsilon_r^p + \varepsilon_\theta^p = 0 \qquad (5.148)$$

如果使用该式,而不是式(5.136)的相关联塑性流动法则,小孔位移表达式为

$$\frac{u_a}{a} = \frac{1}{E'}\Big[\frac{1-\nu'}{1-\alpha_1}Y_1 + (\alpha_1-\nu')\Big(\frac{Y_1}{\alpha_1-1}+p_0\Big)\Big]$$

$$+ \frac{1}{E'}[Y_1+(\alpha_1-1)p_0]\Big[\Big(\frac{c_1}{a}\Big)^{\alpha_1+1}-1\Big]$$

$$+ \frac{1}{E'}[Y_2+(\alpha_2-1)p_1]\Big[\Big(\frac{c_2}{c_1}\Big)^{\alpha_1+1}-1\Big]\Big(\frac{c_1}{a}\Big)^2$$

$$+ \frac{1}{E'}[Y_3+(\alpha_3-1)p_2]\Big[\Big(\frac{c_3}{c_2}\Big)^{\alpha_2+1}-1\Big]\Big(\frac{c_2}{a}\Big)^2$$

$$+ \cdots\cdots$$

$$+ \frac{1}{E'}[Y_m+(\alpha_m-1)p_{m-1}]\Big[\Big(\frac{c_m}{c_{m-1}}\Big)^{\alpha_m+1}-1\Big]\Big(\frac{c_{m-1}}{a}\Big)^2 \qquad (5.149)$$

5.5　小孔扩张反问题

小孔扩张问题可分为两大类:①给定土的应力-应变关系,确定小孔扩张曲线和小孔周围的应力场和位移场;②给定塑性流动法则和小孔扩张曲线,确定土的实际应力-应变关系及应力场和位移场。到此为止,本书涉及的问题都属于第一类。本节将介绍第二类问题的求解过程,这类问题可称为小孔扩张反问题。

5.5.1　不排水条件下黏土小孔扩张

不排水条件下黏土小孔扩张反问题,Palmer(1972),Baguelin 等(1972)和Ladanyi(1972)几乎同时进行了研究。本节将对该问题的小应变解进行阐述。

5.5.1.1　不排水条件小应变小孔扩张运动学

非零应变率与向外的径向位移的关系为

$$\varepsilon_r = -\frac{\partial u}{\partial r} \tag{5.150}$$

$$\varepsilon_\theta = -\frac{u}{r} \tag{5.151}$$

不可压缩条件

$$\varepsilon_r + \varepsilon_\theta = 0 \tag{5.152}$$

利用该式可以表示半径 r 处,用小孔壁位移 u_1 和小孔半径 a 表示的位移 u

$$u = \frac{a}{r} u_1 \tag{5.153}$$

于是这个问题就从运动学上得到了确定,并且非零应变分量为

$$\varepsilon_r = -\frac{\partial u}{\partial r} = \frac{a}{r^2} u_1 \tag{5.154}$$

$$\varepsilon_\theta = -\frac{u}{r} = -\frac{a}{r^2} u_1 \tag{5.155}$$

定义一个与切向应变互为负数的应变 ε,即

$$\varepsilon = \frac{u}{r} = \frac{a}{r^2} u_1 \tag{5.156}$$

由其可得

$$-\frac{d\varepsilon}{2\varepsilon} = \frac{dr}{r} \tag{5.157}$$

注意,在小孔壁处,ε 等于小孔应变 $\varepsilon_c = u_1/a$。

5.5.1.2 平衡方程

对于柱形孔,总应力必须满足平衡方程

$$r\frac{\mathrm{d}\sigma_r}{\mathrm{d}r} + \sigma_r - \sigma_\theta = 0 \qquad (5.158)$$

式(5.158)可改写为

$$\mathrm{d}\sigma_r = -(\sigma_r - \sigma_\theta)\frac{\mathrm{d}r}{r} \qquad (5.159)$$

假设土的应力-应变关系可用方程

$$\sigma_r - \sigma_\theta = 2s_u(\varepsilon) \qquad (5.160)$$

来表达。注意,式(5.160)中的不排水剪切强度 $s_u(\varepsilon)$ 不是常数,而是应变 ε 的一个未知函数。

将式(5.160)代入式(5.159),得

$$\mathrm{d}\sigma_r = -2s_u(\varepsilon)\frac{\mathrm{d}r}{r} \qquad (5.161)$$

结合式(5.157),式(5.161)可写为

$$\mathrm{d}\sigma_r = \frac{s_u(\varepsilon)}{\varepsilon}\mathrm{d}\varepsilon \qquad (5.162)$$

从 $r=\infty(\varepsilon=0)$ 到 $r=a(\varepsilon=\varepsilon_c)$ 积分上述方程,得

$$\psi = p_0 + \int_0^{\varepsilon_c}\frac{s_u(\varepsilon)}{\varepsilon}\mathrm{d}\varepsilon \qquad (5.163)$$

式中,ψ 是小孔压力。由该方程可得不排水剪切强度的函数

$$s_u(\varepsilon_c) = \varepsilon_c\frac{\mathrm{d}\psi}{\mathrm{d}\varepsilon_c} \qquad (5.164)$$

式中,导数 $\mathrm{d}\psi/\mathrm{d}\varepsilon_c$ 在已知小孔扩张曲线 ψ-ε_c 时(如可由旁压试验测得)很容易得到。

5.5.2 无黏性砂土小孔扩张

上述不排水小孔扩张反分析过程也可适用于解决完全排水条件下砂土小孔扩张问题。由于砂土具有剪胀性,砂土小孔扩张反分析相对于不排水黏土的分析较为复杂。对砂土的分析不能得到应力-应变关系的闭合形式解,而只能由小孔扩张曲线采用有限差分法获得近似解。这里给出的解是 Manassero(1989)提出的。

5.5.2.1　排水条件下小应变小孔扩张运动学

对剪胀砂,可以假设两个应变分量之间存在待求函数关系

$$\varepsilon_r = f(\varepsilon_\theta) \tag{5.165}$$

条件是,当 $\varepsilon_\theta=0$ 时,$\varepsilon_r=f=0$。

由式(5.165),得

$$\frac{\mathrm{d}\varepsilon_r}{\mathrm{d}\varepsilon_\theta} = f' \tag{5.166}$$

式中,f' 是 f 关于 ε_θ 的导数。

应变协调条件为

$$\frac{\mathrm{d}\varepsilon_\theta}{\mathrm{d}r} = \frac{\varepsilon_r - \varepsilon_\theta}{r} \tag{5.167}$$

将式(5.165)代入,得

$$\frac{\mathrm{d}r}{r} = \frac{\mathrm{d}\varepsilon_\theta}{f - \varepsilon_\theta} \tag{5.168}$$

5.5.2.2　应力-剪胀关系与平衡方程

忽略弹性变形,Rowe 的应力-剪胀关系可写为

$$\frac{\sigma_r}{\sigma_\theta} = -K \frac{\mathrm{d}\varepsilon_\theta}{\mathrm{d}\varepsilon_r} \tag{5.169}$$

式中,$K=(1+\sin\phi_{cv})/(1-\sin\phi_{cv})$,$\phi_{cv}$ 是临界状态摩擦角。

对于柱形孔,总应力必须满足平衡方程

$$r\frac{\mathrm{d}\sigma_r}{\mathrm{d}r} + \sigma_r - \sigma_\theta = 0 \tag{5.170}$$

可改写为

$$\mathrm{d}\sigma_r = -(\sigma_r - \sigma_\theta)\frac{\mathrm{d}r}{r} \tag{5.171}$$

利用式(5.168)和式(5.169),式(5.171)又可改写为

$$\frac{1}{\sigma_r} \times \frac{\mathrm{d}\sigma_r}{\mathrm{d}\varepsilon_\theta} = -\frac{1+\dfrac{f'}{K}}{f - \varepsilon_\theta} \tag{5.172}$$

式(5.172)无法通过积分得到解析解。但是将式(5.172)用于小孔壁时,由于小孔壁处 σ_r 和导数 $\mathrm{d}\sigma_r/\mathrm{d}\varepsilon_\theta$ 都可以得到(如通过旁压试验测得),可以采用有限差

分法解得数值函数 f，进而得到 ε_r 与 ε_θ 的关系。

一旦确定了函数 f，所有其他变量（如应力和位移）就容易从上述方程求得。

5.6 小　　结

（1）除了 Tresca，von Mises，Mohr-Coulomb 和临界状态塑性模型外，其他形式的弹塑性模型也已用于分析小孔扩张问题。本章讨论了另外一些与岩土工程有关的弹塑性小孔扩张解。

（2）忽略弹性变形并采用双曲线型应力-应变关系，Prevost 和 Hoeg(1975)导出了应变硬化/软化黏土柱形孔不排水扩张的小应变近似解。对于单调硬化的不排水土，其剪切应力-应变关系由双曲线方程(5.5)定义。据此假设，小孔扩张曲线由方程(5.23)确定。然而，很多土体的力学特征是首先应变硬化然后应变软化的，这种力学行为可由方程(5.6)所表示的简单剪切应力-应变关系来表述。利用方程(5.6)，可得式(5.26)所表示的小孔扩张曲线。第 8 章将讨论这些解在旁压试验分析中的应用。

（3）假定总的剪应力-应变关系如式(5.29)或式(5.30)形式，Ladanyi(1963)得到了从零半径开始的不排水条件小孔扩张特殊情况的大应变解。不排水小孔扩张是一个相对简单的问题，因为其运动学关系（如小孔周围土体中的剪切应变分布）可以仅从不可压缩条件得到而不必考虑应力。Collins 和 Yu(1996)认为从零半径开始的不排水小孔扩张所产生的大剪切应变可由方程(5.31)确定。需要注意的是，Ladanyi 所用的剪应变表达式并不完全正确。这种方法的主要局限是还不清楚如何将求解过程用于分析小孔卸载后再加载问题。

（4）对深埋岩石隧道围岩收敛的预测是地下工程的一个重大问题。小孔收缩理论可求得圆形隧道的合理解答。若脆-塑性岩石由 Mohr-Coulomb 理论模拟，可通过式(5.58)解得圆形隧道周围的小应变解析解。若采用脆-塑性 Mohr-Coulomb 理论，精确的位移解可由方程(5.99)解得。本书给出的解比 Brown 等(1983)推导的解更精确。有关脆-塑性解及其在地下空间的应用将在第 10 章中作更详细讨论。

（5）第 3 章得到了基于线性 Mohr-Coulomb 屈服面的小孔扩张解。然而，众所周知，岩土的真实力学行为更符合曲线型 Mohr Coulomb 准则。换句话说，内摩擦角不是一个常数而是正应力的函数。一些学者已进行过将非线性 Mohr-Coulomb 准则用于分析小孔扩张或收缩问题的研究。例如，Kennedy 和 Lindberg(1978)采用分段逼近的 Mohr-Coulomb 屈服面导出了小应变解析解。若使用相关联流动法则，由方程(5.147)可得 Kennedy 和 Lindberg(1978)的解答；对应地，方程(5.149)给出了完全非关联流动法则的解。Kennedy 和 Lindberg(1978)的研究表明,这些解可用于分析隧道问题。

(6) 小孔扩张问题可分为两大类:①给定土的应力-应变关系,分析小孔扩张曲线和小孔周围应力场及位移场;②给定塑性流动法则和小孔扩张曲线,研究土的实际应力-应变关系及应力场和位移场。第二类问题称为小孔扩张反问题,该方法对于旁压试验分析有很大的帮助。Palmer(1972),Baguelin 等(1972)以及 Ladanyi(1972)首先对不排水问题进行了研究。研究结论表明,小应变解由方程(5.163)和方程(5.164)确定,其中方程(5.164)已成为由旁压试验确定土的应力-应变关系的理论基础。由于剪胀性的存在,对于砂土的分析并不像不排水黏土那样简单。Manassero(1989)的研究结果表明,对于砂土得不到闭合形式的解,而只能从已知的小孔扩张曲线采用有限差分法分析其应力-应变关系。

参 考 文 献

Baguelin,F.,Jezequel,J. F.,Lemee,E. and Mehause,A. (1972). Expansion of cylindrical probes in cohesive soil. Journal of the Soil Mechanics and Foundations Division,ASCE,98(SM11), 1129-1142.

Baligh,M. M. (1976). Cavity expansion in sands with curved envelopes. Journal of the Geotechnical Engineering Division. ASCE,102(GT11),1131-1147.

Bolton,M. D. and Whittle,R. W. (1999). A non-linear elastic perfectly plastic analysis for plane strain undrained expansion tests. Geotechnique,49(1),133-141.

Brown,E. T.,Bary,J. W.,Ladanyi,B. and Hoek,E. (1983). Ground response curves for rock tunnels. Journal of Geotechnical Engineering. ASCE,109(1),15-39.

Collins,I. F. and Yu,H. S. (1996). Undrained expansions of cavities in critical state soils. International Journal for Numerical and Analytical Methods in Geomechanics,20(7),489-516.

Davis,R. O.,Scott,R. F. and Mullenger,G. (1984). Rapid expansion of a cylindrical cavity in a rate type soil. International Journal for Numerical and Analytical Methods in Geomechanics, 8,3-23.

Florence,A. L. and Schwer,L. E. (1978). Axisymmetric compression of a Mohr-Coulomb medium around a circular hole. International Journal for Numerical and Analytical Methods in Geomechanics,2,367-379.

Fritz,P. (1984). An analytical solution for axisymmetric tunnel problems in elasto-viscoplastic media. International Journal for Numerical and Analytical Methods in Geomechanics,8,325-342.

Hobbs,D. W. (1966). A study of the behaviour of broken rock under triaxial compression and it's application to mine roadways. International Journal for Rock Mechanics and Mining Sciences,3,11-43.

Hoek,E. and Brown,E. T. (1980). Underground Excavations in Rock. The Institution of Mining and Metallurgy,London,England.

Kennedy, T. C. and Lindberg, H. E. (1978). Tunnel closure for non-linear Mohr-Coulomb functions. Journal of the Engineering Mechanics Division, ASCE, 104(EM6), 1313-1326.

Ladanyi, B. (1963). Expansion of a cavity in a saturated clay medium. Journal of the Soil Mechanics and Foundations Division, ASCE, 89(SM4), 127-161.

Ladanyi, B. (1972). In-situ determination of undrained stress-strain behaviour of sensitive clays with the pressuremeter. Canadian Geotechnical Journal. 9(3), 313-319.

Manassero, M. (1989). Stress-strain relationships from drained self-boring pressuremeter tests in sands. Geotechnique, 39, 293-307.

Palmer, A. C. (1972). Undrained plane strain expansion of a cylindrical cavity in clay: a simple interpretation of the pressuremeter test. Geotechnique, 22(3), 451-457.

Prevost, J. H. and Hoeg, K. (1975). Analysis of pressuremeter in strain softening soil. Journal of the Geotechnical Engineering Division, ASCE, 101(GT8), 717-732.

Reed, M. B. (1986). Stresses and displacement around a cylindrical cavity in soft rock. IMA Journal of Applied Mathematics, 36, 223-245.

Reed, M. B. (1988). Influence of out of plane stress on a plane strain problem in rock mechanics. International Journal for Numerical and Analytical Methods in Geomechanics, 12, 173-181.

Wilson, A. H. (1980). A method of estimating the closure and strength of lining required in drivages surrounded by a yield zone. International Journal for Rock Mechanics and Mining Sciences, 17, 349-355.

6 与时间相关的解

6.1 引　言

本章主要研究岩土体小孔扩张问题中与时间相关的解答。在岩石力学领域，基于黏弹性和黏塑性本构模型获得的与时间相关的解答已经广泛应用于解决隧道方面的问题；在土力学研究领域，与时间相关的解答已经开始应用于打入桩和隧道开挖中围岩的孔隙水压力变化问题的研究中。

6.2　黏弹性解

Lee(1965)，Flugge(1967)以及 Jaeger 和 Cook(1976)均详细叙述了采用黏弹性应力-应变关系所进行的应力分析。但本节仅简要介绍有关 Jaeger 和 Cook(1976)的描述在小孔扩张问题中的应用。

6.2.1　黏弹性模型和应力分析方法

6.2.1.1　黏弹性应力应变关系

1) Maxwell 模型

将一个弹簧 μ 和一个阻尼器 η 串联就构成了一个 Maxwell 材料模型，如图 6.1(a)所示。若施加在材料上的应力是 $\sigma(t)$，容易得到 Maxwell 材料的应力-应变关系

$$\frac{1}{\mu}\dot{\sigma}(t) + \frac{1}{\eta}\sigma(t) = \dot{\epsilon}(t) \tag{6.1}$$

式中，μ 和 η 是与弹簧和阻尼器有关的常数。

如果系统在 $t=0$ 时没有应变，且在 $t=0^{+}$ 时瞬间施加一个大小为 p_0 的恒压，对式(6.1)积分，可得应变关系式

$$\epsilon(t) = \frac{p_0}{\mu} + \frac{p_0}{\eta}t \tag{6.2}$$

式中，第一项表示瞬间弹性变形，第二项表示稳定后的蠕变变形。

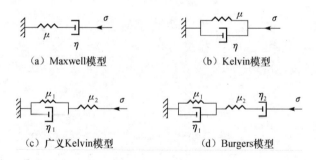

（a）Maxwell模型　　　　（b）Kelvin模型

（c）广义Kelvin模型　　　　（d）Burgers模型

图 6.1　黏弹性模型

2）Kelvin 模型

Kelvin 模型是将一个弹簧和一个阻尼器并联在一起,如图 6.1(b)所示。Kelvin 模型的应力-应变关系为

$$\sigma(t) = \mu\varepsilon(t) + \eta\dot{\varepsilon}(t) \tag{6.3}$$

若系统在 $t=0$ 时没有应变,且在 $t=0^+$ 时瞬间施加一个大小为 p_0 的恒压,对式(6.3)积分,得应变表达式

$$\varepsilon(t) = \frac{p_0}{\mu}\left[1 - \exp\left(-\frac{\mu t}{\eta}\right)\right] \tag{6.4}$$

按照这一模型,当施加 p_0 压力时,$t=0^+$ 时刻应变为零,这与实际观测到的材料变形不相符。

3）广义 Kelvin 模型

为克服 Kelvin 模型初始应变为零的缺陷,在 Kelvin(μ_1,η_1)模型上再增加第二个弹簧 μ_2,如图 6.1(c)所示。第二个弹簧和 Kelvin 模型串联,构成了著名的广义 Kelvin 模型。广义 Kelvin 模型的应力-应变关系式可表为

$$\eta_1\dot{\sigma}(t) + (\mu_1 + \mu_2)\sigma = \mu_2\eta_1\dot{\varepsilon}(t) + \mu_1\mu_2\varepsilon(t) \tag{6.5}$$

对于初始不排水系统,由于瞬间施加了恒压力 p_0,积分式(6.5)可得在 $t=0^+$ 时刻的应变

$$\varepsilon(t) = \frac{p_0}{\mu_2} + \frac{p_0}{\mu_1}\left[1 - \exp\left(-\frac{\mu_1 t}{\eta_1}\right)\right] \tag{6.6}$$

式(6.6)表明,应变从初值 p_0/μ_2 开始增加,并趋于一恒定极值 $(1/\mu_2 + 1/\mu_1)p_0$。

4）Burgers 模型

Burgers 模型由一个 Kelvin(μ_1,η_1)单元和一个 Maxwell(μ_2,η_2)单元串联而成,如图 6.1(d)所示。

Burgers 模型的应力-应变关系是

$$\frac{\eta_1}{\mu_2}\ddot{\sigma} + \left(1 + \frac{\mu_1}{\mu_2} + \frac{\eta_1}{\eta_2}\right)\dot{\sigma} + \frac{\mu_1}{\eta_2}\sigma = \eta_1\ddot{\varepsilon} + \mu_1\dot{\varepsilon} \tag{6.7}$$

对式(6.7)积分,可以得到在初始不排水条件下对该系统瞬间施加恒定压力 p_0 后所产生的应变为

$$\varepsilon(t) = \frac{p_0}{\mu_2} + \frac{p_0}{\mu_1}\left\{1 - \exp\left(-\frac{\mu_1 t}{\eta_1}\right)\right\} + \frac{p_0}{\eta_2}t \tag{6.8}$$

从式(6.8)可见,Burgers 模型可用来描述恒荷载条件下具有瞬时应变、瞬时蠕变和稳定蠕变的材料。

6.2.1.2　黏弹性材料应力分析方法

求解黏弹性材料问题的一个最基本的方法是 Laplace 变换,可使很多弹性解转化为黏弹性问题的解(Lee,1995;Flugge,1967;Jaeger,Cook,1976)。本节阐述如何应用这种方法求解黏弹性材料小孔扩张问题解。

1) 三维弹性应力-应变关系

在弹性理论中,通常把应力和应变分解为平均值和偏量。这样,弹性应力-应变关系为

$$s_{ij} = 2Ge_{ij}, \quad s = 3Ke \tag{6.9}$$

式中,$s_{ij} = \sigma_{ij} - s$,$s = \sigma_{ii}/3$ 分别是偏应力和正应力;$e_{ij} = \varepsilon_{ij} - e$,$e = e_{ii}/3$ 是相应的偏应变和正应变;G 和 K 分别为材料的剪切模量与体积模量。

2) 三维黏弹性应力-应变关系

如前所述,黏弹性应力-应变关系最普遍的形式为

$$P_0\sigma(t) + P_1\dot{\sigma}(t) + P_2\ddot{\sigma}(t) + \cdots = Q_0\varepsilon(t) + Q_1\dot{\varepsilon}(t) + Q_2\ddot{\varepsilon}(t) + \cdots \tag{6.10}$$

或

$$\sum_0^m P_k \frac{\mathrm{d}^k\sigma(t)}{\mathrm{d}t^k} = \sum_0^n Q_k \frac{\mathrm{d}^k\varepsilon(t)}{\mathrm{d}t^k} \tag{6.11}$$

对式(6.11)进行 Laplace 变换,可得应力和应变 Laplace 变换式 $\bar{\sigma}(s)$ 与 $\bar{\varepsilon}(s)$ 之间的关系

$$P(s)\bar{\sigma}(s) = Q(s)\bar{\varepsilon}(s) \tag{6.12}$$

式中

$$P(s) = \sum_0^m P_k s^k, \quad Q(s) = \sum_0^n Q_k s^k \tag{6.13}$$

$$\bar{\sigma}(s) = \int_0^\infty \mathrm{e}^{-st}\sigma(t)\mathrm{d}t, \quad \bar{\varepsilon}(s) = \int_0^\infty \mathrm{e}^{-st}\varepsilon(t)\mathrm{d}t \tag{6.14}$$

式中,s 是一个可使积分收敛的足够大的正实数。式(6.12)中通过使用 Laplace 变换,黏弹性应力-应变关系中时间的影响暂时被消除了。

把正应力、正应变和偏应力、偏应变代入式(6.12),可得三维黏弹性应力-应变一般关系式

$$P'(s)\bar{s}_{ij}(s) = Q'(s)\bar{e}_{ij}(s) \tag{6.15}$$

$$P''(s)\bar{s}(s) = Q''(s)\bar{e}(s) \tag{6.16}$$

进行如下变换后,黏弹性应力-应变关系与其相应弹性部分式(6.9)是一致的。

$$2G \rightarrow \frac{Q'(s)}{P'(s)}, \quad 3K \rightarrow \frac{Q''(s)}{P''(s)} \tag{6.17}$$

或用弹性模量 E 表达

$$E \rightarrow \frac{3Q'(s)Q''(s)}{2P'(s)Q''(s) + Q'(s)P''(s)} \tag{6.18}$$

和泊松比 ν

$$\nu \rightarrow \frac{P'(s)Q''(s) - Q'(s)P''(s)}{P'(s)Q''(s) + Q'(s)P''(s)} \tag{6.19}$$

若材料不可压缩,有 $\nu=0.5, K \rightarrow \infty$,可以得到式(6.20)

$$E \rightarrow \frac{3Q'(s)}{2P'(s)}, \quad G \rightarrow \frac{Q'(s)}{2P'(s)} \tag{6.20}$$

3) 对应原理

广泛运用于求解黏弹性材料的对应原理可以简单描述为:若已知一个弹性问题的解,那么按照式(6.17)替换弹性常数 G 和 K 以及实际荷载,就可以得到相应的黏弹性问题的 Laplace 解。

6.2.2　两个简单小孔问题的解

为了阐述如何应用对应原理求得小孔扩张问题的黏弹性解,本节给出了两个简单的无衬砌隧道问题的黏弹性解。关于隧道围岩随时间响应的更详尽阐述见 Ladanyi(1993)。

6.2.2.1　无限远受各向等压的无内压小孔

1) 相关弹性解

考虑无内压柱形孔在无限远处受各向等压 p_0 的情况。假设压力 p_0 在 $t=0^+$ 瞬间施加,第 1 章已经得到这一课题的应力和位移弹性解。为简便起见,假设材料不可压缩。此时,围绕小孔周边的应力和位移为

$$\sigma_r = p_0 \left[1 - \left(\frac{a}{r} \right)^2 \right] \tag{6.21}$$

$$\sigma_\theta = p_0 \left[1 + \left(\frac{a}{r} \right)^2 \right] \tag{6.22}$$

$$u = \frac{3p_0}{2E} \left(\frac{a^2}{r} \right) \tag{6.23}$$

式中，a 是小孔半径。

2) 黏弹性解

因为弹性应力式(6.21)～式(6.22)独立于任何一个弹性常数，所以也是黏弹性材料的解。弹性位移式(6.23)是弹性模量的函数，黏弹性位移则必须通过对应原理来求取。

假若只有形状改变，没有体积改变($\nu = 0.5$)，前述简单的黏弹性应力-应变关系可用来得到下列转换：

对于 Maxwell 模型

$$E \to \frac{3Q'(s)}{2P'(s)} = \frac{3s}{2(s/\mu_1 + 1/\eta_1)} \tag{6.24}$$

对于 Kelvin 模型

$$E \to \frac{3Q'(s)}{2P'(s)} = \frac{3}{2}(\eta_2 s + \mu_2) \tag{6.25}$$

对于广义 Kelvin 模型

$$E \to \frac{3Q'(s)}{2P'(s)} = \frac{3(\mu_2 \eta_1 s + \mu_1 \mu_2)}{2(\eta_1 s + \mu_1 + \mu_2)} \tag{6.26}$$

对于 Burgers 模型

$$E \to \frac{3Q'(s)}{2P'(s)} = \frac{3(\eta_1 s^2 + \mu_1 s)}{2 \left[\dfrac{\eta_1}{\mu_2} s + \left(1 + \dfrac{\mu_1}{\mu_2} + \dfrac{\eta_1}{\eta_2} \right) s + \dfrac{\mu_1}{\eta_2} \right]} \tag{6.27}$$

用 p_0/s 替代 p_0，$\overline{E}(s) = 3Q'(s)/2P'(s)$ 替代 E，弹性位移表达式(6.23)的 Laplace 变换式可以写成

$$\overline{u} = \frac{3p_0/s}{2\overline{E}(s)} \left(\frac{a^2}{r} \right) \tag{6.28}$$

由式(6.28)的逆变换，结合式(6.24)，可得 Maxwell 材料的黏弹性位移

$$u(t) = \left(\frac{p_0}{\mu_1} + \frac{p_0}{\eta_1} t \right) \times \frac{b^2}{r} \tag{6.29}$$

逆变换式(6.28),结合式(6.25),可得 Kelvin 材料的黏弹性位移

$$u(t) = \left[\frac{p_0}{\mu_2} - \frac{p_0}{\mu_2}\exp\left(-\frac{\mu_2}{\eta_2}t\right)\right] \times \frac{b^2}{r} \tag{6.30}$$

逆变换式(6.28),结合式(6.27),可得 Burgers 材料的黏弹性位移

$$u(t) = \left\{\frac{p_0}{\mu_2} + \frac{p_0}{\eta_2}t + \frac{p_0}{\mu_1}\left[1 - \exp\left(-\frac{\mu_1}{\eta_1}t\right)\right]\right\} \times \frac{b^2}{r} \tag{6.31}$$

6.2.2.2 无限远受双向应力的无内压小孔

1) 相关弹性解

考虑无内压柱形孔在无限远处受到 p_{h0} 和 p_{v0} 的双向压力的情形,假设压力 p_{h0} 和 p_{v0} 在 $t = 0^+$ 时瞬间施加。第 1 章已经给出该课题的应力和位移弹性解。因为弹性应力与弹性常数无关,所以仅位移需要考虑材料的黏弹性。位移的弹性表达式为

$$u = -\frac{1-\nu^2}{E}\left[p_m\left(r + \frac{a^2}{r}\right) + p_d\left(r - \frac{a^4}{r^3} + \frac{4a^2}{r}\right)\cos 2\theta\right]$$
$$+ \frac{\nu(1+\nu)}{E}\left[p_m\left(r - \frac{a^2}{r}\right) - p_d\left(r - \frac{a^4}{r^3}\right)\cos 2\theta\right\} \tag{6.32}$$

式中

$$p_m = \frac{p_{h0} + p_{v0}}{2}, p_d = \frac{p_{h0} - p_{v0}}{2} \tag{6.33}$$

2) 黏弹性解

假若只有形状改变,没有体积改变($\nu = 0.5$),通过对应原理可以得到任何一种黏弹性模型的黏弹性位移解,其步骤同前。例如,Burgers 模型的解(Goodman,1989)

$$u(t) = -\left[A + B\left(\frac{1}{2} - \frac{a^2}{4r^2}\right)\right]\left[\frac{1}{\mu_2} + \frac{1}{\mu_1} - \frac{1}{\mu_1}\exp\left(-\frac{\mu_1}{\eta_1}t\right) + \frac{t}{\eta_2}\right] \tag{6.34}$$

式中

$$A = \frac{p_m}{2} \times \frac{a^2}{r} \tag{6.35}$$

$$B = (2p_d\cos 2\theta) \times \frac{a^2}{r} \tag{6.36}$$

6.3 弹-黏塑性解

具有与时间相关特性的材料中的小孔扩张问题的解的研究相对较少,进行过

这方面研究的学者主要包括 Salamon(1974),Nonaka(1981)和 Fritz(1984)等。本节简要叙述由 Fritz(1984)获得的分析解。

在 Fritz 与时间相关问题的分析中,第 5 章 5.3.1 节给出了弹-脆-塑性解中时间趋向于无穷大时的极限解的情况。Fritz(1984)提出的弹-黏塑性模型由一个弹簧、一个阻尼器和一个滑块单元构成,阻尼器和滑块单元并联。在本节的分析中仅考虑了柱形孔情形。

6.3.1 弹-黏塑性应力-应变关系

假设在加载的瞬间才表现出的是弹性性质。当柱形孔受到内部压力 p 和外部压力 p_0 时,小孔周围介质弹性应力和位移是

$$\sigma_r^e = p_0 - (p_0 - p)\left(\frac{a}{r}\right)^2 \tag{6.37}$$

$$\sigma_\theta^e = p_0 + (p_0 - p)\left(\frac{a}{r}\right)^2 \tag{6.38}$$

$$u^e = \frac{1+\nu}{E}(p_0 - p)\frac{a^2}{r} \tag{6.39}$$

随时间的推移,阻尼器在满足屈服函数的区域内松弛。为了得到与时间相关问题的解析解,可将塑性应变率定义成与胡克定律类似的形式

$$\dot{\epsilon}_r^p = \frac{1+\nu_p}{\eta}\{(1-\nu_p)[\sigma_r(t) - \sigma_r(\infty)] - \nu_p[\sigma_\theta(t) - \sigma_\theta(\infty)]\} \tag{6.40}$$

$$\dot{\epsilon}_\theta^p = \frac{1+\nu_p}{\eta}\{(1-\nu_p)[\sigma_\theta(t) - \sigma_\theta(\infty)] - \nu_p[\sigma_r(t) - \sigma_r(\infty)]\} \tag{6.41}$$

其中,η 是阻尼黏度系数;ν_p 是塑性体积膨胀,一般假设为恒值。$\sigma_r(\infty)$ 和 $\sigma_\theta(\infty)$ 是在 5.3.1 节由依赖于时间的塑性模型得到的径向和切向应力。上式成立的条件是,当 $t \to \infty$ 时,塑性应变率等于零。

引入如下简化表示方法

$$\bar{\sigma}_r = \sigma_r(t) - \sigma_r(\infty) \tag{6.42}$$

$$\bar{\sigma}_\theta = \sigma_\theta(t) - \sigma_\theta(\infty) \tag{6.43}$$

则塑性区的总应变率可表示为弹性部分和黏塑性部分之和

$$\dot{\epsilon}_r \frac{1+\nu}{E}\frac{\mathrm{d}}{\mathrm{d}t}[(1-\nu)\bar{\sigma}_r - \nu\bar{\sigma}_\theta] + \frac{1+\nu_p}{\eta}[(1-\nu_p)\bar{\sigma}_r - \nu_p\bar{\sigma}_\theta] \tag{6.44}$$

$$\dot{\epsilon}_\theta = \frac{1+\nu}{E}\frac{\mathrm{d}}{\mathrm{d}t}[(1-\nu)\bar{\sigma}_\theta - \nu\bar{\sigma}_r] + \frac{1+\nu_p}{\eta}[(1-\nu_p)\bar{\sigma}_\theta - \nu_p\bar{\sigma}_r] \tag{6.45}$$

6.3.2 初始塑性区的应力和位移

变形协调条件可表达为

$$r\frac{\mathrm{d}\dot{\varepsilon}_\theta}{\mathrm{d}r} = \dot{\varepsilon}_r - \dot{\varepsilon}_\theta \tag{6.46}$$

在时间 t 和时间 $t\to\infty$ 时的应力平衡方程统一表达为

$$r\frac{\mathrm{d}\bar{\sigma}_r}{\mathrm{d}r} = \bar{\sigma}_\theta - \bar{\sigma}_r \tag{6.47}$$

由式(6.44)~式(6.47)和下列边界条件

$$在 t = 0 时, \sigma_r(t) = \sigma_r^e \tag{6.48}$$
$$在 t = a 时, \sigma_r(t) = p \tag{6.49}$$

可得到应力解

$$\sigma_r(t) = \sigma_r^e \mathrm{e}^{-mt} + \sigma_r(\infty)(1-\mathrm{e}^{-mt}) + \left[1-\left(\frac{a}{r}\right)^2\right]f(t) \tag{6.50}$$

$$\sigma_\theta(t) = \sigma_\theta^e \mathrm{e}^{-mt} + \sigma_\theta(\infty)(1-\mathrm{e}^{-mt}) + \left[1+\left(\frac{a}{r}\right)^2\right]f(t) \tag{6.51}$$

式中，$f(t)$ 是一待定函数，并且

$$m = \frac{(1-\nu_p^2)E}{(1-\nu^2)\eta} \tag{6.52}$$

需要注意的是，上述应力表达式仅仅适用于初始($t=0^+$)的塑性区 $a\leqslant r\leqslant c_0$ 范围。为了求解初始塑性区半径 c_0，将弹性应力解式(6.37)~式(6.38)代入式(6.53)所示的峰值屈服条件

$$\sigma_\theta(t) - \alpha\sigma_r(t) = Y \tag{6.53}$$

可以得到初始塑性区半径

$$\frac{c_0}{a} = \sqrt{\frac{(\alpha+1)(p_0-p)}{Y+(\alpha-1)p_0}} \tag{6.54}$$

利用边界条件

$$在 t = 0 时, u(t) - u^e \tag{6.55}$$

结合式(6.40)和式(6.41)，可求得初始塑性区 $a\leqslant r\leqslant c_0$ 的位移解

$$u(t) = \frac{1+\nu}{E}\left[1-2\nu+\left(\frac{a}{r}\right)^2\right]rf(t) + \frac{1+\nu_p}{\eta}\left[1-2\nu_p+\left(\frac{a}{r}\right)^2\right]r\int_0^t f(t)\mathrm{d}t$$
$$+ \frac{1+\nu}{E}\left[(1-\nu)\sigma_\theta^e - \nu\sigma_r^e\right]r\mathrm{e}^{-mt} + \frac{1+\nu}{E}\left[(1-\nu)\sigma_\theta(\infty) - \nu\sigma_r(\infty)\right]r(1-\mathrm{e}^{-mt})$$

$$+ \frac{1+\nu_p}{\eta} \left[(1-\nu_p)(\sigma_\theta^e - \sigma_\theta(\infty)) - \nu_p(\sigma_r^e - \sigma_r(\infty)) \right] r \frac{1-e^{-mt}}{\alpha}$$

$$-\frac{(1+\nu)(1-2\nu)}{E} r p_0 \tag{6.56}$$

6.3.3　与时间相关的塑性区应力和位移

进一步假设初始塑性区的范围随着时间在增大。若在 t 时刻塑性区的半径为 $c(t)$，还需要确定 $c_0 \leqslant r \leqslant c(t)$ 区域的应力和位移。该区域的应力和位移可以采用与 5.3.1 节中的弹-塑性解相类似的方法求得。若在 $r=c_0$ 处的径向应力为 $\sigma_r^{c_0}$，那么 t 时刻的塑性区半径 $c(t)$ 为

$$\frac{c(t)}{c_0} = \left[\frac{Y' + (\alpha'-1)p_{1y}}{Y' + (\alpha'-1)\sigma_r^{c_0}} \right]^{\frac{1}{\alpha'-1}} \tag{6.57}$$

这一区域的应力和位移可写成(详见 5.3.1 节)

$$\sigma_r(t) = \frac{Y' + (\alpha'-1)\sigma_r^{c_0}}{\alpha'-1} \left(\frac{r}{c_0} \right)^{\alpha'-1} - \frac{Y'}{\alpha'-1} \tag{6.58}$$

$$\sigma_\theta(t) = \alpha' \frac{Y' + (\alpha'-1)\sigma_r^{c_0}}{\alpha'-1} \left(\frac{r}{c_0} \right)^{\alpha'-1} - \frac{Y'}{\alpha'-1} \tag{6.59}$$

$$u(t) = \frac{1+\nu}{E} r \left\{ K_1 \left[\frac{r}{c(t)} \right]^{\alpha'-1} + K_2 \left[\frac{c(t)}{r} \right]^{\beta+1} + K_3 \right\} \tag{6.60}$$

式中

$$p_{1y} = \frac{2p_0 - Y}{\alpha + 1} \tag{6.61}$$

$$K_1 = \left[\frac{1+\alpha'\beta}{\alpha'+\beta}(1-\nu) - \nu \right] \left(p_{1y} + \frac{Y'}{\alpha'-1} \right) \tag{6.62}$$

$$K_3 = -(1-2\nu)\left(p_0 + \frac{Y'}{\alpha'-1} \right) \tag{6.63}$$

$$K_2 = p_0 - p_{1y} - K_1 - K_3 \tag{6.64}$$

未知函数 $f(t)$ 可以通过 $r=c_0$ 处位移连续性得出，半径 $r=c_0$ 处 $f(t)$ 的微分方程为

$$Q_1(f(t)) + Q_2 \int f(t) \mathrm{d}t + Q_3(t) = Q_4 \tag{6.65}$$

式中

$$Q_1 = \frac{1+\nu}{E} \left[1 - 2\nu + \left(\frac{a}{c_0} \right)^2 \right] f(t) - \frac{1+\nu}{E} \left[(1-\nu)\frac{1+\alpha'\beta}{\alpha'+\beta} - \nu \right] \left[1 - \left(\frac{a}{c_0} \right)^2 \right] f(t)$$

$$-\frac{1+\nu}{E}K_2\left\{\frac{Y'+(\alpha'-1)p_{1y}}{Y'+(\alpha'-1)\sigma_r^{c_0}}\right\}^{\frac{\beta+1}{\alpha'-1}} \tag{6.66}$$

$$Q_2=\frac{1+\nu_p}{\eta}\Big[1-2\nu_p+\Big(\frac{a}{c_0}\Big)^2\Big] \tag{6.67}$$

$$Q_3=\mathrm{e}^{-mt}\frac{1-\nu^2}{E}\Big[\sigma_\theta^e\Big|_{r=c_0}-\frac{1+\alpha'\beta}{\alpha'+\beta}\sigma_r^e\Big|_{r=c_0}\Big]$$

$$+(1-\mathrm{e}^{-mt})\frac{1-\nu^2}{E}\Big[\sigma_\theta(\infty)\Big|_{r=c_0}-\frac{1+\alpha'\beta}{\alpha'+\beta}\sigma_r(\infty)\Big|_{r=c_0}\Big]$$

$$+\frac{(1-\mathrm{e}^{-mt})(1+\nu_p)}{m\eta}\big[(1-\nu_p)(\sigma_\theta^e\,|_{r=c_0}-\sigma_\theta(\infty)\,|_{r=c_0})\big]$$

$$-\frac{(1-\mathrm{e}^{-mt})(1+\nu_p)}{m\eta}\nu_p\big[\sigma_r^e\,|_{r=c_0}-\sigma_r(\infty)\,|_{r=c_0}\big] \tag{6.68}$$

$$Q_4=\frac{1-\nu^2}{E}K_4 \tag{6.69}$$

$$K_4=\frac{1}{1-\nu}\Big(\frac{\beta}{\beta+1}-\nu\Big)\big[2p_0-(\beta+1)p_{1y}-Y'\big]+\Big(\frac{1+\alpha'\beta}{\beta+\alpha'}-1\Big)\times\frac{Y'}{\alpha'-1} \tag{6.70}$$

求解式(6.65)所需要的边界条件是

$$\text{当}\,t=0\,\text{时},\qquad f(t)=\int f(t)\mathrm{d}t=0 \tag{6.71}$$

按式(6.56)求得的 $t=\infty$ 时随时间变化的小孔位移,应等于在 5.3.1 节中得到的与时间无关的小孔位移,这样可求出常数 ν_p

$$\nu_p=\frac{-B+\sqrt{B^2-4AC}}{2A} \tag{6.72}$$

式中

$$A=2\big[\sigma_r^e\,|_{r=a}-\sigma_r(\infty)\,|_{r=a}-(\sigma_r^e\,|_{r=c_0}-\sigma_r(\infty)\,|_{r=c_0})\big]+P(a)-P(c_0) \tag{6.73}$$

$$B=-\Big[1+\Big(\frac{a}{c_0}\Big)^2\Big]\big[\sigma_r^e\,|_{r=a}-\sigma_r(\infty)\,|_{r=a}\big]+2\big[\sigma_r^e\,|_{r=c_0}-\sigma_r(\infty)\,|_{r=c_0}\big]$$

$$-\Big[3+\Big(\frac{a}{c_0}\Big)^2\Big]\big[P(a)-K_4\big]-2\big[P(c_0)-K_4\big] \tag{6.74}$$

$$C=\Big[1+\Big(\frac{a}{c_0}\Big)^2\Big]\big[P(a)-K_4\big]-2\big[P(c_0)-K_4\big] \tag{6.75}$$

$$P(r)=\sigma_\theta^e-\frac{1+\alpha'\beta}{\beta+\alpha'}\sigma_r(\infty)-\frac{K_2}{1-\nu}\left\{\frac{Y'+(\alpha'-1)p_{1y}}{Y'+(\alpha'-1)\sigma_r(\infty)}\right\}^{\frac{\beta+1}{\alpha'-1}} \tag{6.76}$$

6.4　固　结　解

6.4.1　小孔扩张围土固结

　　为了预测打入桩承载力随时间的变化,Randolph 和 Wroth(1979)提出了关于柱形孔围土径向固结的解析解。初始孔隙压力假定为基于 Tresca 准则总应力分析得到的小孔扩张解预测值。在固结过程中,为确保分析的合理性,假设土骨架完全弹性。本节将概述 Randolph 和 Wroth(1979)的解。

6.4.1.1　径向固结控制方程

　　首先给出控制固结过程的基本方程。为区别孔隙压力和土颗粒径向位移,用 U 表示孔隙压力,u 表示径向位移。

　　1) 土骨架应力-应变关系

　　用有效应力表示的平面应变问题的弹性应力-应变关系为

$$\varepsilon_r = -\frac{\partial u}{\partial r} = \frac{1}{2G}\big[(1-\nu)\,\mathrm{d}\sigma'_r - \nu\,\mathrm{d}\sigma'_\theta\big] \tag{6.77}$$

$$\varepsilon_\theta = -\frac{u}{r} = \frac{1}{2G}\big[-\nu\,\mathrm{d}\sigma'_r + (1-\nu)\,\mathrm{d}\sigma'_\theta\big] \tag{6.78}$$

其中,轴向应变为零。这一关系也可用有效应力的变化形式表达

$$\mathrm{d}\sigma'_r = -\frac{2G}{1-2\nu}\Big[(1-\nu)\,\frac{\partial u}{\partial r} + \nu\,\frac{u}{r}\Big] \tag{6.79}$$

$$\mathrm{d}\sigma'_\theta = -\frac{2G}{1-2\nu}\Big[\nu\,\frac{\partial u}{\partial r} + (1-\nu)\,\frac{u}{r}\Big] \tag{6.80}$$

式中,G 和 ν 分别为剪切模量和泊松比。

　　2) 平衡方程

　　用总应力表示的柱形孔平衡方程为

$$\frac{\partial(r\mathrm{d}\sigma_r)}{\partial r} - \mathrm{d}\sigma_\theta = 0 \tag{6.81}$$

　　总应力增量为

$$\mathrm{d}\sigma_r = \mathrm{d}\sigma'_r + \mathrm{d}U = \mathrm{d}\sigma'_r + U - U_0 \tag{6.82}$$

$$\mathrm{d}\sigma_\theta = \mathrm{d}\sigma'_\theta + \mathrm{d}U = \mathrm{d}\sigma'_\theta + U - U_0 \tag{6.83}$$

式中,U 和 U_0 分别为目前和起始超孔隙压力。

　　利用式(6.82)和式(6.83),式(6.81)可改写为

$$\frac{\partial U}{\partial r} = \frac{\partial U_0}{\partial r} - \frac{\partial(\mathrm{d}\sigma'_r)}{\partial r} + \frac{\mathrm{d}\sigma'_\theta - \mathrm{d}\sigma'_r}{r} \tag{6.84}$$

把应力-应变关系式(6.79)和式(6.80)代入式(6.84),得

$$\frac{\partial U}{\partial r} = \frac{\partial U_0}{\partial r} + G' \frac{\partial}{\partial r}\left[\frac{1}{r}\frac{\partial}{\partial r}(ru)\right] \tag{6.85}$$

式中

$$G' = \frac{2G(1-\nu)}{1-2\nu} \tag{6.86}$$

3) 体积应变率和孔隙水流动的连续性

使用 Darcy 定律,土颗粒间的孔隙水速度可用孔隙水压力表达

$$\nu = -k\frac{\partial(U/\gamma_w)}{\partial r} = -\frac{k}{\gamma_w}\frac{\partial U}{\partial r} \tag{6.87}$$

式中,k 是土的渗透系数,γ_w 是水的重度。

假设水和土颗粒均不可压缩,连续性条件要求任一单元的体积应变率应等于孔隙水流进和流出的差量,即

$$\frac{\partial}{\partial t}(\varepsilon_r + \varepsilon_\theta) = \frac{1}{r}\frac{\partial(r\nu)}{\partial t} \tag{6.88}$$

联合式(6.87)和式(6.88),可得

$$\frac{k}{\gamma_w}\left[\frac{1}{r}\frac{\partial}{\partial r}\left(r\frac{\partial U}{\partial r}\right)\right] = \frac{\partial}{\partial t}\left[\frac{1}{r}\frac{\partial(ru)}{\partial r}\right] \tag{6.89}$$

积分式(6.89),得

$$\frac{k}{\gamma_w}\frac{\partial U}{\partial r} = \frac{\partial u}{\partial r} + \frac{f(t)}{r} \tag{6.90}$$

式中,$f(t)$ 是一可由边界条件确定的积分常数。

现在得到了用孔隙压力 U 和位移 u 表示的等式(6.85)和式(6.90)。联立并消除位移 u,得

$$\frac{\partial U}{\partial t} = c\left\{\frac{\partial^2 U}{\partial r^2} + \frac{1}{r}\frac{\partial U}{\partial r}\right\} + g(t) \tag{6.91}$$

式中,$g(t)$ 是另一积分常数。c 是固结系数,可定义为

$$c = \frac{k}{\gamma_w}G' = \frac{k}{\gamma_w} \times \frac{2G(1-\nu)}{1-2\nu} \tag{6.92}$$

类似地,用式(6.85)和式(6.90)也可消除孔隙压力,得到关于位移的方程

$$\frac{\partial u}{\partial t} = \frac{k}{\gamma_w} \times \frac{\partial U_0}{\partial r} + c\left\{\frac{\partial}{\partial r}\left[\frac{1}{r}\frac{\partial(ru)}{\partial r}\right]\right\} - \frac{f(t)}{r} \tag{6.93}$$

控制方程(6.91)由 Soderberg(1962)首先提出。

6.4.1.2　求解

1）边界条件

若假设小孔壁不透水，则超孔隙压力的边界条件为

在 $t=0, r \geqslant a$ 时

$$U = U_0 \tag{6.94}$$

在 $t \rightarrow \infty, r \geqslant a$ 时

$$U \rightarrow 0 \tag{6.95}$$

在 $t>0, r=a$ 时

$$\frac{\partial U}{\partial r} = 0 \tag{6.96}$$

在 $t \geqslant 0, r \rightarrow \infty$ 时

$$U \rightarrow 0 \tag{6.97}$$

由条件（6.97）可知式（6.91）中的积分常数为零，即 $g(t)=0$。

土颗粒位移边界条件为

在 $t=0, r \geqslant a$ 时

$$u = 0 \tag{6.98}$$

在 $t \geqslant 0, r=a$ 时

$$u = 0 \tag{6.99}$$

在 $t \geqslant 0, r \rightarrow \infty$ 时

$$u \rightarrow 0 \tag{6.100}$$

由条件式（6.96）和式（6.99）可知式（6.93）中的积分常数为零，即 $f(t)=0$。

2）初始超孔隙压力分布

若考虑小孔周围土体固结，可以从平均总应力的变化获得初始超孔隙压力的分布。假设采用 Tresca 屈服准则，塑性区初始超孔隙压力为

当 $r \leqslant R$ 时

$$U_0 = 2s_u \ln\left(\frac{R}{r}\right) \tag{6.101}$$

式中，塑性区半径由 $R = \sqrt{G/s_u}\, a$ 给出。在塑性区外，初始超孔隙压力处处为零，如图 6.2 所示。

3）固结解

如 Randolph 和 Wroth（1979）所述，可通过分离变量法（Carslaw, Jaegar, 1959）得到式（6.91）的解，取分离常数为 $-\alpha^2$

当 $a \leqslant r \leqslant r^*$ 时

$$U = \sum_{n=1}^{\infty} B_n \exp(-a_n^2 t) B_0(\lambda_n r) \tag{6.102}$$

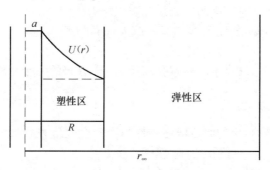

图 6.2 小孔周围土体径向固结

当 $r > r^*$ 时

$$U = 0 \tag{6.103}$$

为便于分析,式中的 r^* 是代替无限远边界所取的一个大的半径值,一般取 r^* 为 R 的 5~10 倍。$B_i(\lambda r)$ 是第 i 阶柱面函数。

系数 B_n 为

$$B_n = \frac{4s_u}{\lambda_n^2} \times \frac{B_0(\lambda_n a) - B_0(\lambda_n R)}{[r^* B_1(\lambda_n r^*)]^2 - [a B_0(\lambda_n a)]^2} \tag{6.104}$$

6.4.2　小孔收缩围土固结

在相关研究中,Carter(1988)提出了关于小孔收缩周围土体固结的半解析解, 这个解已应用于竖井和钻孔灌注桩问题的分析。

1) 控制方程的 Laplace 变换

小孔卸荷问题的超孔隙压力控制方程和小孔加载问题是一样的,即控制方程 可用式(6.91)定义

$$\frac{\partial U}{\partial t} = c\left(\frac{\partial^2 U}{\partial r^2} + \frac{1}{r}\frac{\partial U}{\partial r}\right) \tag{6.105}$$

式中,U 是 t 时刻,半径为 r 处的超孔隙压力。

对式(6.105)进行 Laplace 变换,得

$$\frac{\partial^2 \overline{U}}{\partial r^2} + \frac{1}{r}\frac{\partial \overline{U}}{\partial r} - q^2 \overline{U} = -\frac{U_0}{c} \tag{6.106}$$

式中

$$\overline{U} = \int_0^{\infty} e^{-st} U \mathrm{d}t \tag{6.107}$$

$$q = \sqrt{\dfrac{s}{c}} \tag{6.108}$$

U_0 是开挖瞬间,$t=0$ 时产生的初始超孔隙水压力。

用改进 Bessel 函数 I_0 和 K_0 表示式(6.106)的解

$$\overline{U} = A_1 K_0(qr) + A_2 I_0(qr) + P \tag{6.109}$$

式中,P 是式(6.106)取决于初始超孔隙压力 U_0 分布的一个特解。系数 A_1 和 A_2 由边界条件确定。

2) 初始超孔隙压力分布

在竖向孔钻进前,土的原位应力条件为竖向有效应力 σ'_v,水平有效应力 $k_0\sigma'_v$,静孔隙水压力 U_i。k_0 是静止土压力系数。

若降低施加于柱形孔边界的总径向应力,土体首先表现为弹性,直到孔壁处满足屈服准则。如果作用于孔壁上的总应力继续降低,那么在孔壁周围将形成一个塑性区,并在这个区域产生负超孔隙压力(吸力)。在塑性区外,土体发生弹性卸载,平均总应力不变。因此,在弹性区不产生超孔隙压力。

假设在卸载的任意时刻,小孔总压力定义为 $\lambda|U_i|(0 \leqslant \lambda \leqslant 1)$。采用 Tresca 屈服准则,可得塑性区的半径

$$R = a\exp\left(\dfrac{\sigma_R - \lambda \mid U_i \mid}{2s_u}\right) \tag{6.110}$$

式中,s_u 是土的不排水剪切强度,以及

$$\sigma_R = k_0\sigma'_v + U_i - s_u \tag{6.111}$$

在时间 $t=0$ 时刻,$a \leqslant r \leqslant R$ 范围塑性区内超孔隙压力分布为

$$U_0(r) = 2s_u\ln\left(\dfrac{r}{a}\right) - \sigma_R + \lambda \mid U_i \mid \tag{6.112}$$

3) 边界条件和固结解

在 $r>R$ 的弹性区,初始超孔隙压力处处为零。由于需要满足在无限远处($r \to \infty$)孔隙压力为零的边界条件,所以弹性区孔隙水压力的 Laplace 变换式满足式(6.113)

当 $r>R$ 时

$$\overline{U} = A_3 K_0(qr) \tag{6.113}$$

系数 A_1,A_2,A_3 可以由连续性条件和边界条件得出。首先,压力 U 和导数 $\partial U/\partial r$ 必须在弹-塑性界面 $r=R$ 处连续;其次,在小孔壁 $r=a$,需要给出静水压力边界条件。

例如,如果在 $r=a$ 处的超孔隙压力为 $U(a)=U_c$,则常数 A_1,A_2,A_3 可通过式(6.114)得到

$$\begin{bmatrix} K_0(qa) & I_0(qa) & 0 \\ K_0(qR) & I_0(qR) & -K_0(qR) \\ -K_1(qR) & I_1(qR) & K_1(qR) \end{bmatrix} \begin{bmatrix} A_1 \\ A_2 \\ A_3 \end{bmatrix} = \begin{bmatrix} -P(a)+\dfrac{U_c}{s} \\ 0 \\ -\dfrac{\phi(R)}{q} \end{bmatrix} \tag{6.114}$$

式中,$\phi(r)$ 和 $P(r)$ 定义为

$$\phi(r) = \frac{\partial U}{\partial r} \tag{6.115}$$

$$P(r) = \frac{U_0(r)}{s} \tag{6.116}$$

一般情况下,小孔壁均具有一定的渗透性,则小孔壁上的超孔隙压力为

$$U_c = \lambda \mid U_i \mid - U \tag{6.117}$$

若小孔壁处不可渗透,那么可通过式(6.118)得到常数 A_1,A_2 和 A_3

$$\begin{bmatrix} -K_1(qa) & I_1(qa) & 0 \\ K_0(qR) & I_0(qR) & -K_0(qR) \\ -K_1(qR) & I_1(qR) & K_1(qR) \end{bmatrix} \begin{bmatrix} A_1 \\ A_2 \\ A_3 \end{bmatrix} - \begin{bmatrix} -\dfrac{\phi(a)}{q} \\ 0 \\ \dfrac{\phi(R)}{q} \end{bmatrix} \tag{6.118}$$

一旦确定了超孔隙压力的 Laplace 变换式,通过 Laplace 的逆变换,就可得超孔隙压力的数值积分(Talbot,1979)。

6.5 小　结

(1) 岩土体中与时间相关的小孔扩张问题研究相对较少。基于黏弹性和黏塑性假设,发展了小孔扩张问题的解并应用到了岩石隧道问题。在土力学领域,导出了与时间相关的固结解,并用来预测土中打入桩和开挖隧道周围孔隙压力的变化。

(2) Laplace 变换是获得黏弹性材料解的最有效方法,可以将许多弹性解转换成黏弹性问题的解(Lee,1955)。对应原理可简单描述如下:若已知一个问题的弹性解,那么按照式(6.17)替换弹性常数 G 和 K 以及实际荷载,就可得相应的黏弹性问题的 Laplace 解。

(3) 迄今为止,弹-黏塑性材料中与时间相关的小孔扩张问题解析解较少。简要概述了 Fritz(1984)发展的一个解析解来说明此类问题。在第 5 章 3.1 节中给出了 Fritz 的与时间相关的弹-脆-塑性解,并作为 $r \rightarrow \infty$ 时的极限解。Fritz 的弹-黏塑性模型包括一个弹簧、一个阻尼和一个滑块单元。阻尼和滑块单元并联。尽管 Fritz 解非常复杂,但其对于预测隧道随时间变化的行为具有重要意义。

(4) 在土力学中,与时间相关的小孔扩张解主要与固结分析有关,主要用来模拟打入桩和地下开挖围土的力学行为。为了预测打入桩端载力随时间的变化,Randolph 和 Worth(1979)提出了柱形孔围土径向固结的解析解。在第 9 章中,这个解很好地解释了桩承载力随时间的变化规律。在相关研究中,Carter(1988)提出了小孔收缩围土固结问题的半解析解,这种情形与钻孔桩问题相类似。

参 考 文 献

Carslaw,H. S. and Jaeger,J. C. (1959). Conduction of Heat in Solids. Clarendon Press,Oxford.

Carte,J. P. (1988). A semi-analytical solution for swelling around a borehole. International Journal for Numerical and Analytical Methods in Geomechanics,12,197-212.

Carter,J. P and Booker,J. R. (1982). Elastic consolidation around a deep circular tunnel. International Journal of Solids and Structures,18(12),1059-1074.

Flugge,W. (1976). Viscoelasticity. Blaisdell Publishing Company,Massachusetts.

Fritz,P. (1984). An analytical solution for axisymmetric tunnel problems in elasto-viscoplastic media. International Journal for Numerical and Analytical Methods in Geomeshanics,8,325-342.

Gnirk,P. F. and Johnson,R. E. (1974). The deformation behaviour of a circular mine shaft situated in a visco-elastic medium under hydrostatic stress. Proceedings of the 6th Symposium on Rock Mechanics,231-259.

Goodman,R. E. (1989). Introduction to Rock Mechanics. Chapman and Hall.

Jaeger,J. C. and Cook(1976). Fundamentals of Rock Mechanics. Chapman and Hall.

Ladanyi,B. (1993). Time-dependent response of rock around tunnels. In: Comprehensive Rock Engineering(Editor: J. A. Hudson),Pergamon Press,Oxford,Vol. 2,77-112.

Lee,E. H. (1955). Stress analysis in viscoelastic bodies. Quarterly Applied Mathematics,13(2),183-190.

Nonaka,T. (1981). A time-independent analysis for the final state of an elasto-visco-plastic medium with internal cavities. International Journal of Solids and Structures,17,961-967.

Randolph,M. F. and Wroth,C. P. (1979). An analytical solution for the consolidation around a driven pile. International Journal for Numerical and Analytical Methods in Geomechanics,3,217-229.

Salamon,M. D. G. (1974). Rock mechanics of underground excavations. Proceedings of the 3rd Congress of International Society of Rock Mechanics,1(B),994-1000.

Scott,R. F. (1990). Radial consolidation of a phase-change soil. Geotechnique,40(2),211-221.

Soderberg,L. O. (1962). Consolidation theory applied to time effects. Geotechnique,12(3),217-225.

Talbot,A. (1979). The accurate numerical inversion of Laplace transforms. Journal of the Institute of Mathematical Applications,23,97-120.

7 有限元解

7.1 概　述

尽管本书主要涉及小孔扩张问题的解析解和半解析解,但仍有必要介绍数值分析方法,尤其是对于比较复杂的土体模型问题。基于此,本章将给出小孔扩张问题有限元分析的基本公式,并与前几章解析解比较,以验证有限元方法的正确性。

7.2　排水与不排水问题非耦合分析

对于许多实际问题,土体性状分析可以简化为完全排水或不排水问题。在这种情况下,计算中可以采用非耦合有限元求解。尤其对于完全不排水问题,可以结合简单的塑性模型,如 Tresca 或 von Mises 模型用总应力公式来分析。另外,完全排水条件下的摩擦性土可以通过忽略超孔隙水压力来建模。Carter 和 Yeung(1985),Reed(1986),Yeung 和 Carter(1989),Yu(1990),Yu 和 Houlsby(1990),Yu(1994a,1996),Shuttle 和 Jefferies(1998)等曾广泛使用这类非耦合有限元方法分析完全排水或不排水小孔扩张问题。

7.2.1　有限元公式

本节阐述的有限元公式是由 Yu(1990),Yu 和 Houlsby(1990)为精确模拟土的特性而提出的。

通过引入符号 k 来统一分析柱形孔和球形孔问题,当 $k=1$ 时代表柱形孔,$k=2$ 时代表球形孔。应变速率矢量 $\dot{\boldsymbol{\varepsilon}}$ 可用径向位移(或速率)$\dot{u}$ 来表示

$$\dot{\boldsymbol{\varepsilon}} = \boldsymbol{L}\dot{u} \tag{7.1}$$

式中

$$\dot{\boldsymbol{\varepsilon}} = [\dot{\varepsilon}_r, \dot{\varepsilon}_z, \dot{\varepsilon}_\theta]^{\mathrm{T}} \tag{7.2}$$

$$\boldsymbol{L} = \left[\frac{\partial}{\partial r}, \frac{k-1}{r}, \frac{1}{r}\right]^{\mathrm{T}} \tag{7.3}$$

应力速率矢量包括径向、轴向与切向应力,定义如下

$$\dot{\boldsymbol{\sigma}} = [\dot{\sigma}_r, \dot{\sigma}_z, \dot{\sigma}_\theta]^{\mathrm{T}} \tag{7.4}$$

Yu(1990),Yu 和 Houlsby(1990)在研究中采用了两节点一维单元,这样可将小孔周围的速度场用图 7.1 中相互连接的节点值来表示,对于一个由节点 i 与节点 j 连接的单元,节点速率矢量为

$$\dot{\boldsymbol{u}} = [\dot{u}_i, \dot{u}_j]^{\mathrm{T}} \tag{7.5}$$

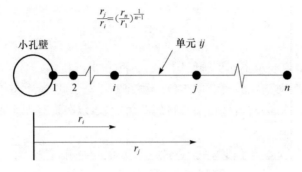

图 7.1　小孔扩张与有限元网格

单元 ij 内任意点的速率值可通过形函数矩阵由式(7.6)近似给出

$$\dot{u} = \boldsymbol{N}\dot{\boldsymbol{u}} \tag{7.6}$$

式中,形函数矩阵涉及与节点编号相联系的形函数,用式(7.7)表示

$$\boldsymbol{N} = [N_i, N_j]^{\mathrm{T}} \tag{7.7}$$

联立式(7.1)和式(7.6),得

$$\dot{\boldsymbol{\varepsilon}} = \boldsymbol{LN}\dot{\boldsymbol{u}} = \boldsymbol{B}\dot{\boldsymbol{u}} \tag{7.8}$$

式中,联系节点速率矢量与应变矢量的矩阵为

$$\boldsymbol{B} = \begin{bmatrix} \dfrac{\partial N_i}{\partial r} & \dfrac{\partial N_j}{\partial r} \\ \dfrac{N_i(k-1)}{r} & \dfrac{N_j(k-1)}{r} \\ \dfrac{N_i}{r} & \dfrac{N_j}{r} \end{bmatrix} \tag{7.9}$$

若忽略单元畸变影响,虚功原理的速率形式可表为

$$\dot{\boldsymbol{p}} = \boldsymbol{K}\dot{\boldsymbol{u}} \tag{7.10}$$

式中,$\dot{\boldsymbol{p}}$ 为节点力矢量增量,刚度矩阵 $\boldsymbol{K}$ 定义为

$$\boldsymbol{K} = \pi \int \boldsymbol{B}^{\mathrm{T}} \boldsymbol{D}^{\mathrm{ep}} \boldsymbol{B}(2r)^k \mathrm{d}r \tag{7.11}$$

式中,$\boldsymbol{D}^{\mathrm{ep}}$ 为弹-塑性矩阵,对于给定的材料模型,它将应力速率和应变速率联系起

来。在弹性-应变硬化塑性模型中,D^{ep} 的一般表达式为

$$D^{ep} = D^e - \frac{D^e b a^T D^e}{H + a^T D^e b} \tag{7.12}$$

式中,H 为硬化参数,对于理想塑性材料,$H=0$。D^e 为弹性应力-应变矩阵,a,b 由屈服函数 $f=0$ 和塑性势 $g=0$ 分别对应力求导得出

$$a = \frac{\partial f}{\partial \boldsymbol{\sigma}}, \quad b = \frac{\partial g}{\partial \boldsymbol{\sigma}} \tag{7.13}$$

为了使用外部无限弹簧单元模拟无限介质,需要找出最后一个环形单元与弹簧单元的接触面,使得弹簧单元一直处于弹性状态。因此,联系作用在接触面上的径向力和径向位移的径向刚度 K_{ss} 可由无限大弹性介质小孔扩张理论计算获得

$$K_{ss} = 4k^2 \pi G (r_n)^{k-1} \tag{7.14}$$

式中,G 表示剪切模量,r_n 是最后一个环形单元与弹簧单元接触面半径。

为计算形函数矩阵 N,需要对位移插值作一些假设。按照传统方法,假定单元内位移插值为线性,则两节点单元 ij 形函数矩阵为

$$N = \left[\frac{r_j - r}{r_j - r_i}, \frac{r - r_i}{r_j - r_i} \right] \tag{7.15}$$

上面的形函数矩阵用传统的线性位移插值求出,亦即

$$\dot{u} = C_0 + C_1 r \tag{7.16}$$

在 Yu(1990),Yu 和 Houlsby(1990)的研究中,创造性地采用了对每个单元内位移进行非线性插值的方法

$$\dot{u} = \frac{C_0}{r^k} + C_1 r \tag{7.17}$$

式中,C_0, C_1 对给定单元是常数。

基于新的位移插值公式(7.17),形函数矩阵为

$$N = \left[\frac{(r_j^{k+1} - r^{k+1}) r_i^k}{(r_j^{k+1} - r_i^{k+1}) r^k}, \frac{(r^{k+1} - r_i^{k+1}) r_j^k}{(r_j^{k+1} - r_i^{k+1}) r^k} \right] \tag{7.18}$$

新的位移插值公式(7.17)的基本原理如下:当材料变得几乎不可压缩时,无限介质中小孔周围的位移形式为 $\dot{u} = \frac{C}{r^k}$,这里 C 为常数。而传统的线性位移公式(7.16)不能精确描述这一模式。而且,新的位移公式可以精确获得压缩或不可压缩材料中一般小孔扩张问题的弹性解。

7.2.2 土体塑性模型

作为实例,本节简要介绍几种广泛应用于小孔扩张分析的弹-塑性应力-应变

关系模型。

7.2.2.1　Mohr-Coulomb 和 Tresca 塑性模型

有限元分析中广泛使用 Mohr-Coulomb 和 Tresca 模型来分别表征摩擦性和黏性土的力学行为。但是,这些模型含有带棱边的非连续屈服面,而且在这些屈服面上函数不可微分。由于这些奇异点对小孔扩张问题分析结果影响较大,因此需要做特殊处理。在现有处理这些奇异点的方法中,最经典的方法之一为 Nayak 和 Zienkienicz(1972)提出的舍去两个屈服函数角隅位置的点(所谓的角点)而仅仅采用一个屈服函数的方法。Sloan 和 Booker(1984)也提出采用一个修正面舍去角隅,而得到一个平滑屈服面,虽然这些方法某种程度上证明是有效的,但是它们在数学处理上不方便,在物理意义上有些牵强。

在 Yu(1990,1994a)研究中,基于 Mohr-Coulomb 和 Tresca 弹塑性刚度矩阵得到一个闭合形式解。在推导这个闭合形式刚度矩阵解法的过程中,采用如下方法处理屈服面的奇异问题:假设总塑性应变率为两个流动准则(Koiter,1960)各自贡献的总和。这一假设可简单表述为

$$\dot{\boldsymbol{\varepsilon}}^{\mathrm{p}} = \lambda_1 \boldsymbol{b}_1 + \lambda_2 \boldsymbol{b}_2 \tag{7.19}$$

其中

$$\boldsymbol{b}_1 = \frac{\partial \boldsymbol{g}_1}{\partial \boldsymbol{\sigma}}, \quad \boldsymbol{b}_2 = \frac{\partial \boldsymbol{g}_2}{\partial \boldsymbol{\sigma}} \tag{7.20}$$

式中,λ_1 和 λ_2 是标量系数,g_1 和 g_2 是与两个屈服面相应的塑性势。

假定角隅用两个屈服函数 $f_1 = 0$ 和 $f_2 = 0$ 定义,则一旦发生塑性屈服,应力状态将一直处于屈服面上,因此

$$\boldsymbol{a}_1 \dot{\boldsymbol{\sigma}} = 0 \tag{7.21}$$

$$\boldsymbol{a}_2 \dot{\boldsymbol{\sigma}} = 0 \tag{7.22}$$

式中

$$\boldsymbol{a}_1 = \frac{\partial f_1}{\partial \boldsymbol{\sigma}}, \quad \boldsymbol{a}_2 = \frac{\partial f_2}{\partial \boldsymbol{\sigma}} \tag{7.23}$$

弹性应变率通过胡克定律与应力速率相关联

$$\dot{\boldsymbol{\sigma}} = \boldsymbol{D}^{\mathrm{e}} \dot{\boldsymbol{\varepsilon}}^{\mathrm{e}} = \boldsymbol{D}^{\mathrm{e}} (\dot{\boldsymbol{\varepsilon}} - \dot{\boldsymbol{\varepsilon}}^{\mathrm{p}}) \tag{7.24}$$

式中,$\boldsymbol{D}^{\mathrm{e}}$ 是弹性应力-应变矩阵,$\dot{\boldsymbol{\varepsilon}}^{\mathrm{e}}$ 和 $\dot{\boldsymbol{\varepsilon}}^{\mathrm{p}}$ 分别是弹性和塑性应变率。

联立式(7.19)～式(7.24),得关于 λ_1 和 λ_2 的两个方程

$$\begin{bmatrix} \boldsymbol{a}_1 \boldsymbol{D}^{\mathrm{e}} \boldsymbol{b}_1 & \boldsymbol{a}_1 \boldsymbol{D}^{\mathrm{e}} \boldsymbol{b}_2 \\ \boldsymbol{a}_2 \boldsymbol{D}^{\mathrm{e}} \boldsymbol{b}_1 & \boldsymbol{a}_2 \boldsymbol{D}^{\mathrm{e}} \boldsymbol{b}_2 \end{bmatrix} \begin{bmatrix} \lambda_1 \\ \lambda_2 \end{bmatrix} = \begin{bmatrix} \boldsymbol{a}_1 \boldsymbol{D}^{\mathrm{e}} \dot{\boldsymbol{\varepsilon}} \\ \boldsymbol{a}_2 \boldsymbol{D}^{\mathrm{e}} \dot{\boldsymbol{\varepsilon}} \end{bmatrix} \tag{7.25}$$

解式(7.25),可得 λ_1 和 λ_2

$$\lambda_1 = h_1\dot{\varepsilon} \tag{7.26}$$

$$\lambda_2 = h_2\dot{\varepsilon} \tag{7.27}$$

式中,h_1 和 h_2 是 $\boldsymbol{a}_1$,$\boldsymbol{a}_2$,$\boldsymbol{b}_1$,$\boldsymbol{b}_2$ 和 $\boldsymbol{D}^e$ 的简单函数。

结合式(7.26)和式(7.27),应力速率和应变率之间的关系式(7.24)可进一步简化为

$$\dot{\boldsymbol{\sigma}} = (\boldsymbol{D}^e - \boldsymbol{D}^p)\dot{\boldsymbol{\varepsilon}} = \boldsymbol{D}^{ep}\dot{\boldsymbol{\varepsilon}} \tag{7.28}$$

式中,弹-塑性应力-应变矩阵 $\boldsymbol{D}^{ep}$ 定义为

$$\boldsymbol{D}^{ep} = \boldsymbol{D}^e - \boldsymbol{D}^e\boldsymbol{b}_1h_1 - \boldsymbol{D}^e\boldsymbol{b}_2h_2 \tag{7.29}$$

式(7.29)是落在两个屈服面交集处应力点的弹塑性刚度的一般表达式。虽然求解式(7.29)的过程有些复杂,但对于 Mohr-Coulomb 和 Tresca 模型,最终结果实际上非常简单。

单一屈服面上的应力状态

假定拉应力为正,三个主应力大小依次为 $\sigma_1 < \sigma_2 < \sigma_3$,如果应力状态落在单一屈服面上,则 Mohr-Coulomb 屈服函数为

$$f = \sigma_3 - \sigma_1 + (\sigma_3 + \sigma_1)\sin\phi - 2c\cos\phi = 0 \tag{7.30}$$

式中,c 和 ϕ 分别为土体黏聚力和摩擦角。塑性势通常用剪胀角 ψ 表示

$$g = \sigma_3 - \sigma_1 + (\sigma_3 + \sigma_1)\sin\psi = \text{const} \tag{7.31}$$

通过上述假设,式(7.29)定义的弹塑性刚度矩阵成为如下形式(Yu,1994b)

$$\boldsymbol{D}^{ep} = C_2 \begin{bmatrix} \left(K+\dfrac{G}{3}\right)(1+s)(1+n) & \left(K-\dfrac{2G}{3}\right)(1+s) & \left(K+\dfrac{G}{3}\right)(1+s)(1-n) \\ \left(K-\dfrac{2G}{3}\right)(1+n) & K(1+3sn)+\dfrac{4G}{3} & \left(K-\dfrac{2G}{3}\right)(1-n) \\ \left(K+\dfrac{G}{3}\right)(1-s)(1+n) & \left(K-\dfrac{2G}{3}\right)(1-s) & \left(K+\dfrac{G}{3}\right)(1-s)(1-n) \end{bmatrix}$$

$$\tag{7.32}$$

其中,$s=\sin\phi$,$n=\sin\psi$;K 和 G 为体积模量和剪切模量,以及

$$C_2 = \frac{G}{G + \left(K+\dfrac{G}{3}\right)sn} \tag{7.33}$$

两个屈服面交集上的应力状态

如果应力状态落在任意两个屈服函数的交集上,如其定义为

$$f_1 = \sigma_3 - \sigma_1 + (\sigma_3 + \sigma_1)\sin\phi - 2c\cos\phi = 0 \tag{7.34}$$

$$f_2 = \sigma_2 - \sigma_1 + (\sigma_2 + \sigma_1)\sin\phi - 2c\cos\phi = 0 \tag{7.35}$$

相应的塑性势可表示为

$$g_1 = \sigma_3 - \sigma_1 + (\sigma_1 + \sigma_3)\sin\psi = \mathrm{const} \tag{7.36}$$

$$g_2 = \sigma_2 - \sigma_1 + (\sigma_2 + \sigma_1)\sin\psi = \mathrm{const} \tag{7.37}$$

采用上述假设,由式(7.29)定义的弹塑性刚度矩阵成为如下形式(Yu,1994b)

$$\boldsymbol{D}^{\mathrm{ep}} = C_3 \begin{bmatrix} (1+s)(1+n) & (1+s)(1-n) & (1+s)(1-n) \\ (1-s)(1+n) & (1-s)(1-n) & (1-s)(1-n) \\ (1-s)(1+n) & (1-s)(1-n) & (1-s)(1-n) \end{bmatrix} \tag{7.38}$$

式中

$$C_3 = \frac{9GK}{12Ksn + G(3-s)(3-n)} \tag{7.39}$$

对于其他应力大小的组合也可得到相似的矩阵。从 Mohr-Coulomb 模型解答中,简单地令 $\phi=0$ 和 $\psi=0$ 即可得到 Tresca 模型的弹塑性刚度矩阵。

7.2.2.2　von Mises 塑性模型

与 Tresca 屈服准则类似,von Mises 塑性模型也在有限元计算中用来模拟黏性土不排水力学行为。按照通常程序,弹塑性刚度矩阵中的塑性部分为

$$\boldsymbol{D}^{\mathrm{p}} = -\frac{3G}{4s_{\mathrm{u}}} \begin{bmatrix} (\sigma_r - p)^2 & (\sigma_z - p)(\sigma_r - p) & (\sigma_\theta - p)(\sigma_r - p) \\ (\sigma_r - p)(\sigma_z - p) & (\sigma_z - p)^2 & (\sigma_z - p)(\sigma_\theta - p) \\ (\sigma_r - p)(\sigma_\theta - p) & (\sigma_\theta - p)(\sigma_z - p) & (\sigma_\theta - p)^2 \end{bmatrix}$$

$$\tag{7.40}$$

式中,s_{u} 是不排水剪切强度,p 是平均压力。

7.2.2.3　考虑剪切应变软化的塑性模型

在前述 Mohr-Coulomb 准则的塑性公式中,假设强度参数 c 和 ϕ 在整个加载过程中都是常数。然而,对于许多实际土体,强度参数可能会随位移变化而变化,特别是对于应变软化土体,摩擦角和黏聚力会随塑性剪切应变的发展而降低。为考虑这一软化行为,Carter 和 Yeung(1985)将图 7.2 所示的一个非常简单的应变软化准则与 Mohr-Coulomb 屈服函数结合起来,图中 τ 和 γ 是剪应力和剪应变,ν 是体应变,γ^{p} 是塑性剪应变,下标 p 和 r 分别表示峰值和残余强度参数。

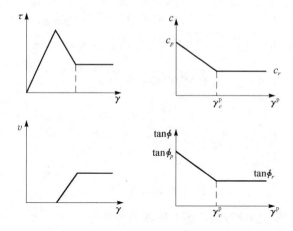

图 7.2 具有应变软化的理想应力-应变关系(Carter,Yeung,1985)

在数学上,图 7.2 所示的软化行为可表示为

$$c = \begin{cases} c_p - (c_p - c_r)\dfrac{\gamma^p}{\gamma_c^p}, & 0 \leqslant \gamma^p \leqslant \gamma_c^p \\ c_r, & \gamma^p \geqslant \gamma_c^p \end{cases} \tag{7.41}$$

$$\tan\phi = \begin{cases} \tan\phi_p - (\tan\phi_p - \tan\phi_r)\dfrac{\gamma^p}{\gamma_c^p}, & 0 \leqslant \gamma^p \leqslant \gamma_c^p \\ \tan\phi_r, & \gamma^p \geqslant \gamma_c^p \end{cases} \tag{7.42}$$

$$\psi = \begin{cases} \psi_0, & 0 \leqslant \gamma^p \leqslant \gamma_c^p \\ 0, & \gamma^p \geqslant \gamma_c^p \end{cases} \tag{7.43}$$

式中,γ_c^p 是软化发生前临界塑性应变,ψ_0 是土体初始剪胀角。

基于式(7.41)~式(7.43)的假设,可得弹塑性刚度矩阵式(7.12)中的硬化参数 H,详细求解过程参见 Carter 和 Yeung(1985)的分析。

7.2.2.4 应变硬化/软化砂土状态参数模型

本节提出的状态参数模型是一个弹-塑性应变硬化(或软化)模型,Yu(1990,1994a)曾使用这个模型分析砂土旁压试验。

1) 一般应力-应变关系

砂土状态参数模型的基本假设是存在一个临界状态,在该状态砂不发生任何塑性体积变形,因此剪胀角为零。如前所述,临界状态之前的材料行为受控于 Been 和 Jefferies(1985)定义的状态参数

$$\xi = e + \lambda \ln\left(\frac{p}{p_1}\right) - \Gamma \tag{7.44}$$

式中,e 为孔隙率,p 是平均有效应力,p_1 是土力学中通常取为单位压力的平均参考应力。需要说明的是,状态参数 ξ 在临界状态为零,在松散一边为正,密实一边为负。

使用式(7.45),可从式(7.44)中消除孔隙率 e

$$\frac{\mathrm{d}\nu}{\nu} = \mathrm{d}\varepsilon_{\nu} \tag{7.45}$$

式中,$\nu=(1+e)$ 为已知的比容,ε_{ν} 是体积应变。

对式(7.45)积分,得

$$e = (1+e_0)\exp(\varepsilon_{\nu}^{\mathrm{e}} + \varepsilon_{\nu}^{\mathrm{p}}) - 1 \tag{7.46}$$

现在假设材料的塑性行为可由屈服函数模拟

$$f(\boldsymbol{\sigma}, \xi) = 0 \tag{7.47}$$

相应的塑性势定义为

$$g(\boldsymbol{\sigma}, \xi) = 0 \tag{7.48}$$

式中,$\boldsymbol{\sigma}$ 是有效应力矢量,$\varepsilon_{\nu}^{\mathrm{p}}$ 为塑性体积应变。

由于状态参数 ξ 取决于平均有效应力,因此有必要弄清在屈服函数和塑性势分别对有效应力分量求导时是 ξ,还是 $\varepsilon_{\nu}^{\mathrm{p}}$ 保持常数。为简明起见,用 $f_{,ij}$ 表示在恒定 ξ 时 f 对各个应力分量的导数,$\hat{f}_{,ij}$ 表示在恒定 $\varepsilon_{\nu}^{\mathrm{p}}$ 时对各应力分量的导数,对塑性势也作类似处理。

由于塑性流动法则描述了材料单元在给定状态的力学特性,Collins(1990)建议应变率为

$$\dot{\varepsilon}_{ij}^{\mathrm{p}} = \Pi g_{,ij} \tag{7.49}$$

塑性因子 Π 很容易从塑性流动法则和塑性变形连续相容性条件中消除。这一条件可通过屈服函数分别对时间求导得出,但是必须视 f 为 σ_{ij} 和 $\varepsilon_{\nu}^{\mathrm{p}}$ 的函数,因此

$$\hat{f}_{,ij}\dot{\sigma}_{ij} + f_{,\varepsilon_{\nu}^{\mathrm{p}}}\dot{\varepsilon}_{\nu}^{\mathrm{p}} = 0 \tag{7.50}$$

式中,$\dot{\varepsilon}_{\nu}^{\mathrm{p}}$ 表示塑性体积应变率。联立式(7.49)和式(7.50),得

$$\Pi = -\frac{\hat{f}_{,ij}\dot{\sigma}_{ij}}{f_{,\xi,\varepsilon_{\nu}^{\mathrm{p}}}g_{,kk}} \tag{7.51}$$

然后,将 Π 的表达式代入塑性流动准则式(7.49),得到塑性应变率

$$\dot{\varepsilon}_{ij}^{\mathrm{p}} = \frac{1}{H}g_{,kk}\hat{f}_{,ij}\dot{\sigma}_{ij} \tag{7.52}$$

式中,H 是硬化模量,定义为

$$H = -f_{,\xi,\varepsilon_{\nu}^{\mathrm{p}}}g_{,kk} \tag{7.53}$$

一旦给定了具体的屈服函数和塑性势,对于每一个给定的应力速率,塑性应变速率就完全确定。而弹性应变速率可以由简单的线弹性模型获得,因此完整的应力-应变关系为

$$\dot{\sigma}_{ij} = \left[D_{ijkl} - \frac{D_{ijkl}\hat{F}_{,kl}G_{,ij}D_{ijkl}}{H + G_{,ij}D_{ijkl}\hat{F}_{,kl}} \right] \dot{\varepsilon}_{kl} \tag{7.54}$$

式中,D_{ijkl} 为弹性应力-应变矩阵,对于一维小孔扩张问题可用剪切模量 G 和体积模量 K 表示。

2) 屈服函数和塑性势

选择塑性势和屈服函数基本方程是构建基本模型的重要一步,因为应变速率本质上依赖于其关于应力的微分。

在 Yu(1994a,1996)的研究中,采纳了 Matsuoka(1976)建议的屈服准则来描述砂土的力学性质,Matsuoka 屈服函数通常表述成三个应力不变量的简洁形式

$$f = \frac{I_1 I_2}{I_3} - (9 + 8\tan^2\phi_{\mathrm{m}}) = 0 \tag{7.55}$$

式中,I_1, I_2, I_3 分别为有效应力张量的第一、第二和第三不变量,ϕ_{m} 为三轴加载条件下的机动摩擦角。

为得到塑性应变率,Yu(1990)建议使用如下形式的塑性势

$$g = \frac{I_1^* I_2^*}{I_3^*} - (9 + 8\tan^2\psi_{\mathrm{m}}) = 0 \tag{7.56}$$

式中,Ψ_{m} 为三轴加载条件下机动剪胀角。I_1^*, I_2^*, I_3^* 分别为修正应力张量的第一、第二、第三不变量。修正应力张量定义为

$$\sigma_{ij}^* = \sigma_{ij} + l\delta_{ij} \tag{7.57}$$

其中,δ_{ij} 为 Kronecker 数,塑性势函数形式与 Matsuoka 屈服函数类似,但是摩擦角用剪胀角代替,屈服面顶点从原点移动到主应力空间坐标$(-l, -l, -l)$处。计算参数 l 的基础是,在当前应力状态下塑性势和屈服函数必须重叠。正如 Yu(1990)研究指出,通过这一条件,可以成功地得到 l 的 3 次方程,从而可从中选择所需要的根。塑性势式(7.56)仅仅适用于剪胀角为正的初始密实砂。为了模拟剪胀角为负的初始松砂,可以采用与 Mohr-Coulomb 屈服函数形式相同,但用剪胀角代替摩擦角的塑性势。

Collins 等(1992)认为,可以采用指数形式的经验公式来拟合试验数据

$$\phi_{\mathrm{m}} - \phi_{\mathrm{cv}} = A[\exp(-\xi) - 1] \tag{7.58}$$

式中,ϕ_{cv} 是临界状态的内摩擦角(量纲是弧度),A 是取决于砂类型的曲线拟合参数,其值在 0.6~0.95 范围。根据上述关系式,在达到临界状态之前的砂土力学性

质(如屈服函数)取决于孔隙比和平均有效应力,其通过单一复合状态参数来表达。临界状态摩擦角 ϕ_{cv} 可通过实验室常规试验获取,其值范围通常在 $30°\sim33°$。

为建立塑性势和状态参数之间的关系,必须使用定义摩擦角和剪胀角之间关系的应力-剪胀方程,最为成功的应力-剪胀模型应属于 Rowe(1962)所建立的模型,Bolton(1986)将之进一步简化为

$$\psi_m = 1.25(\phi_m - \phi_{cv}) = 1.25A[\exp(-\xi) - 1] \tag{7.59}$$

上述假设意味着当摩擦角和剪胀角不相同时,流动法则不相关联。因此,采用应力-剪胀方程(7.59),通过状态参数可控制塑性势(式(7.56))。

7.2.3　有限元程序

作者曾编制计算机程序进行柱形孔和球形孔扩张问题的非耦合排水和不排水分析。计算程序 CAVEXP 最初由作者于 1989 年在 Oxford 作为研究生时编写。随后对原程序进行了大量的修订和校正,以涵盖一些应变硬化/软化土体模型。许多研究者应用该程序分析黏土和砂土旁压以及 CPT 试验。程序也应用于模拟土体加固的压密注浆过程(Boulanger,Yu,1997)。

7.3　耦合固结分析

对于饱和黏土,分析小孔扩张过程以及扩张后土体中的孔隙水压力的产生和消散有重要的意义。例如,当桩基础打入地层后,可以用来估计土体强度随时间的增长。小孔周围超孔隙水压力消散的相关解也可用通过旁压试验估算水平固结系数。

Carter(1978)曾开发有限元程序对饱和两相黏土柱形孔扩张问题进行耦合固结分析。在固结分析中,假设用有效应力土体模型来描述土体骨架的力学性质,但土体的平衡方程仍然是总应力形式,有效应力和总应力是通过 Terzaghi 有效应力原理联系起来的。

7.3.1　有限元公式

在耦合固结分析中,有限元公式基于以下基本假定。

1) 有效应力原理

将土体骨架对荷载的响应与饱和土体中孔隙流体的运动耦合起来,假定总应力等于有效应力加上孔隙水压力,即

$$\boldsymbol{\sigma} = \boldsymbol{\sigma}' + U_t \boldsymbol{m} \tag{7.60}$$

式中,$\boldsymbol{\sigma}$ 和 $\boldsymbol{\sigma}'$ 分别是总应力和有效应力,U_t 是总孔隙水压力,$\boldsymbol{m} = (1,1,1)^T$。

2) 土骨架应力-应变关系

土骨架的应力-应变关系由有效应力率和应变速率支配。若用塑性理论模拟土骨架,这一关系为

$$\dot{\boldsymbol{\sigma}}' = (\boldsymbol{D}^{e} - \boldsymbol{D}^{p})\dot{\boldsymbol{\varepsilon}} = \boldsymbol{D}^{ep}\dot{\boldsymbol{\varepsilon}} \tag{7.61}$$

式中,$\boldsymbol{D}^{ep}$ 是弹-塑性刚度矩阵,它依赖于分析中使用的特定土体模型。

3) Darcy 定律

土体中水流遵循 Darcy 定律,Darcy 定律可用与土骨架相关的孔隙水流速来表示

$$n(\nu_{\mathrm{f}} - \nu_{\mathrm{s}}) = -\frac{k}{\gamma_{\mathrm{w}}}\frac{\partial U}{\partial r} \tag{7.62}$$

式中,n 为土体孔隙率,ν_{f} 和 ν_{s} 分别为孔隙水和土骨架向外的径向速度,k 和 γ_{w} 分别为土体渗透系数和土体重度,U 为超孔隙水压力。

4) 体积连续性

与两相土相比,可以假设孔隙水和组成土体骨架的材料不可压缩,基于此,任一土体单元体积的改变都可完全归于单元水的流入或流出所导致,即

$$\dot{\varepsilon}_{\nu} = \frac{1}{r}\frac{\partial}{\partial r}\big[rn(\nu_{\mathrm{f}} - \nu_{\mathrm{s}})\big] \tag{7.63}$$

式中,$\dot{\varepsilon}_{\nu}$ 为土单元的体积应变速率。

结合虚功原理,上述假设可用来构建小孔扩张问题固结分析的基本有限元公式。Carter(1978)研究的结果为

$$\boldsymbol{K}\Delta\boldsymbol{u} - \boldsymbol{L}^{\mathrm{T}}\Delta\boldsymbol{U} = \boldsymbol{f} \tag{7.64}$$

$$-\boldsymbol{L}\frac{\partial\boldsymbol{u}}{\partial t} - \boldsymbol{\Phi}\boldsymbol{U} = 0 \tag{7.65}$$

式中,矢量 $\boldsymbol{u}$ 和 $\boldsymbol{U}$ 为节点位移和超孔隙水压力值,增量 $\Delta\boldsymbol{u}$,$\Delta\boldsymbol{U}$ 定义为

$$\Delta\boldsymbol{u} = \boldsymbol{u}(r,t) - \boldsymbol{u}(r_0,t_0) \tag{7.66}$$

$$\Delta\boldsymbol{U} = \boldsymbol{U}(r,t) - \boldsymbol{U}(r_0,t_0) \tag{7.67}$$

式(7.64)和式(7.65)中刚度矩阵的一般形式为

$$\boldsymbol{K} = \int \boldsymbol{B}^{\mathrm{T}}\boldsymbol{D}^{ep}\boldsymbol{B}\mathrm{d}V \tag{7.68}$$

$$\boldsymbol{L}^{\mathrm{T}} = \int \boldsymbol{N}^{\mathrm{T}}\boldsymbol{A}\mathrm{d}V \tag{7.69}$$

$$\boldsymbol{\Phi} = \int \frac{k}{\gamma_{\mathrm{w}}}\boldsymbol{E}^{\mathrm{T}}\boldsymbol{E}\mathrm{d}V \tag{7.70}$$

$$\boldsymbol{f} = -\int \boldsymbol{B}^{\mathrm{T}}\boldsymbol{\sigma}(r_0,t_0)\mathrm{d}V + \int \boldsymbol{A}^{\mathrm{T}}\boldsymbol{T}\mathrm{d}S \tag{7.71}$$

式中，T 是施加在边界面 S 上的张力矢量。

式(7.64)和式(7.65)构成了微积分公式系统，其在有限时间间隔 (t_0,t) 上积分，获得下列近似式

$$\begin{bmatrix} \bar{K} & -\bar{L}^{\mathrm{T}} \\ -\bar{L} & -\beta\Delta t\bar{\Phi} \end{bmatrix}\begin{pmatrix} \Delta u \\ \Delta U \end{pmatrix} = \begin{pmatrix} \bar{f} \\ \bar{\Phi}u(r_0,t_0)\Delta t \end{pmatrix} \tag{7.72}$$

在整个时间间隔上采用平均值计算公式中符号上方带横线的量。利用式(7.72)，只要已知时间 t_0 时刻的解，就可获得 $t_0+\Delta t$ 时刻位移和超孔隙水压力的解。为确保求解过程的稳定性，必须满足 $\beta \geqslant 0.5$(Booker，Small，1975)。

Carter(1978)采用了三节点单元，每一个单元内的位移和超孔隙水压力都被假设为是径向坐标 r 的二次函数。如果单元由半径 (r_i,r_j,r_k) 定义，则单元矩阵为

$$M = \begin{bmatrix} 1 & r_i & r_i^2 \\ 1 & r_j & r_j^2 \\ 1 & r_k & r_k^2 \end{bmatrix} \tag{7.73}$$

$$A^{\mathrm{T}} = (1,r,r^2)M^{-1} \tag{7.74}$$

$$B = (-1)\begin{bmatrix} 0 & 1 & 2r \\ 0 & 0 & 0 \\ 1/r & 1 & r \end{bmatrix}M^{-1} \tag{7.75}$$

$$N^{\mathrm{T}} = (-1)(1/r,2,3r)M^{-1} \tag{7.76}$$

$$E^{\mathrm{T}} = (0,1,2r)M^{-1} \tag{7.77}$$

7.3.2　修正剑桥模型

1) 应力定义和屈服函数

修正剑桥模型(Roscoe，Burland，1968)采用了有效平均应力 p' 和剪应力 q。对于所考虑的小孔扩张问题，其表达式为

$$p' = \frac{1}{3}(\sigma_r' + \sigma_z' + \sigma_\theta') \tag{7.78}$$

$$q = \sqrt{\frac{1}{2}\left[(\sigma_r'-\sigma_\theta')^2 + (\sigma_\theta'-\sigma_z')^2 + (\sigma_z'-\sigma_r')^2\right]} \tag{7.79}$$

修正剑桥模型假设只要应力满足下列函数，土体即发生屈服

$$q^2 - M^2[p'(p_c'-p')] = 0 \tag{7.80}$$

式中，p_c' 是确定有效主应力空间中当前屈服轨迹和 p' 轴交点的硬化参数，M 是 q-p' 空间临界状态线(CSL)的斜率。

2) 弹-塑性刚度

采用相关联流动法则,修正剑桥模型采用下列刚度矩阵来联系有效应力率和应变速率

$$D^{ep} = D^e - \frac{D^e a a^T D^e}{H + a^T D^e a} \tag{7.81}$$

其中,硬化模量 H 为

$$H = -\alpha(1,1,1)a \tag{7.82}$$

α 的表达式为

$$\alpha = p' p'_c \frac{1+e}{\lambda - \chi} \tag{7.83}$$

式中,e 为孔隙率,λ 和 χ 为 e-$\ln p'$ 空间临界状态线(CSL)和加-卸载曲线的斜率。

7.3.3　有限元程序

Carter(1978)编制了一个称为"CAMFE"的有限元程序分析柱形孔扩张的固结问题,结果发表在剑桥大学一份土力学研究报告上,许多研究者将其用来分析黏土旁压试验结果。

7.4　小　　结

(1) 存在两类有限元计算:耦合分析和非耦合分析。许多实际问题都可归为完全排水或完全不排水问题,在这两种情况下,可以采用非耦合有限元计算。实际上,完全不排水问题可用总应力公式与简单塑性模型(如 Tresca 和 von Mises)来分析,而完全排水条件下的摩擦土的模拟则可忽略超孔隙水压力的影响。

(2) 作者(Yu,1990;Yu,Houlsby,1990;Yu,1994a;Yu,1996)编制和发展了排水和不排水条件柱形孔和球形孔扩张的非耦合分析有限元程序 CAVEXP,该程序包含了几种著名的塑性模型,CAVEXP 已被一些学者用来分析黏土和砂土旁压试验和 CPT 试验,这方面的研究将在第 8 章详细阐述。该程序还应用于对于土体压密注浆的分析。

(3) 采用有限元和固结分析方法分析小孔扩张可以兼顾小孔扩张前、后孔隙水压力的产生和消散。利用孔隙水压力的产生和消散可以估算桩打入地层后土体强度随时间的增长。小孔周围超孔隙水压力消散的相关解也可通过旁压试验估算水平固结系数。Carter(1978)编制有限元程序 CAMFE 对两相饱和黏土中柱形孔扩张问题进行了耦合固结分析,该程序使用了修正剑桥模型。Carter(1978)的程序 CAMFE 发表在剑桥大学土力学研究报告上,许多研究者用其分析黏土中的旁压试验。

参 考 文 献

Been, K. and Jefferies, M. G. (1985). A state parameter for sands. Geotechnique, 35(2), 99-112.

Bolten, M. D. (1986). The strength and dilatancy of sands. Geotechnique, 36(1), 65-78.

Booker, J. R. and Small, J. C. (1975). An investigation of the stability of numerical solutions of Biot's equations of consolidation. International Journal of Solids and Structures, 11, 907-917.

Boulanger, R. W. and Yu, H. S. (1997). Theoretical aspects of compaction grouting in sands. Civil Engineering Research Report No. 149. 07. 97, TheUniversity of Newcastle, NSW 2308, Australia.

Carter, J. P. (1978). CAMFE: A computer program for the analysis of a cylindrical cavity expansion in soil, Report CUED/C-Soils TR52, Department of Engineering, University of Cambridge.

Carter, J. P. and Yeung, S. K. (1985). Analysis of cylindrical cavity expansion in strain weakening material. Computers and Geotechnics, 1, 161-180.

Carter, J. P. , Randolph, M. F. and Wroth, C. P. (1979). Stress and pore pressure change in clay during and after the expansion of a cylindrical cavity. International Journal for Numerical and Analytical Methods in Geomachanics, 3, 305-322.

Collins, I. F. (1990). On the mechanics of state parameter models for sands. Proceedings of the 7th International Conference on Computer Methods and Advances in Geomechanics, Cairns, Australia, 1, 593-598.

Collins, I. F. , Pender, M. J. and Wan, Y. (1992). Cavity expansion in sands under drained loading conditions. International Journal for Numerical and Analytical Methods in Geomechanics, 16(1), 3-23.

Koiter, W. T. (1960). General theorems for elastic-plastic solids. In: Progress in Solid Mechanics (editors: I. N. Sneddon and R. Hill), 165-221.

Matsuoka, H. (1976). On significance of the spatial mobilized plane. Soils ans Foundations, 16(1), 91-100.

Nayak, G. C. and Zienkiewicz, O. C. (1972). Elasto-plastic stress analysis: a generalization for various constitutive relations including strain softering. International Journal for Numerical Methods in Engineering, 5, 113-135.

Randolph, M. F. and Wroth, C. P. (1979). An analytical solution for the consolidation around a driven pile. International Journal for Numerical and Analytical Methods in Geomechanics, 3, 2, 170-229.

Reed, M. B. (1986). Stresses and displacement around a cylindrical cavity in soft rock. IMA Journal of Applied Mathematics, 36, 223-245.

Roscoe, K. H. and Burland, J. B. (1968). On the generalised behaviour of wet clay. In: Engineering Plasticity(editors: J. Heyman and F. A. Leckie), Cambridge University Press, 535-609.

Rowe, P. W. (1962). The stress-dilatancy relation for static equilibrium of an assembly of particles in contact. Proceedings of Royal Society, 267, 500-527.

Shuttle, D. and Jefferies, M. (1998). Dimensionless and unbiased CPT interpretation in sand. International Journal for Numerical and Analytical Methods in Geomechanics, 22, 351-391.

Sloan, S. W. and Carter, J. P. (1989). An assessment of the bearing capacity of calcareous and silica sands. International Journal for Numerical and Analytical Methods in Geomechanics, 13, 19-36.

Yu, H. S. (1990). Cavity Expansion Theory and Its Application to the Analysis of Pressurements, DPhil Thesis, University of Oxford, England.

Yu, H. S. (1994a). State parameter from self-boring pressuremeter tests in sand. Journal of Geotechnical Engineering, ASCE, 120(12), 2 118-2 135.

Yu, H. S. (1994b). A closed form solution of stiffness matrix for Tresca and Mohr-Coulomb plasticity models. Computer and Structures, 53(3), 755-757.

Yu, H. S. (1996). Interpretation of pressuremeter unloading tests in sands. Geotechnique, 46(1), 17-31.

Yu, H. S. and Houlsby, G. T. (1990). A new finite element formulation for one dimensional analysis of elastic plastic materials. Computer and Geotechnics, 9, 241-25.

8　土工原位测试

8.1　概　　述

　　土的原位测试是岩土工程的重要基础工作。在过去的很多年,尽管已经发明了很多种类的原位土性质测试仪器,但是旁压仪和锥形贯入仪(CPT)仍然是最为广泛应用的两种设备。与其他一些室内试验不同,旁压仪和锥形贯入仪(CPT)这两种设备并非直接实测土体的力学性质,而是必须对实测数据进行整理、分析后才能确定土的基本特性。由于小孔扩张和旁压仪扩张以及锥形贯入产生的力学行为相类似,所以小孔扩张理论对这两种土工原位测试结果的解释非常成功(Wroth,1984;Clarke,1995;Yu,Mitchell,1998;Lunne et al.,1997)。本章主要利用小孔扩张理论成果解释砂土和黏土中旁压和锥形贯入(CPT)试验的结果。

8.1.1　旁压测试原理

　　旁压仪是一筒状测试仪器,它具有一个可膨胀的柔性薄膜,用来对钻孔壁施加均衡压力(Clarke,1995)。可以利用旁压试验得到的压力-位移曲线反演土的力学性质(图8.1)。

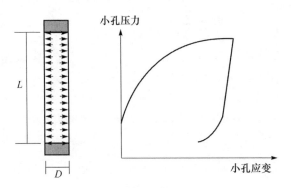

图 8.1　旁压仪示意

　　相对于其他土工原位测试方法,旁压测试的优点主要是:①旁压仪所施加的边界条件比较容易定义;②利用旁压仪可以同时测出变形参数和应力参数;③与以往任何一种土工测试技术相比(Mair,Wood,1987),自钻式旁压仪在钻进过程中对土的扰动很小,因此其测试结果无疑最为接近原状非扰动土的性质。旁压测试的基本原理是置于土中的长圆筒状薄膜的扩张,因此可以利用小孔扩张理论对旁压试验结果进行分析。

8.1.2　旁压仪种类

按照置于土中方法的不同,可将旁压仪分为三类:预钻式旁压仪、自钻式旁压仪和推进式旁压仪。Menard旁压仪是最典型的预钻式旁压仪,这种旁压仪被置于预先成形的孔中。Camkometer和PAF旁压仪属于自钻式旁压仪,该种旁压仪利用自钻技术自动钻入地层。锥形旁压仪或者完全置换式旁压仪可以被归于推进式旁压仪类型,这种旁压仪利用置于其端部的锥体而挤入土中。

8.1.3　锥形贯入测试

目前,在原位土工测试中锥形贯入仪(CPT)测试技术无疑应用的最为广泛。(图8.2)在锥形贯入(CPT)试验时,以恒定速率将杆端的锥体压入土中,对锥体穿透土体所受到的阻力进行连续或间歇测量,同时也对锥体和钻杆表面所受阻力或套管表面所受阻力进行测量。根据所测锥体尖端阻力和套管摩擦力来判别土的类型。需要说明的是,锥体尖端阻力和土的强度性质直接相关。

新近发展的旁压仪(如piezocones),可以测试锥体和杆周围土中孔隙水压力,利用这个附加信息可以建立土的应力历史与固结系数之间的联系(Lunne et al.,1997)。

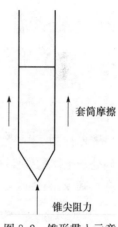

套筒摩擦

锥尖阻力

图8.2　锥形贯入示意

8.2　黏土自钻式旁压测试

在过去30年中,自钻式旁压仪作为一种较好的原位测试仪器在岩土工程中得到了广泛的应用。现在在世界各国,人们广泛采用土的旁压测试结果推算土的基本性质。

几乎所有对旁压试验结果的理论解释方法都基于一个基本假设,这就是旁压试验可以用土中无限长柱形孔扩张或/和收缩来模拟。这一假设认为孔的扩张曲线和土性之间具有相关性,从而利用这一相关性从测得的旁压曲线来反演土的实际特性。

从旁压试验可以推算土的主要特性参数,包括剪切模量、原位总水平应力、不排水剪切强度和水平固结系数。本节将简要介绍利用小孔扩张理论反演土的主要特性参数的方法。

在以下阐述中,所有方法都基于柱形孔扩张假设,但采用了几种不同的塑性模型模拟土体的应力应变关系。除了个别例子外,对于黏土的大多解释方法均基于总应力方法,因此在分析中采用的都是总应力而不是有效应力。

8.2.1 剪切模量

　　正如 Wroth(1982)所指出,自钻式旁压仪的一个主要用途是测定土的刚度。如果将旁压仪测得的孔压力 ψ 作为纵坐标,将孔应变 ε_c 作为横坐标,那么柱形孔扩张结果表明,土的剪切模量等于卸载-加载循环斜率的一半,如图 8.3 所示。

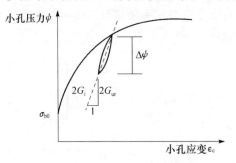

若假定土是线性理想弹塑性材料,那么由卸载-加载循环曲线所得到的剪切模量与应变或压力值无关。也就是说,所测得模量与卸载-再加载循环的深度和位置无关。但是,实际上大部分土体均为非线性理想弹塑性材料,因此,旁压仪测得的剪切模量是压力和卸载-加载循环应变的函数。

图 8.3　由旁压试验曲线反演剪切模量

　　在卸载-加载循环时,必须保证循环处于土体的弹性范围内。小孔扩张理论表明,对于理想弹塑性 Tresca 土的完全弹性卸载,小孔压力变化的最大值必须小于式(8.1)所给数值(Wroth,1982)

$$(\Delta\psi)_{\max} = 2s_u \tag{8.1}$$

式中,s_u 是土的不排水剪切强度。

注意:

　　由于旁压试验对土体产生了挠动,所以曲线初始段所获得的剪切模量将低于塑性阶段卸载-再加载循环所得剪切模量。因此利用初始阶段的剪切模量可能会使工程设计偏于保守。

8.2.2 原位土水平总应力

　　自钻式旁压仪初始发展阶段的一个主要目的是直接测量水平总应力。如果自钻式旁压仪在钻入地层时对周围土产生很小甚至不产生扰动,这样对应于孔应变为零的初始旁压压力在理论上等于原位土的水平总应力。这种确定水平总应力的方法通常被称为"脱离法"(lift-off)。

　　除了"lift-off"法外,也用其他一些基于经验的曲线拟合方法来确定原位土水平总应力。然而,大部分曲线拟合方法主要应用在推进式旁压试验中,因为推进式旁压试验对土产生了很大扰动,显然不能再用"lift-off"方法。

注意:

"lift-off"法确定原位土水平总应力的前提是,旁压仪在钻进过程中不会改变原位土水平应力的大小。因此,在"lift-off"前旁压仪薄膜应没有运动。在"lift-off"后(例如,若施加的旁压压力等于或大于原位土水平总应力),薄膜才能开始膨胀。大多数自钻式旁压试验将不同程度地造成对土体的扰动,将对旁压试验曲线的起始部分产生重要影响,因此为了得到可靠的试验结果,在工程实践中需要特别注意。Clarke(1995)认为,钻进技术和探测程序对自钻式旁压试验曲线的初始阶段形状有相当大的影响。

8.2.3 不排水剪切强度

自钻式旁压仪经常用来确定黏土的不排水剪切强度。试验结果的解释方法基本上可以分为两类。第一类方法,假设通过柱形孔扩张结果获得理论旁压曲线,则通过解析或数值分析方法可得到土的全应力-应变关系。通过使理论旁压曲线和实测旁压曲线的主要部分吻合,可以估算土的不排水剪切强度。Gibson 和 Anderson (1961),Jefferies(1988)以及 Yu 和 Collins(1998)等就采用了这一分析方法。

在第二种解释途径中,仅仅假定黏性土符合塑性流动法则(例如,假设旁压试验是在不排水条件下进行的,土体不可压缩)。如 5.5 节所指出,利用小孔扩张的逆解,通过不可压缩流动法则结合实测旁压曲线,可得到黏土的实际应力-应变关系。Palmer(1972),Baguelin 等(1972)和 Ladanyi(1972)等采用的方法属于这种解释方法。

1) 从加载过程总应力分析获得剪切强度

Gibson 和 Anderson(1961)是最早研究用小孔扩张理论解释旁压试验结果,以获得土体性质的学者。在 Gibson 和 Anderson(1961)的分析中,假定土为理想弹-塑性 Tresca 材料。旁压试验被理想为排水条件下土中无限长柱形孔扩张模型。为了简化,Gibson 和 Anderson 采用了总应力分析方法。

通过假定土是 Tresca 模型,3.3.2 节获得的塑性阶段小孔扩张曲线的解析解是

$$\psi = \sigma_{h0} + s_u \left[1 + \ln\left(\frac{G}{s_u}\right) \right] + s_u \ln \frac{\Delta V}{V} \tag{8.2}$$

式中,$\Delta V/V = (a^2 - a_0^2)/a^2$ 为体积应变;a 和 a_0 为小孔现在及初始半径;ψ 和 σ_{h0} 是旁压总压力和原位水平总应力,G 和 s_u 为土的剪切模量和不排水抗剪强度。

如果以旁压压力作为纵坐标,以对数体积应变作为横坐标,那么按式(8.2)定义的理论旁压曲线表明,旁压试验结果的塑性部分斜率(为一条直线)等于土的不排水剪切强度 s_u,这种解释分析方法如图 8.4 所示。

2) 从卸载过程总应力分析获得剪切强度

为分析旁压卸载试验结果,Jefferies(1988),Houlsby 和 Withers(1988)分别

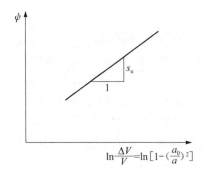

图 8.4　Gibson 和 Anderson(1961)
分析所用图形方法

将 Gibson 和 Anderson 方法扩展至小孔卸载的解。Jefferies(1988)将卸载解应用于自钻式旁压试验,为了简化计算进行了一些小应变假设。另外,Houlsby 和 Withers(1988)利用小孔收缩解发展了锥形旁压试验的解释方法,此时需要大应变假设。

本节主要涉及对自钻式旁压试验结果的分析,利用 Jefferies(1988)的小孔卸载解将旁压卸载曲线和土的不排水抗剪强度联系起来。假设黏土中旁压仪已经膨胀到塑性阶段,小孔压力达到最大值 ψ_{max},然后将旁压仪进行缓慢卸载。开始时旁压卸载曲线是线弹性的,随后是非线性塑性卸载响应。采用小应变假设,得小孔收缩关系

$$\psi = \psi_{max} - 2s_u\left[1 + \ln\left(\frac{G}{2s_u}\right)\right] - 2s_u\ln\left[\frac{a_{max}}{a} - \frac{a}{a_{max}}\right] \tag{8.3}$$

式中,a_{max} 为小孔最后加载阶段的半径,a 为旁压仪卸载阶段任意时刻的半径,G 和 s_u 为土的剪切模量和不排水抗剪强度。

式(8.3)定义的理论旁压卸载曲线表明,如果旁压卸载结果在小孔压力 ψ 与 $-\ln[a_{max}/a - a/a_{max}]$ 的坐标系中表示,那么塑性卸载阶段的斜率(为一条直线)等于不排水抗剪强度的 2 倍,即 $2s_u$。这种简单分析方法如图 8.5 所示,但在实际中没有得到广泛应用。

3) 从加载过程有效应力分析获得剪切强度

通常采用不排水小孔扩张理论总应力方法对自钻式旁压试验结果进行分析。由于不排水旁压试验过程中土体剪切阻抗没有发生显著变化,因此其对于正常固结或者轻度超固结黏土是精确的。然而,对于重度超固结土,

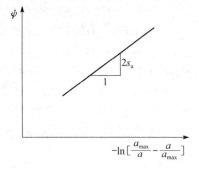

图 8.5　Jefferies(1988)的卸载分析方法图示

土的剪切阻抗可能随变形历史发生了较大变化,此时不能采用理想塑性土的总应力分析方法。

本节将阐述由 Yu 和 Collins(1998)最先提出的不排水黏土中自钻式旁压试验有效应力分析方法。分析采用临界状态模型,这样可适当考虑有效应力与土体强度的相关性。按 Gibson 和 Anderson 由自钻式旁压试验获得不排水抗剪强度的方法,可以确立土体旁压强度和三轴不排水剪切强度之比与超固结比 OCR 之间的理论关系。利用这种关系,可以从超固结黏土自钻式旁压试验得到的表观不排

水抗剪强度正确地推断土的实际不排水抗剪强度。

到目前为止,黏土中小孔扩张问题的分析还局限于采用总应力分析方法(Hil,1950;Gibson,Anderson,1961;Palmer,1972;Houlsby,Withers,1988)。实际上,几乎在所有不排水旁压试验分析中,均用理想弹塑性模型来模拟土的性质。在不排水变形分析中,通常采用总应力方法进行分析。然而,由于土的强度是变化的,而且土体强度是有效应力的函数,而不是总应力的函数,因此这一分析模型不再合适。另外,与有效应力分析法不同,总应力分析方法没有考虑土的应力历史对土性的影响。所以,总应力分析方法只适合于分析土体强度随加载历史没有发生太大变化的正常或轻度超固结土的旁压试验。对于重度超固结黏土,由于忽略了以有效应力表示的土体强度的变化,所以基于总应力的分析方法并不严格正确。

尽管 Carter 等(1979)和 Randolph(1979)等采用有限元法对临界状态土小孔扩张进行了研究,但是这些研究采用修正剑桥模型屈服面模拟重度超固结黏土高估了土体的强度。最近,Collins 和 Yu(1996)提出了多种形式临界状态模型模拟正常固结和超固结黏土不排水小孔扩张的解析解,这些从有限初始半径扩张的解答可以用来分析土中的自钻式旁压试验。

目前采用有效应力方法分析超固结黏土自钻式旁压试验问题,均将旁压试验模拟为不排水条件下柱形孔的扩张过程,用临界状态理论模拟土的性质(Schofield,Wroth,1968;Atkinson,Bransby,1978;Muir Wood,1990)。

正如第 4 章所述,Collins 和 Yu(1996)利用不同临界状态塑性模型得到了土中小孔扩张大应变分析方法。在本节,将利用剑桥模型联合 Hvorslev 屈服面(图 4.5)分析黏土自钻式旁压试验,因为这种组合屈服面可以同时模拟正常固结和重度超固结黏土的应力-应变性质(进一步讨论和详尽推导参见 Collins 和 Yu,1996)。变量 q, p' 分别表示有效剪应力和平均应力。熟知的临界状态土性参数 N, M, χ, λ 的定义在 Schofield 和 Wroth(1968),Atkinson 和 Bransby(1978)或 Muir Wood(1990)的论著中很容易找到。

选择与伦敦黏土相关的临界状态参数值:$\Gamma = 2.759, \lambda = 0.161, \chi = 0.062$,临界状态摩擦角 $\phi'_{cs} = 22.75°$,Hvorslev 摩擦角 $\phi'_{hc} = 19.7°$(Atkinson,Bransby,1978;Muir Wood,1990),泊松比 $\mu = 0.3$。若假设三轴和平面应变加载条件下土的临界状态摩擦角相同(Muir Wood,1990),则柱形孔扩张的 M 和 h 值可以分别定为 $M = 2\sin\phi'_{cs}, h = 2\sin\phi'_{hc}$。

Yu 和 Collins(1998)首次进行了超固结比 $n_p = 5$,初始比容 $v = 1.5, 2.0, 2.5$ 的伦敦黏土自钻式旁压试验,取得的一系列成果表明,尽管初始比容对旁压试验曲线的局部有一些影响,但是其对旁压曲线的斜率影响甚小。换句话说,初始比容对旁压试验不排水剪切强度没有影响。因此,以下讨论将基于比容 v 等于 2.0 试验的结果。

图 8.6 给出了超固结比 $n_p=1.001,2.5,5,7.5,10,15,20$ 等不同情况下的旁压曲线。注意,图中仅仅显示了旁压曲线的塑性部分。若取正常固结黏土 $n_p=1$,则达到屈服面所需要的剪切应变是零,这将导致无法确定弹-塑性界面半径(详见第 4 章),故分析中用 $n_p=1.001$ 代替。通过土的理论三轴不排水剪切强度将旁压压力(小孔压力)归一化,这一强度与土性的关系为 $s_u=0.5M\exp[(\Gamma-\nu)/\lambda]$。由于 $n_p=2.5$ 的情形非常接近不排水卸载条件,其在达到临界状态前的土性呈完全弹性状态(例如,$n_p=2.718$ 对应于原始剑桥模型的临界状态),因此图 8.6 中 $n_p=2.5$ 旁压曲线的塑性部分比其他超固结比 n_p 情形的要短。结果是,在达到旁压曲线塑性段之前的小孔弹性应变比其他超固结比 n_p 的应变要大。

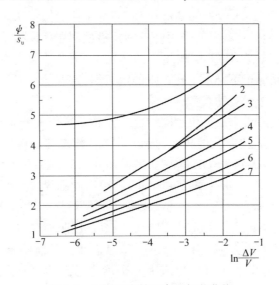

图 8.6 不同超固结比旁压加载曲线

$n_p=1.001$(曲线 1),2.5(曲线 2),5(曲线 3),7.5(曲线 4),10(曲线 5),15(曲线 6),20(曲线 7)

采用 Gibson 和 Anderson(1961)的求解过程,从旁压曲线上小孔应变为 5%~15% 的区域导出不排水抗剪强度 s_m。对于正常固结和轻度超固结黏土,应用 Gibson 和 Anderson 方法分析理论旁压曲线(图 8.6),用有效应力方法所得旁压不排水抗剪强度等于或接近计算的理论不排水抗剪强度 s_u。然而,对于重度超固结黏土,从旁压曲线得到的抗剪强度远小于不同超固结比土体抗剪强度的实际值,且差距随超固结比的增大而加剧。旁压强度和实际不排水抗剪强度比值随超固结比 n_p 的变化的结果如图 8.7 所示。

Collins 和 Yu(1996)用平均有效应力定义超固结比 n_p。而实际工程中应用的超固结比 OCR 通常是一维的,即用竖向有效应力定义。Muir Wood(1990)认为超

固结比 n_p 能够转换为一维超固结比 OCR。即使 n_p 和 OCR 之间的关系可能与正常固结试样的静止土压力系数 K_{onc} 相关,但两者之间的关系仍可表达为

$$\frac{OCR}{n_p} = \frac{4 + n_p + \sqrt{8n_p + n_p^2}}{8} \tag{8.4}$$

根据式(8.4),将图 8.7 按旁压强度和实际不排水抗剪强度比值与 OCR 的关系重新绘制成图 8.8 的形式。值得注意的是,比较图 8.7 和图 8.8 可见,对于重度超固结黏土,Gibson 和 Anderson(1961)总应力分析法得到的抗剪强度明显低估了土的实际抗剪强度。

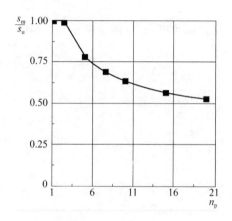

图 8.7 旁压强度 s_m 与三轴不排水抗剪强度 s_u 比值随 n_p 的变化

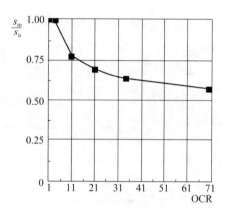

图 8.8 旁压强度与三轴不排水抗剪强度比值随 OCR 变化

采用有效应力法分析伦敦黏土的结果表明,尽管 Gibson 和 Anderson 的总应力分析法对正常固结和轻度超固结黏土的不排水旁压试验结果是适用的,但其不适合分析重度超固结黏土的旁压试验结果。

由于旁压仪几何尺寸对分析结果有明显影响,所以可靠的分析方法必须考虑这一因素,同时采用更切合实际的临界状态模型和有效应力分析方法。

4)双曲线土模型总应变分析得到抗剪强度

如第 5 章所述,对于双曲线应力-应变模型土中柱形孔不排水扩张问题,若忽略弹性变形,可得小应变问题闭合形式解析解(Provest,Hoeg,1975)。

按照理论解析,若应变硬化土应力-应变关系可表示为

$$q = \frac{\gamma^p}{D + \gamma^p} q_{ult} \tag{8.5}$$

式中,与第 5 章定义一样,q 是剪切应力,γ^p 是塑性剪切应变,D 是材料常数,另一材料常数 q_{ult} 是最大剪切应力。这样,旁压加载曲线可以描述为土体参数 D 和 q_{ult}

的函数

$$\psi = \sigma_{ho} + \frac{q_{ult}}{\sqrt{3}} \ln\left(1 + \frac{2}{\sqrt{3}D}\varepsilon_c\right) \tag{8.6}$$

式中，$\varepsilon_c = (a-a_0)/a_0$ 是小孔应变。对于实际工程，很容易确定给定土的常数 D。这样，就可通过以小孔压力和小孔应变作为坐标的旁压加载曲线确定土的最终抗剪强度（如残余抗剪强度），如图 8.9 所示。

另外，如果将土的应力-应变关系更好地用应变硬化和应变软化的响应表示，如

$$q = A\frac{B(\gamma^p)^2 + \gamma^p}{1 + (\gamma^p)^2} \tag{8.7}$$

式中，A 和 B 是两个土性参数。这样，可得如图 8.10 所示的理论旁压加载曲线

$$\psi = \sigma_{h0} + \frac{A}{\sqrt{3}}\left\{\frac{B}{2}\ln\left[1 + \left(\frac{2}{\sqrt{3}}\varepsilon_c\right)^2\right] + \arctan\left(\frac{2}{\sqrt{3}}\varepsilon_c\right)\right\} \tag{8.8}$$

因此，若常数 B 已知，就可用图 8.10 所示的旁压试验曲线来确定常数 A。

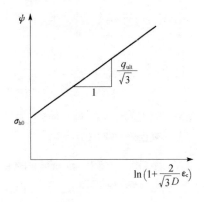
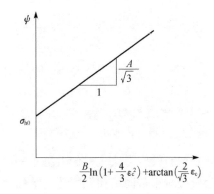

图 8.9　采用 Provest 和 Hoeg(1975)　　　　图 8.10　采用 Provest 和 Hoeg(1975)
应变硬化分析的图形方法　　　　　　　应变软化分析的图形方法

5) 从旁压加载试验得到应力-应变曲线

Palmer(1972)，Baguelin 等(1972)和 Ladanyi(1972)最先研究了不排水黏土中小孔扩张的反问题。第 5 章 5.5 节给出了不排水和排水小孔扩张的分析过程。

对于不排水黏土，假设土的抗剪强度定义为

$$s_u(\varepsilon) = \frac{\sigma_r - \sigma_\theta}{2} \tag{8.9}$$

式中，σ_r 和 σ_θ 分别是径向和切向应力。注意，式(8.9)中的不排水抗剪强度 $s_u(\varepsilon)$ 不是一个常量，而是应变 ε 的未知函数。

联立式(8.9)和不可压缩条件，可得小孔扩张曲线

$$\psi = \sigma_{h0} + \int_0^{\varepsilon_c} \frac{s_u(\varepsilon)}{\varepsilon} d\varepsilon \tag{8.10}$$

式中，ψ 为小孔压力。

利用式(8.10)可以得到不排水抗剪强度的函数关系

$$s_u(\varepsilon_c) = \varepsilon_c \frac{d\psi}{d\varepsilon_c} \tag{8.11}$$

其中，从旁压试验的小孔扩张曲线 $\psi\text{-}\varepsilon_c$ 上容易求得导数 $d\psi/d\varepsilon_c$。

8.2.4　固结系数

自钻式旁压仪测到的孔隙压力能够用来估计土的另一特性参数：水平方向固结系数 c_h。这种方法即由 Clarke 等(1979)提出的所谓"Holding test"试验。在不排水条件下，旁压仪在黏土中膨胀时，周围土中将产生超孔隙压力，土体产生塑性变形。如果在这个阶段小孔直径保持不变，随着超孔隙压力和小孔总压力的降低，可以观察到土的松弛现象。若保持小孔压力不变，超孔隙压力降低和小孔直径持续增加将导致土的松弛状态。

在旁压加载试验的任何塑性阶段，小孔壁处超孔隙压力与小孔体应变的关系为(Mair，Wood，1987)

$$U = s_u \ln\left(\frac{G}{s_u}\right) + s_u \ln \frac{\Delta V}{V} \tag{8.12}$$

若小孔半径保持不变，超孔隙压力将消散。可以用量纲为一的时间因子 $T_{50} = c_h t_{50}/a^2$ 来估计土的固结系数，t_{50} 为超孔隙压力降至其最大值一半所经历的实际时间。

利用解析方法，Randolph 和 Wroth (1979)推导出归一化最大超孔隙压力 U_{max}/s_u 和时间因子 T_{50} 之间的关系，如图 8.11 所示。

根据图 8.11 所示实际时间 t_{50} 和旁压"Holding"试验测得小孔壁归一化最大超孔隙压力的关系，可确定水平方向固结系数 c_h。

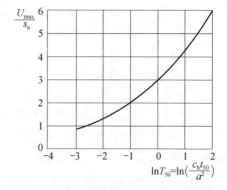

图 8.11　最大超孔隙压力和时间因子之间理论关系(Randolph，Wroth，1979)

8.2.5　有限旁压长度和初始应力状态的影响

1) 有限旁压长度影响

迄今为止的分析方法均假定旁压是无限长的，这样可作为柱形孔扩张来分析。

实际中大部分自钻式旁压仪长度约为其直径的 6 倍。因此,旁压试验中的二维效应可能很显著。研究旁压几何影响的大多传统方法是采用轴对称有限元分析。

Yu(1990),Yeung 和 Carter(1990),Houlsby 和 Carter(1993)以及 Charles 等(1999)均开展了这方面的数值研究。虽然所有这些研究均表明,忽略旁压长度将过高估计不排水抗剪强度,但由于这些学者使用了不同的土体模型和计算程序,其具体结果稍有不同。例如,Yu(1990)用式(8.13)表示旁压长度对不排水抗剪强度的影响

$$\alpha = \frac{s_u}{s_u^6} = 1 - 0.02\ln\frac{G}{s_u^6} \tag{8.13}$$

式中,s_u 和 s_u^6 分别为旁压长度和直径比值为∞和 6 时的不排水抗剪强度。G 为土的剪切模量。这样,将自钻式旁压试验得到的不排水抗剪强度 s_u^6 乘以式(8.13)中的修正因子 α,即可估计土的实际不排水抗剪强度。

Charles 等(1999)利用数值方法研究了旁压几何特征对不同临界状态模型不排水黏土影响的有效应力分析法。结果表明,对于完全塑性土,总应力分析方法预测的强度大于有效应力分析方法得到的强度。研究还发现,随 OCR 增加,旁压几何尺寸的影响迅速降低。

正如 Clarke(1993)所指出,按 Gibson 和 Anderson 建议的方法获得的试验结果表明,软黏土(正常固结黏土)旁压试验得到的不排水抗剪强度比三轴试验结果偏高。另外,对于较硬的超固结黏土(如伦敦黏土),旁压试验得到的结果和三轴试验结果相似。由于忽略旁压长度对抗剪强度的影响(Yu,1990;Yu,1993;Yeung,Carter,1990;Houlsby,Carter,1993),因此软黏土旁压试验得到的抗剪强度偏高是合乎逻辑的。采用总应力分析方法,对于硬黏土应该得到同样的结果,但实际上硬黏土旁压试验得到的抗剪强度和三轴试验不排水抗剪强度相似。为了从理论分析上述差异,Collins 和 Yu(1996)提出了用于分析软黏土和硬黏土中的旁压试验结果的临界状态土体小孔扩张解析方法。

为了解释为什么硬黏土(如超固结黏土)旁压试验抗剪强度与三轴试验结果相似,而软黏土(如正常固结黏土或轻度超固结黏土)旁压试验抗剪强度却远高于三轴试验结果,有必要回顾一下关于旁压几何尺寸对黏土中旁压试验不排水抗剪强度影响的研究。Yu(1990,1993)以及 Houlsby 和 Carter(1993)有限元法的理论研究表明,忽略旁压几何尺寸的影响将导致不排水抗剪强度偏大。这种偏大趋势随硬化系数 I_r(剪切模量 G 与不排水抗剪强度比值)的增加而增加。当 $I_r = 100 \sim 500$ 时,若不考虑旁压实际几何尺寸的影响,将使不排水抗剪强度偏大 20%～40%。Bond 和 Jardine(1991)指出,伦敦土 OCR = 20～50,而采用 Gibson 和 Anderson(1961)总应力分析法(图 8.8),将会使伦敦土不排水抗剪强度估计值低 30%～40%。如果综合考虑旁压实际几何尺寸(不排水抗剪强度估值偏高)和

OCR(不排水抗剪强度估值偏低)的影响,对于重度超固结黏土,Gibson 和 Anderson(1961)总应力分析法得到的旁压抗剪强度和三轴试验结果相似。然而,对于正常固结和轻度超固结黏土,可以忽略 OCR 的影响(图 8.8)。所以,由于 Gibson 和 Anderson(1961)方法忽略了旁压仪实际几何尺寸的影响,从而过高估计了三轴抗剪强度。正如 Clarke(1993)所讨论,这是在软黏土和硬黏土中自钻式旁压试验所普遍观测到的趋势。

2) 初始应力状态的影响

前述旁压试验分析均基于各向同性原位土应力状态下的小孔扩张,即认为初始水平应力等于垂直应力。然而,工程实际中并非如此,因此有必要评价各向异性初始应力状态土旁压试验分析方法的精度。

为了定量分析自钻式旁压试验中原位应力状态对土性的影响,可使用作者(Yu,1990,1994,1996)开发的有限元程序 CAVEXP。CAVEXP 程序所使用的基本公式在第 7 章已有简要叙述。研究表明,可以忽略初始应力状态对于自钻式旁压试验不排水抗剪强度的影响。

8.3 砂土自钻式旁压试验

与黏土试验一样,砂土自钻式旁压试验可以测试原位土的剪切模量和水平总应力。另外,可用砂土中排水旁压试验结果估算砂土的强度(如摩擦角和剪胀角)和原位状态参数。

本节涉及基于小孔扩张理论的一些主要分析方法。由于假定自钻式旁压试验对土不产生扰动,分析中仅需要小应变情形下的小孔扩张分析方法。值得指出的是,对于砂中自钻式旁压试验的所有分析都基于试验缓慢进行的假设,这样才符合完全排水条件。本节涉及的所有应力或者压力(如小孔压力)都是指有效应力。

8.3.1 剪切模量

和黏土的情况类似,如果将旁压试验结果表示在以有效小孔压力 ψ'(小孔压力和初始孔隙水压力之差)为纵坐标,以小孔应变 ε_c 作为横坐标的图中,那么柱形孔扩张解表明,砂土的剪切模量 G 等于卸载-重新加载循环斜率的一半。大多数砂土并不精确地表现为线性弹塑性材料,旁压试验得到的模量是压力和卸载-重新加载循环应变的函数。也就是说,所测模量和循环位置以及深度无关。当给出卸载-重新加载循环时,必须确保循环位于弹性区域。对于理想弹塑性 Mohr-Coulomb 土,小孔扩张理论表明(Wroth,1982),完全弹性卸载时,小孔压力降低的最大值必须小于

$$(\Delta\psi')_{\max} = \frac{2\sin\phi'}{1 + \sin\phi'}\psi'_{\text{un}} \tag{8.14}$$

式中,ψ'_{un}指旁压仪开始卸载时的有效小孔压力,ϕ'为排水条件下的内摩擦角。

由于旁压仪置入时不可避免地对砂土产生扰动,从初始旁压曲线得到的剪切模量可能不可靠,因此在岩土设计中不建议使用。

8.3.2　原位水平总应力

若置入自钻式旁压仪过程中对周围土不产生扰动或扰动很小,那么在理论上,对应于小孔应变为零的旁压仪初始压力值等于原位水平总应力。

在实际工程中,为了确保结果的可靠性在将旁压仪置入砂土中时必须非常小心。迄今为止有限的试验表明,采用"lift off"方法测得的砂土原位水平总应力值σ_{h0}很低,这是因为砂中自钻式旁压试验对围土产生了扰动。尽管"lift off"方法是估计砂中σ_{h0}唯一合理的方法,但是利用旁压试验测量σ_{h0}的可靠性还没有被完全证实(Mair,Wood,1987;Clarke,1995)。提高σ_{h0}估算值的可靠性依赖于进一步改进自钻式旁压仪的钻进和放置技术。

8.3.3　排水抗剪强度

对于排水旁压试验,为了考虑试验过程中土体剪胀性的影响,Hughes 等(1977)对 Gibson 和 Anderson 方法进行了修正。为了获得简单形式的解,Hughes 等(1977)假定旁压试验中土的摩擦角和剪胀角均为常数。利用这种方法,可由旁压试验得到土的内摩擦角ϕ'和剪胀角ν'。尽管已经证明理想塑性模型可以较好地模拟非常密实的砂(Jewell et al.,1980;Fahey,1980),但对于中密和松砂却难尽人意。Manassero(1989)提出了一种与 Palmer 不排水分析方法相类似的排水分析方法。按照 Manassero 法,对于给定的塑性流动法则,可以从旁压试验得到剪切应变和应力比之间的关系。

1) 从旁压仪加载试验得到抗剪强度

Hughes 等(1977)提出了一种可以从旁压加载试验结果导出土的摩擦角和剪胀角的小孔扩张小应变解。Hughes 等假设砂为理想弹-塑性 Mohr-Coulomb 材料,旁压试验理想化为完全排水条件下土中无限长柱形孔扩张过程。

忽略塑性变形区的弹性变形,塑性阶段的小孔扩张曲线解可近似表示为

$$\ln\psi' = s\ln\varepsilon_{\text{c}} + A \tag{8.15}$$

式中,$s = (1 + \sin\nu')\sin\phi'/(1 + \sin\phi')$,$A$ 为常量。

式(8.15)所定义的理论旁压曲线表明,如果将旁压试验结果绘制在以有效小孔压力和对数体积应变为坐标的图中,那么塑性部分的斜率(为一条直线)等于 s,

是土体摩擦角和剪胀角的函数,如图 8.12
所示。

为了获得 ϕ' 和 ν' 值,必须提供土的摩擦
角和剪胀角之间的 Rowe 应力-剪胀关系以
及临界状态摩擦角 ϕ'_{cv} 等的进一步信息。对
于给定的砂,ϕ'_{cv} 是常量,可容易地从扰动试
样中测得。

利用 Rowe 应力-剪胀关系,可由旁压曲
线斜率 s 和土临界状态摩擦角 ϕ'_{cv},推导确定
土摩擦角和剪胀角的表达式

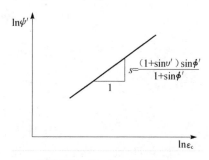

图 8.12 Hughes 等(1977)
分析方法的图形表示

$$\sin\phi' = \frac{s}{1+(s-1)\sin\phi'_{cv}} \tag{8.16}$$

$$\sin\nu' = s + (s-1)\sin\phi'_{cv} \tag{8.17}$$

2) 从旁压卸载试验得到抗剪强度

在相同假设的基础上,Houlsby 等(1986)拓展了 Hughes 等(1977)的分析方法,
用以分析旁压卸载试验结果。在 Houlsby 等的分析中,假定砂为理想弹塑性 Mohr-
Coulomb 材料,并忽略塑性变形区域的弹性变形。Yu(1990)提出了同时考虑塑性区

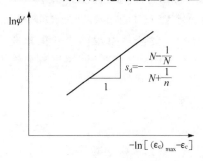

图 8.13 Houlsby 等(1986)
分析方法图示

大应变和弹性变形的更加严格的卸载分析方
法。比较 Yu 和 Houlsby(1995)方法,如果考虑
大应变的影响,则塑性区弹性变形对小孔卸
载曲线斜率的影响很小。

Houlsby 等(1986)小应变卸载分析方法示
于图 8.13,在以 $\ln\psi'$ 和 $-\ln[(\varepsilon_c)_{max}-\varepsilon_c]$ 为坐标
的图中,塑性卸载的斜率主要受土强度参数的
控制,而土的刚度影响则较小。需要注意,
$(\varepsilon_c)_{max}$ 为卸载试验开始阶段的小孔最大应变。
图中旁压卸载曲线的斜率 s_d 可以近似表示为

土的摩擦角和剪胀角的函数

$$s_d = -\frac{N-\dfrac{1}{N}}{N+\dfrac{1}{n}} \tag{8.18}$$

式中,$N=(1-\sin\phi')/(1+\sin\phi')$,$n=(1-\sin\nu')/(1+\sin\nu')$。

再次采用 Rowe 应力-剪胀关系,可以由旁压曲线斜率 s 和土临界状态摩擦角
ϕ'_{cv} 推出土摩擦角和剪胀角的表达式

$$\sin\phi' = m - \sqrt{m^2 - 1} \tag{8.19}$$

$$\sin\nu' = \frac{\sin\phi' - \sin\phi'_{cv}}{1 - \sin\phi' \sin\phi'_{cv}} \tag{8.20}$$

式中,m 为

$$m = \sin\phi'_{cv} + \frac{1 + \sin\phi'_{cv}}{s_d} \tag{8.21}$$

　　基于 Houlsby 等(1986)提出的卸载分析方法的有限试验结果表明,该法得到的摩擦角和剪胀角远小于采用其他试验和分析方法所得结果(Withers et al.,1989;Houlsby,Yu,1990;Yu,Houlsby,1995)。这可能是由于用理想弹-塑性 Mohr-Coulomb 模型并不适合模拟卸载条件下砂的复杂力学行为,所以该方法在实际中没有得到广泛应用。

　　3) 旁压加载试验得到应力-应变曲线(Manassero,1989)

　　迄今为止所发展的分析方法都假设砂表现出完整的应力-应变关系。和黏土的情况类似,可以选择两种方法作为小孔扩张逆问题来解决旁压试验问题。在第二种方法中,对于砂土假定了塑性流动法则,因此就可利用旁压卸载曲线推导土体完整的剪切应力-应变曲线。

　　Palmer(1972)提出的不排水小孔扩张逆问题解可以分析完全排水条件下砂中小孔扩张问题。由于存在剪胀性,对于砂土的分析不像对不排水黏土那么简单。实际上砂土得不到闭合形式的解,因此必须使用有限差分法从给定的小孔扩张曲线得到应力-应变关系。Manassero(1989)和 Sousa Coutinho(1989)利用这种方法对旁压试验进行了分析。

　　对于剪胀性砂,可假定应变间关系是一未知函数 f

$$\varepsilon_r = f(\varepsilon_\theta) \tag{8.22}$$

式(8.22)成立的条件是,当 $\varepsilon_\theta = 0$ 时,$\varepsilon_r = f = 0$。因此,需要确定函数 f。

　　由式(5.165),得

$$\frac{\mathrm{d}\varepsilon_r}{\mathrm{d}\varepsilon_\theta} = f' \tag{8.23}$$

式中,f' 是 f 对 ε_θ 的导数。

　　应变协调条件为

$$\frac{\mathrm{d}\varepsilon_\theta}{\mathrm{d}r} = \frac{\varepsilon_r - \varepsilon_\theta}{r} \tag{8.24}$$

　　利用式(5.165),式(8.24)可表为

$$\frac{\mathrm{d}r}{r} = \frac{\mathrm{d}\varepsilon_\theta}{f - \varepsilon_\theta} \tag{8.25}$$

忽略弹性变形,Rowe 应力-剪胀关系可用式(8.26)表示

$$\frac{\sigma_r}{\sigma_\theta} = -K \frac{\mathrm{d}\varepsilon_\theta}{\mathrm{d}\varepsilon_r} \qquad (8.26)$$

式中,$K = (1+\sin\phi_{cv})/(1-\sin\phi_{cv})$,$\phi_{cv}$ 为临界状态摩擦角。

对于柱形孔,总应力必须满足平衡方程

$$r \frac{\mathrm{d}\sigma_r}{\mathrm{d}r} + \sigma_r - \sigma_\theta = 0 \qquad (8.27)$$

式(8.27)可改写为

$$\mathrm{d}\sigma_r = -(\sigma_r - \sigma_\theta) \frac{\mathrm{d}r}{r} \qquad (8.28)$$

使用式(5.168)和式(5.169),式(8.28)变为

$$\frac{1}{\sigma_r} \times \frac{\mathrm{d}\sigma_r}{\mathrm{d}\varepsilon_\theta} = -\frac{1+\dfrac{f'}{K}}{f-\varepsilon_\theta} \qquad (8.29)$$

遗憾的是,式(8.29)不能通过积分得到解析解。但是,如果将此式应用于小孔壁处,由于已知 σ_r 和导数 $\mathrm{d}\sigma_r/\mathrm{d}\varepsilon_\theta$,可用有限差分法求得数值函数 f,再得 ε_r 和 ε_θ 之间的关系。

一旦确定了函数 f,就可以利用前述公式很容易确定其他所有变量(如应力和位移)。需要指出,上述分析是在小应变假设的基础上进行的,并且忽略了塑性变形区的弹性变形。然而,Yu 和 Houlsby(1991)指出,忽略弹性变形对由砂中自钻式旁压试验得到土的性质有明显影响。

和 Palmer 的不排水黏土问题分析一样,有限的试验表明,Manassero 排水旁压试验分析对初始条件(如置入旁压仪可能的扰动,真实参照条件的不确定)非常敏感。

8.3.4　状态参数

状态参数自引入(Been,Jefferies,1985)以来在岩土工程中得到了广泛的应用。状态参数将应力水平和相对密度两者的影响联系起来,与用相对密度描述砂土特性相比较,这无疑向前迈出了重要的一步。

研究表明,像摩擦角和膨胀角等砂土的一些常用性质参数很合适作为状态参数,这对于执业工程师非常实用。状态参数概念的实际应用取决于原位参数的测试能力。本节研究由自钻式旁压试验结果确定砂土初始状态参数的方法。

1) 从旁压加载试验获得土的状态参数

Yu(1994)提出了一种将自钻式旁压试验结果和砂土初始状态联系起来的分析方法。该法发现,对于特定的砂,旁压加载曲线斜率 s(图 8.12)和土的初始状态参数存在

线性关系。另外,这种关系与初始应力状态和土的刚度基本无关,因此是唯一的。

Yu(1994)使用的是基于临界状态模型的状态参数模型,第 7 章(参见 7.2.2 节)已简要描述过这一模型。利用这种应变硬化/软化砂土模型,不能得到小孔扩张问题的闭合形式解答,因此需要采用数值方法。Yu(1994)利用 CAVEXP 有限元程序将砂中自钻式旁压试验模拟为柱形孔扩张问题。

该方法采用的典型有限元网格划分如图 8.14 所示。Yu(1994)所有分析都采用了 100 个两节点单元与一个无限弹簧单元的组合,以模拟无限介质的力学行为。最外一个环形单元和弹簧单元界面半径为初始小孔半径的 300 倍($r_n = 300 r_1$)。

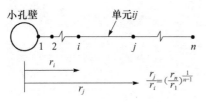

图 8.14 小孔扩张分析的典型
有限元网格(Yu,1994)

在 Yu(1994)状态参数模型分析旁压试验中,遵循 Hughes 等(1977)提出的仅利用旁压加载部分曲线求取土体现在性质的思路。

图 8.15 是 Ticino 砂中自钻式旁压试验数值模拟的典型结果。与 Been 等(1987)的分析类似,Ticino 砂临界状态参数取为 $\Gamma = 0.986, \lambda = 0.024, \phi_{cv} = 31°$。数值模拟得到的压力-剪胀曲线和实际原位实测结果几乎一样。值得注意的是,对数坐标系中旁压试验加载曲线近乎于直线,可用图中加载曲线上小孔应变 2%~15% 段来确定旁压曲线的斜率。利用已知的 s 值和初始状态参数 ξ_0,可估计这两个参数之间的数值关系。

Yu 主要针对通常用于标定试验的标准砂的加载试验进行了分析,因此可以直接对分析和试验结果进行对比。这些标定

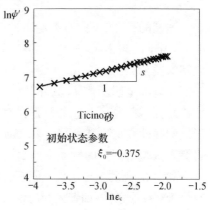

图 8.15 旁压加载数值试验典型
曲线(Yu,1994)

试验材料是 Monterey 0 号砂、Hokksund 砂、Kogyuk350/2 砂、Ottawa 砂、Reid Bedford 砂和 Ticino 砂。表 8.1 列出了材料的临界状态性质参数($\lambda, \Gamma, \phi_{cv}$),Collins 等(1992)使用了 Been 和 Jefferies(1985)的 Kogyuk 350/2 砂数据,Been 等(1987)使用了其他砂的参数。

表 8.1　6 种标准砂的性质参数(摩擦角单位为度)

砂	Monterey 0 号砂	Hokksund 砂	Kogyuk 砂	Ottawa 砂	Reid Bedford 砂	Ticino 砂
e_{max}	0.82	0.91	0.83	0.79	0.87	0.89
e_{min}	0.54	0.55	0.47	0.49	0.55	0.6

续表

砂	Monterey 0 号砂	Hokksund 砂	Kogyuk 砂	Ottawa 砂	Reid Bedford 砂	Ticino 砂
A	0.83	0.80	0.75	0.95	0.63	0.6
Γ	0.878	0.934	0.849	0.754	1.014	0.986
λ	0.013	0.024	0.029	0.012	0.028	0.024
ϕ_{cv}	32	32	31	28.5	32	31

　　为获得旁压加载曲线斜率 s 和材料初始状态参数 ξ_0 之间明显的数值关系,有必要研究其他关键参数的影响。Yu 和 Houlsby(1994)早期对砂中自钻式旁压试验的数值分析研究表明,材料的刚度指数(定义为剪切模量和初始平均应力水平的比)在旁压试验分析中具有重要作用。因此选择刚度指数在 500~2000 变化,以分析其影响。另外,选择初始侧压力比 K_0(定义为初始水平应力和竖向应力比)在 0.5~2.0 变化,以分析各向异性的初始应力状态可能的影响。

　　与所有已有分析一样,用土中柱形孔扩张来模拟旁压试验。每一试验持续进行直至小孔应变达到 15%,然后对应变为 2% 和 15% 区域应用最小二乘法来估算对数坐标上旁压-扩张曲线的斜率 s。

　　旁压加载曲线斜率 s 与砂初始状态参数之间的数值关系表明,其与材料刚度指数及初始应力状态基本无关。这是因为刚度指数 500 和 2000 数值计算结果的差异非常小,在实际应用中可以忽略。具有不同初始侧压力比的 Monterey 0 号砂的数值分析表明,各向异性初始应力状态对土的旁压加载曲线斜率和初始状态参数之间关系的影响很小。

　　总之,由上述数值模拟可得两个重要结论:①对于特定材料,旁压加载曲线斜率主要由土的初始状态参数决定;②s 和 ξ_0 之间基本呈线性关系。对于实际工程,可用下列线性关系来表示(图 8.16)

$$\xi_0 = 0.59 - 1.85s \qquad (8.30)$$

式中,ξ_0 和 s 表示砂初始状态参数和无限长旁压试验的加载曲线斜率。

　　一旦已知状态参数,就可利用摩擦角与状态参数之间的平均关系估算土的摩擦角(Been et al.,1987)。

　　由旁压加载斜率可以导出平面应变问题摩擦角 ϕ_0^{ps} 的表达式

$$\phi_0^{ps} = 0.6 + 107.8s \qquad (8.31)$$

　　2) 从旁压仪卸载试验获得土的状态参数
　　尽管自钻式旁压仪对土的挠动最小,

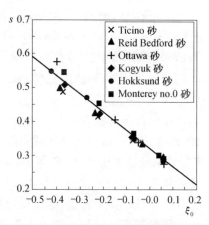

图 8.16　s 和 ξ_0 之间线性理论关系

但在旁压仪置入过程中并非对土没有任何扰动(Clough et al.,1990)。如Jamiolkowski等(1985)指出,自钻式旁压仪在置入过程中对土产生的扰动可能会对旁压试验曲线初始加载部分的形状产生重要影响,因此尽可能不要使用纯粹基于初始加载段测试结果的分析方法。

自钻式旁压仪和完全置换式旁压仪试验研究已表明(Hughes,Robertson,1985;Bellotti et al.,1986;Schnaid,Houlsby,1992),旁压卸载试验对土的初始扰动不太敏感。Whittle 和 Aubeny(1993)采用应变路径法研究了旁压仪置入过程中扰动对原位试验的影响,所得到的理论结果在很大程度上支持上述试验观测结论。在此基础上,对于砂(Houlsby et al.,1986;Withers et al.,1989;Yu,1990;Yu,Houlsby,1994)和黏土(Jefferies,1988;Houlsby,Withers,1988;Ferreira,Robertson,1982)中旁压卸载试验分析已经取得了一些进展。虽然可用这些方法从黏土旁压卸载试验部分导出土的实际特性,但如 Houlsby 等(1986)所述,对砂土的分析并不符合实际,其得到的摩擦角值太小(Withers et al.,1989;Yu,1990)。

鉴于此,Yu(1996)发展了基于状态参数的旁压卸载试验分析方法,该法采用旁压试验卸载部分来导出土的状态参数,因此此法要优于以前(Yu,1994)的加载分析方法。Yu 的卸载分析方法基于应变硬化(或软化)塑性模型,假定摩擦角和剪胀角是状态参数的函数。由于改进方法仅需要卸载部分测试结果,所以它不需要理想置入的自钻式旁压试验数据。也就是说,这种卸载分析方法同样适用于砂中的完全置换式或锥形旁压试验。

Yu 对旁压试验卸载分析所用土的模型本质上与 Yu 的加载分析所用的模型相同,唯一区别是在卸载分析中考虑了剪切模量随孔隙比以及平均压力的变化。

Houlsby 等(1986)首次提出了砂中旁压试验卸载分析的近似小应变解,后来Withers 等(1989)将其推广到包含球形孔的情形。该方法基于理想弹塑性 Mohr-Coulomb 模型,忽略了塑性变形区的弹性变形。获得的主要结论是,在 $\ln\varphi'$ 和 $-\ln[(\varepsilon_c)_{max}-\varepsilon_c]$ 的坐标系(φ' 是有效小孔压力,$(\varepsilon_c)_{max}$ 和 ε_c 分别为小孔的最大和当前应变)中,塑性卸载曲线是一条直线,而曲线斜率主要由土的强度参数所控制。与加载试验相比,该法的主要不足在于,在现场旁压试验中测得的摩擦角偏低。

在上述土体模型的基础上,Yu(1990)及 Yu 和 Houlsby(1994)提出了一个更为严格的卸载分析方法,该方法考虑塑性变形区的大应变和弹性变形。通过分析发现,大应变分析的塑性卸载曲线在对数坐标图中近似为一条直线。初步比较表明,对于松砂和中密砂,利用 Houlsby 小应变分析法得到的塑性卸载斜率比大应变分析法得到的卸载斜率略高,但是对于密砂情况则相反。

旁压试验结果表明,尽管在对数坐标系中通常能够得到一个线性的卸载曲线,但曲线的斜率通常与理论预测值不能很好地吻合(Withers,1989)。一般地说,小应变解数值分析得到的卸载斜率远高于实测值。对于松砂和中密砂,大应变卸载分析预测的卸载斜率均相对更小，但与实测值吻合得更好。尽管如此，从旁压试验卸载斜率所得到的摩擦角和剪胀角仍然远低于实际值。出现这种差异的主要原因为，用理想弹塑性 Mohr-Coulomb 土模型并不能足够准确地模拟旁压卸载试验土体力学性质的复杂性。

Yu(1996)的研究旨在发展一种更加符合实际，能够考虑强度参数对土变形历史的影响的卸载分析方法。利用前述基于状态参数的基本模型，Yu(1996)提出采用柱形孔扩张过程模拟应变硬化(或软化)剪胀性土中的旁压试验。由于该种土体模型的小孔扩张问题没有闭合解，因此采用了有限元程序 CAVEXP 来模拟旁压试验曲线和土的初始状态参数的关系。

如前所述，现有利用 Mohr-Coulomb 土模型进行的卸载分析表明，在 $\ln\psi'$ 和 $-\ln[(\varepsilon_c)_{max}-\varepsilon_c]$ 坐标系中的塑性卸载曲线是一条直线，其斜率主要由土的强度参数控制。与采用旁压试验卸载段获得土性的分析方法类似，采用状态参数模型分析旁压试验(Yu,1996)。

图 8.17 给出了 Ticino 砂自钻式旁压试验的有限元模拟典型结果，与 Been 等 (1987)给出的 Ticino 砂临界状态性质一样，取 $\Gamma=0.986$，$\lambda=0.024$，$\phi_{cv}=31°$。数值模拟得到的压力-收缩曲线和现场试验中的基本一致。值得注意的是，对数坐标中的旁压试验卸载曲线的大部分区域接近于直线，可用具有明显线性特征的卸载曲线部分来估算旁压卸载曲线斜率。这样就可利用已知的 s_d 值和土的初始状态参数 ξ_0，建立起两参数之间的数值关系。

图 8.18 给出了在 Ticino 砂旁压加载和卸载试验过程中，邻近旁压膜的土体状态的变化，同时给出了同一种土的临界状态线，这样可以很容易观察旁压试验中土体状态参数的变化。

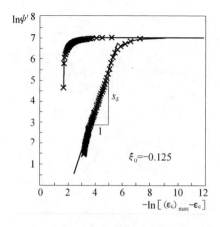

图 8.17　典型数值旁压卸载试验曲线(Yu,1996)

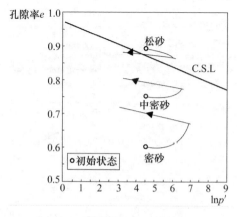

图 8.18　典型的数值旁压卸载曲线(Yu,1996)

结果表明,在加载试验过程中,中密砂和密砂具有明显剪胀现象,而松砂则趋于压缩。当土体弹性卸载时孔隙比稍有降低,而一旦出现塑性卸载,所有密度的土均开始剪胀。图中显示的松砂试验路径表明,在旁压试验过程中土可能从"松散"状态转变为"密实"状态。Collins 等(1992)在利用状态参数模型分析小孔扩张问题时也注意到了土的这种力学行为。

同 Yu 的加载分析一样,Yu(1996)卸载分析对象主要针对标定试验用的标准砂,这样在数值模拟中就可采用材料的实际参数。标准砂包括 Monterey0 号砂、Hokksund 砂、Kogyuk350/2 砂、Ottawa 砂、Reid Bedford 砂和 Ticino 砂。表 8.1 给出这些砂的临界状态参数($\gamma\Gamma\phi_{cv}$),表中数据源于 Been 等(1987)、Been 和 Jefferies(1985)以及 Collins 等(1992)的工作。

如前所述,可以用柱形孔扩张和收缩来模拟土中旁压加载和卸载试验。

为简化起见,假定在试验中旁压膜始终与砂接触。需要说明的是,实际上并非如此,特别是在非常低的应力条件下更非如此。按照已有的大多分析,忽略旁压试验中某些荷载条件下松砂或饱和砂崩解的可能影响。

通常,每一试验都持续进行直到小孔应变达到 $(\varepsilon_c)_{max}=18.23\%$(相应于小孔扩张率为 1.2),然后开始卸载。以 $\ln\psi'$ 和 $-\ln[(\varepsilon_c)_{max}-\varepsilon_c]$ 为坐标轴绘制旁压加卸载试验曲线,即可确定对数坐标上卸载曲线的斜率 s_d。

通过选择一系列不同的初始孔隙比和应力状态,图 8.19 和图 8.20 分别给出了前述六种标准砂旁压试验卸载曲线斜率 S_d 与初始状态参数 ξ_0 以及与初始平面应变摩擦角 ϕ_0^{ps} 之间的关系。便于与以前分析结果进行比较,采用的是基于三轴试验摩擦角的土体模型,分析中需要将其转换为平面应变摩擦角。有一些方法可以将三轴试验摩擦角转换为平面应变摩擦角,Yu(1996)则采用了 Wroth(1984)建议的简单关系 $\phi_0^{ps}=1.1\phi_0^{tr}$。

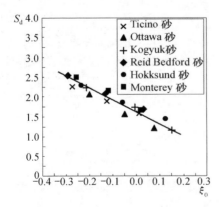

图 8.19　旁压卸载试验曲线斜率
与初始状态参数之间的理论关系

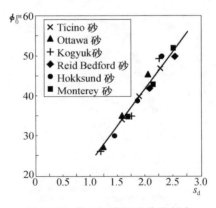

图 8.20　旁压卸载试验曲线斜率
与初始摩擦角之间的理论关系

有意思的是,得到的数值关系与砂土类型基本无关,这意味着具有不同 λ 和 ϕ_{cv} 值砂的这种关系之间的差异很小,在大多实际应用中可以忽略。图 8.19 所示的旁压卸载曲线斜率与土的初始状态参数之间的统计关系可视为是线性的,可表示为

$$\xi_0 = -0.33s_d + 0.53 \tag{8.32}$$

同样,图 8.20 所示卸载曲线斜率和初始平面应变摩擦角之间的关系可用线性关系近似表达

$$\phi_0^{ps} = 18.4s_d + 6.6 \tag{8.33}$$

8.3.5　旁压长度的影响

迄今为止,所有分析方法都基于旁压仪薄膜无限长的假设,这就意味着可以用无限长柱形孔来模拟土中旁压加卸载试验。

实际上自钻式旁压仪的典型长径比约为 6,因此旁压试验的二维特性对获得的土性可能有一些影响,有必要借助于数值模拟和试验定量分析这种影响。Yu(1990),Yu 和 Houlsby(1994) 以及 Yu(1993) 对旁压长度对砂的影响进行了有限元分析。Ajalloeian 和 Yu(1998) 的旁压长度影响的模型试验支持了 Yu(1990) 数值模拟的结果。

虽然没有用数值模拟研究砂中旁压长度对卸载分析结果的影响,但 Ajalloeian(1996) 试验结果表明,与加载部分相比,旁压仪长度对卸载试验的影响很小。

数值模拟和模型试验均表明旁压仪长度将引起刚性旁压加载响应。研究表明,长径比为 6 的实际旁压加载斜率 s^6 比柱形孔扩张过程得到的 s 要大 10％～20％。与 Laier 等(1975) 及 Ajalloeian 和 Yu(1998) 的模型试验结果相一致,数值模拟表明旁压长度的影响与砂土的密度基本无关。然而需要注意,旁压长度随土的刚度指数稍有增大,将导致高估加载曲线的斜率。根据 Yu 和 Houlsby(1994) 研究,当长径比为 6 时,旁压长度对加载斜率 s 的影响可采用下列影响因子考虑

$$a = \frac{s}{s^6} = 1.19 - 0.058\ln\frac{G}{p_0'} \leqslant 1 \tag{8.34}$$

式中,s 和 s^6 分别代表长径比为 ∞ 和 6 时的旁压加载试验斜率,G 和 p_0' 分别表示土的剪切模量和初始平均有效应力。

采用旁压加载斜率分析方法求取土的强度和状态参数之前,可简单地应用影响因子来考虑旁压长度对旁压试验斜率的影响。其步骤为:

(1) 以压力和膜中央应变作为坐标绘制曲线。

(2) 由卸载-再加载循环确定剪切模量 (G)。

(3) 估算原位水平应力,然后采用"lift-off"等法求出平均有效应力 p_0'。

(4) 由已知的 G 和 p_0' 值,求刚度指数(G/p_0')。

(5) 用双对数坐标绘制旁压加载曲线,利用此曲线估算 s^6 值。

(6) 采用式(8.34)计算旁压长度(或 2D)的影响因子 α。

(7) 根据 $s=\alpha\times s^6$ 估计对应于无限长旁压仪的 s 值。

(8) 获得 s 值后,利用 Yu(1994,1996)和 Hughes 等(1977)的小孔扩张关系,可以估算土的状态参数以及初始内摩擦角、剪胀角等。

8.4　黏土和砂中锥形旁压试验

锥形旁压仪(又称为"完全置换式旁压仪")是一种原位试验装置,它是标准锥形贯入仪与带有锥形尖端的旁压仪的组合。这种在锥形贯入仪后面安装旁压模块的想法始于 20 世纪 80 年代,当时锥形贯入(CPT)和旁压试验在岩土工程中得到了广泛应用,前者能够用来快速得到土的形态,而后者则可以精确地测得土的刚度和强度。研制锥形旁压仪的目的就是将标准锥形贯入仪和旁压仪组合成一个统一的试验装置,用 CPT 标准顶进装置进行安装,旁压试验则可作为常规 CPT 试验的一个环节来进行。

与自钻式旁压仪相比,因为在锥体贯入时对土体造成了扰动,理论分析必须考虑这一安装扰动的影响,所以对锥形旁压试验进行理论解释的难度更大。这也是在很长一段时间里锥形旁压试验的解释方法落后于设备发展的原因。

8.4.1　黏土锥形旁压试验

1) 由旁压加-卸载曲线得到不排水强度、剪切模量和原位水平总应力

Houlsby 和 Withers(1988)首次提出了利用小孔扩张理论解释黏土锥形旁压试验数据并获得土体性质的方法。尽管这种方法仅仅适用于黏土,但是其研究可视为是土中锥形旁压试验分析的关键进展。

在 Houlsby 和 Withers(1988)分析中,用土中柱形孔扩张模型模拟锥形旁压仪的初始安装,用同一柱形孔的继续扩张模拟锥形旁压仪的膨胀过程,而用柱形孔的收缩模型模拟收缩过程。当然,用一维模型模拟二维锥形旁压试验会产生一定的误差,更为精确的锥形贯入问题分析(Baligh,1986;Teh,1987;Yu et al.,2000)表明,远离锥尖部分的应力分布与柱形孔从零半径扩展造成的应力分布相类似。考虑到锥形旁压仪的压力膜与锥形探头间有一定距离,因此可以采用小孔扩张理论简单地分析锥形旁压试验结果。

第 3.2.2 节中的理论分析表明,在采用柱形孔从零半径扩张模型模拟锥形旁压试验时,在旁压仪安装和试验过程中小孔压力保持恒定,且等于柱形孔从有限半径扩张的极限压力

$$\psi_{\text{lim}} = \sigma_{\text{h0}} + s_{\text{u}} \left[1 + \ln \frac{G}{s_{\text{u}}} \right] \qquad (8.35)$$

对于柱形孔从塑性极限状态收缩问题的完整解析解见 3.2.3 节。对于柱形孔,卸载压力-位移曲线关系定义为

$$\psi = \psi_{\text{min}} - 2s_{\text{u}} \left\{ 1 + \ln \left[(\varepsilon_{\text{c}})_{\text{max}} - \varepsilon_{\text{c}} \right] - \ln \left(\frac{s_{\text{u}}}{G} \right) \right\} \qquad (8.36)$$

式中,$(\varepsilon_{\text{c}})_{\text{max}}$ 是卸载阶段开始时小孔的最大应变。

Houlsby 和 Wither(1988)提出了如图 8.21 所示的,由式(8.36)定义的大应变卸载解答,结果表明,在 ψ, $-\ln[(\varepsilon_{\text{c}})_{\text{max}} - \varepsilon_{\text{c}}]$ 坐标系中的塑性卸载曲线斜率取决于土的强度参数。图中旁压卸载曲线的斜率是土的不排水剪切强度 s_{u} 的两倍,由曲线还可估算获得土的剪切模量以及水平总应力。

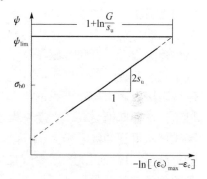

图 8.21　Houlsby 和 Withers(1988)
卸载分析图示方法

2) 从卸载-再加载循环得到剪切模量

与自钻式旁压试验一样,可从卸载和再加载循环中得到一些有关土体剪切模量的有用信息。然而,由于锥形旁压仪在初始安装过程中对土施加了比自钻式旁压仪大得多的应力,因此必须获得与所分析的剪切模量相对应的应力、应变水平。

8.4.2　砂土锥形旁压试验

对黏土锥形旁压试验的分析已取得了初步进展,但由于砂土具有粒状材料更为复杂的力学性质,针对砂土方面的研究进展却比较缓慢。砂土锥形旁压试验的土性参数主要通过经验公式获得,因此人们对能否利用锥形旁压试验确定砂土的力学性质产生了质疑。

在 Houlsby 和 Wither(1988)发表有关黏土锥形旁压试验成果的 8 年之后砂土锥形旁压试验取得了重大的进展,其标志是 Yu 等(1996)对砂土锥形旁压试验的基于小孔扩张理论的分析方法。该方法已成功应用于各种岩土工程勘测中,Lunne 等将其引入到锥形旁压试验在岩土工程应用的专著中。Yu 等(1996)论述了从锥形旁压试验分析砂土土性的主要研究进展,提出了锥形旁压试验在岩土工程中广泛的应用前景。

Schnaid(1990)关于 Fugro 锥形旁压仪标定试验的结果清楚地表明,锥尖阻力和旁压极限压力的比值与土的许多性质参数,如相对密度及摩擦角存在密切关系。已知锥尖阻力和旁压极限压力两者均与所使用的标定室的尺寸相关,然而试验表

明这两者之间的比值基本不受标定室大小的影响(Schnaid,Houlsby,1991),因此完全可能将土的性质与此比率之间的关系直接应用到现场实际。但需要指出的是,到目前为止这种假说仅在有限的现场测试中得到了验证(Schnaid,1994)。另外,正如 Whoth(1984)所指出,只能在当解释方法与理论原理相悖时才有信心使用经验关系,但经验关系容易使得试验结果理想化,因此必须在锥形旁压试验结果与土的性质之间建立某种理论联系。

Yu 等(1996)在假定锥尖阻力和旁压极限压力分别与球形及柱形孔极限压力之间密切相关的基础上,提出了关于锥尖阻力和旁压极限压力比值与土的强度参数之间的理论关系。实际上,可以用理想弹塑性的 Mohr-Coulomb 土的小孔扩张结果建立锥尖阻力和旁压极限压力之比与土的峰值摩擦角之间的联系。另外,用基于状态参数的应变硬化/软化土的小孔扩张极限压力解可以建立锥尖阻力和旁压极限压力之比与砂土原位状态参数的联系,并通过比较其与砂土标定试验的结果验证这种理论关系。在没有大量砂土锥形旁压试验数据时,也可通过由自钻式旁压试验得到的极限压力、锥形贯入试验所得的锥尖阻力值对理论关系的正确性进行分析。现场测试和室内试验结果表明,利用上述理论关系来确定土的摩擦角和原位状态参数是合理可行的。

1) 锥形旁压试验的小孔扩张模拟

由于锥尖贯入过程中不可避免地产生大应变扰动,所以对砂土锥形贯入试验进行精确地分析是非常困难的。对于黏土,采用应变路径法分析锥形贯入试验已取得一些成果;而对于砂土,尽管二十多年来对此付出了极大努力,但目前仍处于初级阶段。如 Robertson 和 Campanella(1983)指出,砂土锥形旁压试验的分析可分为两种类型:一是基于承载力理论的方法(Durgunoglu,Mithchell,1975),二是基于小孔扩张理论的方法(Vesic,1972;Baligh,1976;Yu,Houlsby,1991;Wang,1992;Salgado,1993)。虽然做了大量工作,但由于基于承载力理论的分析方法没有考虑到土的压缩性,所以其可能很难为锥形旁压试验结果提供可靠的分析。而一系列锥形旁压标定试验结果证明(Baldio et al.,1981),基于小孔扩张理论的分析方法可以很好地模拟试验的响应。

Bishop 等(1945)和 Hill(1950)发现,弹塑性介质中开挖一个深孔所需要的压力与在相同条件下扩张相同体积小孔所需的压力存在比例关系,从而首次将小孔扩张理论与锥形贯入试验联系起来。自此,研究人员在这方面开展了大量试验和研究,试图找到锥尖阻力与小孔扩张极限应力之间的关系(Ladanyi,Johnlsby,1974;Yu,Vesic,1972,1977;Baligh,1976;Mitchell,Tseng,1990;Yu,Houlsby,1991;Collins et al.,1992;Salgado,1993)。由于现有研究成果比较相似,因此很难确定哪种关系更好。Wang(1992)理论研究指出,Ladanyi 和 Johnston(1974)的锥形旁压试验与球形孔极限压力之间的关系可以较好地预测标定试验的锥尖阻力。

基于此,Yu 和 Houlsby(1991)以及 Collins 等(1992)结合 Landanyi 与 Johnston (1974)和 Ladanti(1975)采用的简单关系,提出了确定砂中锥尖阻力的理论方法。

对于标准锥形旁压试验,Landanyi 和 Johnston(1974)建议锥尖阻力 q_c 和球形孔极限压力 σ_s 之间的关系为

$$q_c = \sigma_s(1 + \sqrt{3}\tan\phi'_{ps}) \tag{8.37}$$

式中,ϕ'_{ps} 为土的平面应变峰值摩擦角。分析中假定锥尖贯入试验为平面应变条件,另外式(8.37)是在假定锥体-土界面相当粗糙的前提下得到的。

另外,砂中锥形旁压试验的理论和试验研究表明,通过柱形孔极限应力可以精确预测旁压极限压力(Schnaid,1990;Yu,1990;Schnaid, Houlsby,1991;Schnaida, Houlsby,1992)

$$\psi_1 = \sigma_c \tag{8.38}$$

式中,ψ_1 和 σ_c 分别是锥形旁压试验测得的旁压极限压力和柱形孔的极限应力。

结合式(8.37)和式(8.38),得

$$\frac{q_c}{\psi_1} = (1 + \sqrt{3}\tan\phi'_{ps}) \frac{\sigma_s}{\sigma_c} \tag{8.39}$$

式(8.39)表明,锥尖阻力和旁压极限压力的比值直接与球形孔和柱形孔的极限压力之比有关。由于 σ_s/σ_c 受土的强度和刚度性质所控制,所以 q_c/ψ_1 可很好地表征这些土性。

Yu 等(1996)假定锥形旁压试验是在排水条件下进行的,所以所有应力应该是有效应力。换句话说,q_c 代表锥尖总阻力与初始孔隙压力的差,ψ_1 表示旁压极限压力和初始孔隙压力的差。

2)摩擦角预估

在本节,将采用 Yu 和 Houlsby(1991)提出的线弹性和理想塑性剪胀土中小孔扩张极限压力解,分析 q_c/ψ_1 与土体强度参数之间的关系。在剪胀土球形孔和柱形孔扩张的分析中,Yu 和 Housby(1991)采用了 Mohr-Coulomb 屈服准则和非相关联流动法则,考虑了土的剪胀性,通过假设轴向应力为中间主应力并且满足平面应变条件,获得了柱形孔压力-扩张关系的表达式。分析中没有对变形规模进行任何限制,因此可以得到当孔半径趋于无限大时的极限孔压。

给定土的内摩擦角、剪胀角及剪切模量后,可用小孔扩张理论计算球形孔和柱形孔的极限压力比 σ_s/σ_c,再通过式(8.39)就很容易得到锥尖阻力与旁压极限压力的比值 q_c/ψ_1。采用 Yu 和 Houlsby(1991)的小孔扩张解,可详尽地研究变量 q_c/ψ_1 随摩擦角和剪切模量的变化规律,其结果如图 8.22 所示。在分析中,采用 Rowe 应力-剪胀关系分析土体内摩擦角与剪胀角的关系。试验发现,q_c/ψ_1 随土体内摩擦角的增大而增大。图 8.22 也表明 q_c/ψ_1 不仅是土体强度参数的函数,而且很大

程度上依赖于土体的刚度。这意味着任何一种从 q_c/ψ_1 得到土体摩擦角的有效方法都必须考虑土体剪切模量。对图 8.22 数据进行归一化处理后示于图 8.23,值得注意的是,若刚度指数介于 $200\sim1500$,则数据显示为一条直线,其函数关系为

$$\phi_{ps} = \frac{14.7}{\ln I_s} \frac{q_c}{\psi_1} + 22.7 \tag{8.40}$$

式中,刚度参数 $I_s = \dfrac{G}{p_0}$,G 和 p_0 分别是剪切模量和初始有效平均应力。

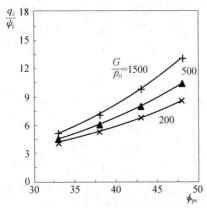

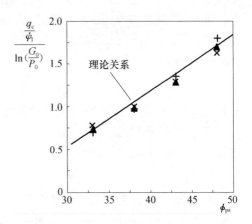

图 8.22　锥尖阻力与旁压极限压力比值　　　图 8.23　锥尖阻力与旁压极限压力比值
随摩擦角及刚度指数的变化　　　　　　　随摩擦角变化的理论关系

　　根据测得 q_c/ψ_1,由理论关系式(8.40)可得到平面应变条件下土体内摩擦角,并可对刚度指数 I_s 作出合理的评价。为说明这一关系,Yu 等(1996)将式(8.40)应用于大量锥形旁压试验,以测定土的内摩擦角。通过与其他测试方法结果的比较,验证了这一关系的适用性。

　　3) 土的状态参数的估算

　　Collins(1990),Collins 等(1992)和 Wang(1992)应用土的状态参数模型获得了小孔扩张解,本节用这一解推导 q_c/ψ_1 和土体原位状态参数之间的理论关系。

　　Collins(1990)所用的土体状态模型假设土为弹-塑性应变硬化(软化)材料,且连续、各向同性。Collins 模型与后来 Yu(1994,1996)用于分析砂土自钻式旁压试验的模型非常相似,采用 Mohr-Coulomb 屈服函数模拟砂土的破坏特性,进一步假定土的摩擦角和剪胀角是土状态参数的函数。

　　为了表示剪切模量与孔隙比和应力水平的函数关系,采用 Richard 等(1970)提出的经验公式

$$\frac{G}{p_r} = S \frac{(e_c - e)^2}{1 + e} \left(\frac{p}{p_r}\right)^{0.5} \tag{8.41}$$

式中,参考压力 $p_r=100\text{kPa}$;e_c 是一量纲为一的常量,取值在 2.17(圆砾)和 2.97（尖砾）之间;对应的常数 S 取值范围为 690~323。

注意到式(8.41)中泊松比为恒定值,由于卸载-再加载循环导致能量不断消散(Zatynski et al.,1978),因此所采用模型为非保守模型。然而,正如 Gens 和 Potts (1998)所指出,实际上能量消散部分对于单调加载情况并不重要,只有加载含有应力反向的情况下才变得显著。这种由剪切模量和泊松比表示压力的方法,已成功应用在岩土工程静力分析中模拟粒状材料非线性弹性行为。

使用上述土的状态参数模型,Collins 等(1992)和 Wang(1992)提出六种不同的标准砂球形孔和柱形孔极限应力解。结果表明,球形孔和柱形孔极限压力比 σ_s/σ_c 可由式(8.42)精确给出

$$\frac{\sigma_s}{\sigma_c} = m_1 p_0^{m_2+m_3(1+e_0)} \exp[m_4(1+e_0)] \tag{8.42}$$

式中,e_0,p_0 分别是初始孔隙比和锥形旁压试验前的平均有效应力;m_1,m_2,m_3 和 m_4 是材料常数,表 8.2 给出了六种标准砂的值。锥尖阻力与旁压极限压力比 q_c/ψ_1 可由式(8.39)得出。这样,可以用 Bishop(1966)提出的简化表达式将土状态参数模型中的三轴摩擦角转换成式(8.39)的平面应变摩擦角:

(1) 当 $\phi_{tc}<33°$,$\phi_{ps}=\phi_{tc}$;

(2) 当 $33°\leqslant\phi_{tc}<36°$,$\ln\phi_{ps}=1.666\ln\phi_{tc}-2.336$;

(3) 当 $\phi_{tc}\geqslant36°$,$\ln\phi_{ps}=1.293\ln\phi_{tc}-1.002$。

通过对不同初始有效平均应力水平下的 q_c/ψ_1 评价发现:q_c/ψ_1 与初始状态参数间的理论关系与土的初始有效平均应力基本无关。六种标准砂初始状态参数与 q_c/ψ_1 的关系如图 8.24 所示。结果表明,q_c/ψ_1 随土的状态参数增大而减小。值得注意的是,这种关系受砂土种类的影响并不大,特别是中密砂和松砂。为便于应用,可以忽略土类对 q_c/ψ_1 的影响。将六种不同砂土的平均结果用线性关系表示为

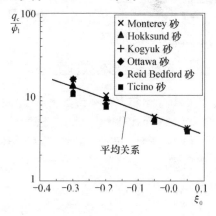

图 8.24 锥尖阻力和旁压极限压力比值与状态参数间的理论关系

$$\xi_0 = 0.46 - 0.3\ln\frac{q_c}{\psi_1} \tag{8.43}$$

由测得的 q_c/ψ_1 比值,利用式(8.43)可得土的初始状态参数。为了说明这一关系,Yu 等(1996)成功地将式(8.43)应用到大量锥形贯入和旁压试验以预测土的状态参数。

表 8.2　六种标准砂常数 m_1, m_2, m_3 和 m_4

砂	Monterey 0 号砂	Hokksund 砂	Kogyuk 砂	Ottawa 砂	Reid Bedford 砂	Ticino 砂
m_1	1087	560	237	1163	342	376
m_2	-0.47	-0.424	-0.359	-0.469	-0.385	-0.387
m_3	0.225	0.195	0.167	0.24	0.172	0.175
m_4	-3.214	-2.84	-2.485	-3.483	-2.521	-2.604

4) 剪切模量的估算

与黏土一样,可由土的卸载-再加载曲线的斜率估算砂土的剪切模量。Schnaid(1990)以及 Schnaid 与 Houlsby(1994)指出,由于锥形旁压试验模量对应力水平非常敏感,所以卸载-再加载时的应力水平是一个必须记录的重要参数。

8.5　土中锥形贯入试验

在发现弹塑性介质中开挖深孔所需压力与在相同条件下扩张相同体积的孔所需压力之间存在一定的比例关系后,Bishop 等首次指出小孔扩张与锥形贯入试验之间具有相似性。用小孔扩张方法分析锥形贯入试验必须遵循下列两个步骤:①研究土中小孔扩张(解析或数值方法)极限压力的理论解;②建立锥尖阻力与小孔扩张极限压力之间的关系。Yu 和 Mithchell(1998)在分析锥形阻力时得出结论:小孔扩张方法得出的预测结果较承载力理论结果更为精确。这是因为小孔扩张理论考虑了土的刚度、压缩性(或剪胀性)和贯入过程中水平应力的减少等因素的影响。本节主要介绍 Yu 和 Mithchell(1998)的研究成果。为了清楚起见,分别讨论黏土和砂土问题。

8.5.1　黏性土锥形贯入试验

本节介绍黏土在不排水情况下锥尖阻力与小孔极限压力之间的关系。

1) Ladanyi 和 Johnson 的解

Ladanyi 和 Johnson 假设作用在锥体表面的法向压力等于球形孔从零半径起扩张所需的压力。如果锥尖表面是非常粗糙的,可用竖直向的平衡方程确定锥尖阻力

$$q_c = \psi_s + \sqrt{3} s_u \tag{8.44}$$

式中,ψ_s 是球形孔极限压力。若黏土采用 Treaca 屈服准则,那么球形孔极限压力可表为(Hill,1950;Collins,Yu,1996)

$$\psi_s = \frac{4}{3} s_u \left(1 + \ln \frac{G}{s_u}\right) + p_0 \tag{8.45}$$

式中，G 是剪切模量，p_0 为原位土的平均总应力。

联立式(8.44)和式(8.45)，可导出锥尖阻力的表达式

$$q_c = N_c s_u + p_0 \tag{8.46}$$

式中，锥形因子 N_c 由式(8.47)给出

$$N_c = 3.16 + 1.33\ln\frac{G}{s_u} \tag{8.47}$$

2）Vesic 解

Vesic(1972,1977)发展了桩基阻力与球形孔极限压力之间的理论关系，并通过模型试验和原位桩基试验得到了土体破坏机理。桩与锥形贯入试验具有相似性。Vesic 假设的辐射状剪切区域是与无限长楔形横截面（平面应变情形）相一致的。考虑沿破损面的剪切阻抗，Vesic 得到下列锥形因子表达式

$$N_c = 3.90 + 1.33\ln\frac{G}{s_u} \tag{8.48}$$

这一计算结果较式(8.47)略小。

3）Baligh 解

Baligh(1975)提出总的锥尖阻力包含对锥尖实际竖向位移和径向扩张两方面的贡献。据此，锥形因子应由式(8.49)确定

$$N_c = 12.0 + \ln\frac{G}{s_u} \tag{8.49}$$

然而，对于复杂的非线性问题，不能采用简单的叠加方法。假定锥尖贯入后柱形孔从零半径扩张，就很可能过高估计锥尖阻力。

4）Yu 解

根据 Lehane 和 Jardine(1992)在变形桩方面的试验可知，假定桩锥贯入后，法向压力等于孔扩张所需三向应力（径向、切向和竖向）的平均值。在此基础上，Yu(1993)指出，据 Durban 和 Fleck(1992)以及 Sagaseta 和 Houlsby(1992)的关于严格轴对称刚性锥体的静态解，可通过式(8.50)得到锥形因子

$$N_c = \frac{2}{\sqrt{3}}\left[\pi + \alpha + \arcsin(\lambda) + \lambda\cot\frac{\alpha}{2} - \sqrt{1-\lambda^2} + \frac{D}{2} + \ln\frac{\sqrt{3}G}{2s_u}\right]$$

$$\tag{8.50}$$

式中，参数 D 是锥体面粗糙参数 λ 的函数（例如，$\lambda = 0$ 表示锥体面绝对光滑，$\lambda = 1$ 表示锥体面极度粗糙）。锥尖顶角可由下式得到

$$D = \frac{\sin\dfrac{\beta}{2} + \lambda\sin\beta}{\cos\dfrac{\beta}{2} - \cos\beta}, \quad \beta = 180° - \frac{\alpha}{2}$$

对于顶角为 60°标准锥尖,由 Yu(1993)提出的式(8.50)可进一步简化为

表面绝对光滑情形

$$N_c = 4.18 + 1.155\ln\frac{\sqrt{3}}{2}\frac{G}{s_u} \qquad (8.51)$$

表面极度粗糙情形

$$N_c = 9.4 + 1.155\ln\frac{\sqrt{3}}{2}\frac{G}{s_u} \qquad (8.52)$$

5) 与现场试验的比较

对于正常固结黏土,通常用锥尖阻力和十字板剪切强度联合确定锥形因子。尽管十字板剪切高估了超固结土剪切强度(Meigh,1987),但是对比性试验研究(Nash et al.,1992)表明,十字板剪切能成功预测正常固结土不排水剪切强度,其结果与自钻式旁压试验和三轴压缩试验结果相似。Lunne 和 Kleven(1981)对正常固结土的大量研究表明,锥形因子大部分介于 11~19,平均值约为 15。由于超固结黏土的开裂及其结构性的存在,要对其建立相似的关系更为困难。经验和理论研究表明,超固结土的锥形因子值通常要大于正常固结黏土(Meigh,1987;Yu et al.,2000)。

通过其他方法诸如承载力理论、小孔扩张理论、应变路径方法以及大应变有限元方法得到的理论锥形因子与 Yu 和 Mitchell(1998)解对比发现,由承载力理论得到的锥形因子与土的刚度指数无关,因为承载力理论没有考虑土的弹性变形。由承载力理论得到的锥形因子介于 8.3~10.4,比现场试验测得的平均锥形因子 15 低得多。值得注意的是,在 Yu 和 Mitchell(1998)文献中列出的其他计算锥形因子的方法都有随土的刚度指数增大而增大的趋势。Ladanyi(1974)和 Vesic(1977)利用小孔扩张理论对粗糙锥体面得到的锥形因子虽然相对大些,但仍比现场试验的平均结果偏低。另外,Baligh(1975)利用小孔扩张解得到的锥形因子过高,甚至比由 Van den Berg(1994)有限元解的结果还要大,而 Van den Berg 有限元解是在假定不可压缩边界条件下得到的,因此其结果明显较精确解要高。对锥面光滑情形,Whittle(1991)以及 Teh 和 Houlsby(1991)的应变路径解与 Van den Berg(1994)的有限元解结果相接近。

对于表面相当粗糙的锥形,当刚度指数介于 50~500 时,Yu 的小孔扩张解得到的锥形因子介于 13.8~16.4,与现场试验的平均锥形因子 15 相当吻合,但要低于有限元结果,因此接近于理想塑性材料的精确理论解。对于表面光滑的锥形,当刚度指数介于 50~500 时,Yu 得到锥形因子处于 8.5 和 11.2 之间。结果大约比大应变有限元解还是小 10%~15%。因此,对于理想塑性土体,这一结果非常接近精确解。

所有上述锥形因子都是用 Trasca 或 von Mises 屈服准则的总应力分析法得到的。严格地讲，这种方法仅适用于正常固结土。对于超固结土，应采用更为适用的土体模型，如剑桥模型的有效应力分析法，以便考虑土的强度随应力历史的变化。

6）与标定试验比较

Kurup 等(1994)进行了黏性土锥形贯入标定试验，为黏土中锥形旁压试验结果的分析提供了有价值的试验数据。Kurup 等用两个小型锥形贯入仪(直径分别为 11.28mm 和 12.72mm)，对各向同性固结土样进行了 8 组标定试验。标定试验腔内径为 525mm，是锥形贯入模型直径的 40 倍。与锥体半径之比，这么大的腔体对黏土中锥尖阻力的量测影响很小。土样 1 和 2 为正常固结土样，土样 3 是 OCR 为 5 的轻度超固结土。土样制备方法为：用无离子水混合高岭土和细砂，含水量为液限的两倍。土样 1 和 3 用重量比为 50% 高岭土和 50% 细砂混合而成，土样 2 为 33% 的高岭土和 67% 的细砂。

每个锥形贯入试验的锥形因子是由测得的锥尖阻力、土样初始应力以及由不排水三轴压缩试验得到的不排水剪切强度所决定。用达到 50% 峰值剪切应力的剪切模量与不排水剪切强度之比来定义刚度指数。由土样 1,2,3 所得的刚度指数分别为 267,100,150。Yu 和 Mithchell(1998)就标定试验得到的锥形因子和一些理论锥形因子的对比进行了全面的总结。Yu 和 Mithchell(1998)指出，由承载力理论、Vesic 小孔扩张理论以及应变路径方法所得结果都比测值小 10%～34%，而 Van den Berg(1994)的大应变有限元分析结果和 Baligh(1994)小孔扩张解在一定程度上过高估算了锥形因子的测值。而 Yu 关于粗糙锥面的小孔扩张解(Yu，1993)所得锥形因子的误差在 10% 之内。

8.5.2　无黏性土锥形贯入试验

本节总结了一些由无黏性土小孔极限压力计算锥尖阻力的一些有价值的研究成果。锥形贯入假定发生在完全排水的条件下，此时所有的应力为有效应力。

1）Ladanyi 和 Johnson(1974)解

对于无黏性土，Ladanyi 和 Johnson(1974)假定作用在锥面上的法向应力等于球形孔扩张所需的应力。据此，由式(8.53)得无黏性土中锥尖阻力

$$q'_c = [1 + \sqrt{3}\tan(\lambda\phi')]\psi'_s \tag{8.53}$$

可用小孔扩张解(Vesic，1972；Baligh，1976；Cater et al.，1986；Yu，Houlsby，1991；Yu，1992；Cillins et al.，1992)确定球形孔极限应力 ψ'_s

$$\psi'_s = Ap'_0 = \frac{(1+2K_0)}{3}A\sigma'_{v0} \tag{8.54}$$

式中，p_0' 为初始有效应力。参数 A 是球形孔极限有效应力与初始有效平均应力之比，一般是土的强度和刚度的函数。$K_0 = \sigma_{h0}' / \sigma_{v0}'$ 是静止土应力系数，对于正常固结土可由 $K_0 = 1 - \sin\phi'$ 估算。

联立式(8.53)和式(8.54)，得

$$q_c' = N_q \sigma_{v0}' \tag{8.55}$$

其中，无黏性土中的锥形因子

$$N_q = \frac{(1 + 2K_0)A}{3}\left[1 + \sqrt{3}\tan(\lambda\phi')\right] \tag{8.56}$$

式(8.56)表明，砂土的锥形因子主要受 A 值控制，其依赖于所用的实际小孔扩张理论。至今为止，砂土中大多数小孔扩张理论还没有给出 A 值的解析结果。但是随后章节将会讨论 A 值的数值解。Wang(1992)、Collins 等(1994)和 Yu 等(1996)利用式(8.53)～式(8.56)，结合 Collins 等(1992)以及 Yu 和 Houlsby(1991)的小孔扩张解，已成功解释了锥形贯入和锥形旁压试验的结果。

2) Vesic(1972,1977)解

Vesic(1977)关于锥尖围土的破坏机制可以将锥尖阻力与球形孔扩张极限压力(Vesic,1972)联系起来。经过一系列推导，得到砂土 Vesic 模型的锥形因子

$$N_q = \left(\frac{1 + 2K_0}{3 - \sin\phi'}\right)\exp\left[(\pi/2 - \phi')\tan\phi'\right]\tan^2(45° + \phi'/2)(I_{rr})^n \tag{8.57}$$

式中，简化的刚度指数 $I_{rr} = I_r/(1 + I_r\varepsilon_v)$，其中，$\varepsilon_v$ 为塑性变形区平均体积应变。刚度指数 I_r 和参数 n 分别为

$$I_r = \frac{G}{p_0\tan\phi'} \tag{8.58}$$

$$n = \frac{4\sin\phi'}{3(1 + \sin\phi')} \tag{8.59}$$

通过对比分析 Vesic 大量标定试验结果，Mithchell 和 Keaveny(1986)认为，对于刚度指数较低的砂土(如压缩性更高的土)，采用球形孔极限压力可以近似模拟锥形贯入试验。当然，对于刚度指数较高的砂土(压缩性更低的土)，利用柱形孔极限压力模拟效果更好。

为了利用式(8.57)，必须首先采用试验或经验方法估算塑性区平均体积应变 ε_v，这就增加了解释精度的不确定性，因此在应用 Vesic 小孔扩张理论联系锥尖阻力与土性时，应考虑其局限性。另外，由于 Vesic 小孔扩张模型没有考虑剪切过程中土的剪胀性，因而其解不适用具有明显剪胀性的中密至密实砂中锥形贯入试验。

3) Salgado 解(1993)

Salgado 采用应力轴旋转分析方法建立锥尖阻力与柱形孔极限压力之间的关

系。Salgado(1993)的小孔扩张解是 Yu(1990)以及 Yu 和 Houlsby(1991)非相关联、剪胀土中小孔扩张解的推广。与 Yu 和 Houlsby(1991)理论不同,Salgado(1993)理论适用于理想塑性土,他提出的小孔扩张解考虑了摩擦角和剪胀角变化的影响,并且考虑到了剪切模量随压力和孔隙比的变化。

基于一系列简化假设,Salgado(1993)的锥尖阻力与柱形孔有效极限应力 ψ'_c 的关系式(8.60)确定

$$q'_c = 2\exp(\pi\tan\phi') \frac{\left[(1+C)^{1+\beta_T} - (1+\beta_T)C - 1\right]}{C^2\beta_T(1+\beta_T)} \psi'_c \tag{8.60}$$

式中,β_T 必须以数值方法确定(Salgdo,1993),对于 60° 的标准锥尖,参数 C 为

$$C = \sqrt{3}\exp\left(\frac{\pi}{2}\tan\psi\right) \tag{8.61}$$

式中,ψ 为土的剪胀角。

Salgado(1993)和 Salgado 等(1997)应用式(8.60)~式(8.61)预测了大量标定试验锥尖阻力后认为,这一关系非常接近实际,预测误差小于 30%。

4) Yasufuku 和 Hyde(1995)解

基于可压碎砂中模型桩试验观测,Yasufuku 和 Hyde(1995)建议采用一个简单的破坏机理建立锥尖阻力和球形孔极限应力之间的关系。应用 Yasufuku 和 Hyde(1995)假定的破坏机理可得锥尖阻力表达式

$$q'_c = \frac{\psi'_s}{1-\sin\phi'} = \frac{A}{1-\sin\phi'}p'_0 = \frac{(1+2K_0)A}{3(1-\sin\phi')}\sigma'_{v0} \tag{8.62}$$

由式(8.55),式(8.62)建议的锥形因子为

$$N_q = \frac{(1+2K_0)A}{3(1-\sin\phi')} \tag{8.63}$$

尽管式(8.62)已成功应用于预测可压碎砂中的桩端承载力,但对于低压缩性土中的适用性还有待研究。

5) 与标定试验比较

由于采用不同方法获得的砂土锥形因子差别很大,故应尽可能将其与试验数据进行比较。因为土的多变性和现场试验诸多不确定因素,现场试验结果一般不适合用来验证理论解。而标定试验结果为验证各种砂中锥尖阻力的理论解答提供了有用的数据资料。但是由于许多锥尖阻力理论解的边界条件是半无限体,因此在与理论解答比较之前,首先必须判定试验腔体的大小和边界条件的正确性。

(1) 腔体尺寸的影响。腔体尺寸的影响随相对密度的增加而增加的结论并不是对所有砂土都适用。例如,Ghionna(1984)指出,Ticino 砂的锥尖阻力就与腔体大小基本无关,而 Hokksund 砂土的影响就比较大。造成这一差异的原因可能是

Ticino 砂的压缩性较 Hokksund 砂为大。Yu(1990)建议通过比较无限大介质(如采用大腔体)和半无限大介质(如现场试验)中小孔极限应力分析腔体尺寸的影响。Houlsby 和 Yu(1990)以及 Salgado 和 Houlsy(1991)后来改进了这种方法,通过将小孔扩张理论与应力轴旋转方法进行比较分析,Salgado(1993)得到了腔体尺寸的影响。研究结果表明,小孔扩张方法可很好地预测密实砂腔体尺寸的影响。但对于松砂和中等密实砂,预测结果与实验结果相差较大。另外,Salgado(1993)指出,即使腔体大小与锥体直径之比达到 100,小孔扩张方法仍受腔体尺寸的影响,而现有观点认为只要腔体尺寸与锥体直径之比大于 60~70,腔体大小的影响就可忽略不计(Ghionna,Jamolkowski,1991;Mayne,Kulhawy,1991)。为了进一步研究腔体尺寸的影响,还需要进行大量不同腔体尺寸特别是不同腔体高度与锥体直径比的锥形贯入试验研究。

　　基于上述观点,还需要采用正常固结 Ticino 土锥形贯入试验数据进行对比,这是由于①现有 Ticino 土三种不同腔体直径与模型锥体直径之比(分别为 33.6,47.2,60)的锥形贯入试验结果,另外,还有一些这一比值达到 120 的试验数据(Parkin,1978;Been et al.,1987;Salgado,1993);②即使对于 Ticino 土的密实试样,腔体尺寸对结果的影响仍较小;③Sladen(1989)根据应力水平对 Ticino 土的试验数据进行了重组,使得数据的分散性降低。

　　(2) 锥尖阻力与状态参数的关系。与 Been 等(1987)的假定不同,Sladen(1989)对正常固结 Ticino 砂锥形贯入试验数据进行了详细分析,结果表明,锥尖法向阻力(如锥尖因子)与状态参数 ξ(定义为现有孔隙比与相同有效平均应力条件下极限状态孔隙比的比值)之间没有统一的联系。尽管试验证据表明这种关系随平均应力水平而发生系统变化,但需要发展相关理论来预测这种依赖关系。

　　Collins 等(1992)认为小孔扩张解可以精确预测平均应力条件下锥形因子-状态参数之间的依赖关系。利用土状态参数模型,Collins 等(1992)发现球形孔极限扩展应力 ψ_s' 可表示为

$$\frac{\psi_s'}{p_0} = A = m_1 (p_0')^{(m_2+m_3\nu_0)} \exp(-m_4\nu_0) \tag{8.64}$$

式中,ν_0 为初始比容(等于 1+孔隙比),常数 m_1,m_2,m_3 和 m_4 取决于土的临界状态特性。对于 Ticino 砂,其值分别为 $m_1=2.012\times10^7$,$m_2=-0.875$,$m_3=0.326$,$m_4=6.481$(Collins et al.,1992)。

　　用式(8.64)与 Landanyi 和 Johntson 关系相联系,得到砂土中平均应力与锥形因子的相互关系。图 8.25 所示的是两种不同平均应力水平小孔扩张理论预测和试验对比结果。该曲线是 Sladen(1989)将腔体尺寸因素(Been 等给出)应用到最佳拟合线中得到的,理论曲线假定锥表面摩擦角为土体摩擦角一半($\lambda=0.5$)。

从这些对比关系可以看出,精确预测锥形因子是可能的。

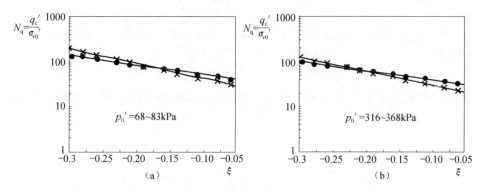

图 8.25　Ticino 砂试验数据(图中叉点)与小孔扩张
计算(圆点)结果的比较(Yu,Mitchell,1998)

　　(3) 锥尖阻力与土体摩擦角的关系。为了评价其他方法的结果,图 8.26 表示了四种理论解与试验所得锥形因子和土体摩擦角之间的关系。结果表明,在低应力水平条件下,由 Durgunoglu 和 Mithchell(DM)(1975)提出的承载力解与试验结果吻合较好。对于高应力条件下,其解过高地估算了锥形因子。考虑所有应力水平,由 Houslsby 和 Hitchman(1988)得到的锥形因子比试验数据要低。换句话说,如果用 Houslsby 和 Hitchman(HH)的解反算 Ticino 土的摩擦角,得到的数值偏大。与试验数据相比,由 Yasufuku 和 Hyde(YH&C)(1995)的小孔扩张解无论是锥形因子还是摩擦角,以及应力水平都偏大。另外,Lsdanyi 和 Johnston(LJ&C)(1974)解答与 Collins 等(1992)小孔扩张解联立,所得结果与锥尖阻力测值吻合较好,特别是在初始应力较高的情况下,其关系的一致性更为显著。对于较低平均应力条件下非常密实的砂(如密砂的浅层贯入),孔扩张理论解与实际相差较大,因此不能用小孔扩张精确模拟浅层锥形贯入试验。

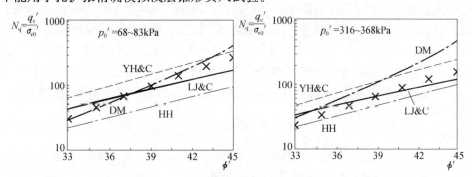

图 8.26　Ticino 砂锥形因子的试验(图中叉点)
与几种预测方法结果比较(Yu,Mitchell,1998)

8.5.3　结语

有关锥尖阻力与小孔扩张极限应力之间关系的理论很多,小孔扩张理论较承载力理论更切近于实际,主要基于下列两方面原因:

(1) 小孔扩张理论能正确考虑锥形贯入试验期间土的弹性及塑性变形。

(2) 小孔扩张理论能更为接近地考虑在贯入过程中在锥尖周围土体的初始应力和应力轴旋转的影响。

8.6　小　　结

(1) 小孔扩张理论作为解释旁压试验和锥形贯入试验最重要的理论基础已经广泛应用于岩土工程领域。旁压试验的二维特性可以由二维有限元分析方法所得锥形因子予以修正。

(2) 对于黏土自钻式旁压试验,基于小孔扩张理论的解释可由测得压力曲线得到土的剪切模量、不排水剪切强度和剪应力-应变关系。

(3) 对于黏土锥形贯入试验,基于小孔扩张的方法可以得到剪切强度、原位水平应力和不排水剪切强度。

(4) 对砂土自钻式旁压试验,基于小孔扩张的方法可由压力曲线图得到土的剪切模量、摩擦角、剪胀角及剪切应变-压力关系。另外,可用于测定沉积砂的原位状态参数。

(5) 尽管基于小孔扩张理论的半解析法已用于分析锥尖阻力和旁压极限应力,以预测土的强度和状态参数,但对砂土锥形贯入试验的严密分析进展比较缓慢。

(6) 小孔扩张理论和锥形旁压试验之间的对比基于下列试验结论,即在弹塑性介质中形成一个深孔需要的压力与在相同条件下扩张同体积孔需要的压力成比例。用小孔扩张理论来预测锥体阻力需遵循:①为土中小孔扩张极限压力提供理论(解析或数值)解答;②建立小孔扩张与锥体极限应力之间的联系。因为小孔扩张理论可以精确考虑土体刚度、压缩性(或剪胀性)和贯入引起的水平应力增加,因此在预测锥体阻力方面,小孔扩张方法能提供较承载力理论更为精确的解答。

参 考 文 献

Ajalloeian,R. and Yu,H. S. (1988). Chamber studies of the effects of pressuremeter geometry on the results in sand. Geotechnique,48(5),621-636.

Atkinson,J. H. and Bransby,P. L. (1978). The Mechanics of Soils. McGraw-Hill.

Baguelin,F. ,Jezequel,J. F. ,Lemee,E. and Mechause,A. (1972). Expansion of cylindrical probes in cohesive soil. Journal of the Soil Mechanics and Foundations Division, ASCE, 98(SM11), 1129-1142.

Baldi, G. , Bellotti, R. , Ghionna, V. , Jamiokoqski, M. and Pasqualini, E. (1981). Cone resistance in dry N.C. and O.C. sands. Cone Penetration Testing and Experience, ASCE, National Convention, St. Louis, Missouri(Ed. Norris and Holtz), 145-177.

Baligh, M. M. (1975). Theory of deep static cone penetration resistance, Report No. R75 56, Department of Civil and Environmental Engineering, MIT, USA.

Baligh, M. M. (1976). Cavity expansion in sands with curved envelopes. Journal of the Geotechnical Engineering Division, ASCE, 102, 1131-1146.

Baligh, M. M. (1985). Strain path method. Journal of Geotechnical Engineering, ASCE, 111(9), 1108-1136.

Been, K. and Jefferies, M. G. (1985). A state parameter for sands. Geotechnique, 35(2), 99-112.

Been, K. , Crooks, J. H. A. , Becker, D. E. and Jefferies, M. G. (1987). The cone penetration test in sands: II, general inference of state. Geotechnique, 37(3), 285-299.

Bellotti, R. , Ghionna, V. , Jamiolkowski, M. , Lancellotta, R. and Manfredini, G. (1986). Deformation characteristics of cohesionless soils from in-situ tests. In-situ 86-Use of In-situ Tests in Geotechnical Engineering, ASCE, Blackburg, 47-73.

Bishop, A. W. (1966). The strength of soils as engineering materials, Geotechnique, 16, 91-128.

Bishop, R. F. , Hill, R. and Mott, N. F. (1945). The theory of indentation and hardness tests. Proceedings of Physics Society, 57, 147-159.

Bond, A. J. and Jardine, R. J. (1991). Effect of installing displacement piles in a high OCR clay. Geotechnique, 41, 341-363.

Carter, J. P. , Booker, J. R. and Yeung, S. K. (1986). Cavity expansion in clhesive frictional soils. Geotechnique, 36, 349-358.

Carter, J. P. , Randolph, M. F. and Wroth, C. P. (1979). Stress and pore pressure changes in clay during and after the expansion of a cylindrical cavity. International Journal for Numerical and Analytical Metheods in Geomechanics, 3, 305-323.

Charles, M. , Yu, H. S. and Sheng, D. (1999). Finite element analysis of pressuremeter tests using critical state soil models. Proceedings of the 7th International Symposium on Numerical Models in Geomechanics(NUMOG7), Graz, 645-650.

Clarke, B. G. (1993). The interpretation of self-boring pressuremeter tests to produce design parameters. Predictive Soil Mechanics, (Editors: G. T. Houlsby and A. N. Schofield), Thomas Telford, London, 156-172.

Clarke, B. G. (1995). Pressuremeter in Geotechnical Design. Chapman and Hall, London.

Clouph, G. W. , Briaud, J. L. and Hughes, J. M. O. (1990). The development of pressuremeter testing, Proceedings of the 3rd International Symposium on Pressuremeters, Oxford, 25-45.

Collins, I. F. (1990). On the mechanics of state parameter models for sands. Proc. 7th International Conference on Computer Methods and Advances in Geomechanics, Cairns, Australia, Vol

1,593-598.

Collins,I. F. and Yu,H. S. (1996). Undrained cavity expansions in critical state soils. International Journal for Numerical and Analytical Methods in Geomechanics,20(7),489-516.

Collins,I. F. ,Pender,M. J. and Wang, Y. (1992). Cavity expansion in sands under drained loading conditions. International Journal for Numerical and Analytical Methods in Geomechanics,16(1),3-23.

Collins,I. F. ,Pender,M. J. and Wang, Y. (1992). Critical state models and the interpretation of penetrometer tests. Computer Methods and Advances in Geomechanics,Siriwardane and Zaman(eds)Balkema,Rotterdam,2,1725-1730.

Durban,D. and Fleck,N. A. (1992). Singular plastic fields in steady penetration of a rigid cone. Journal of Applied Mechanics,ASCE,59,706-710.

Durgunoglu,H. T. and Mithchell,J. K. (1975). Static penetration resistance of soils. Proceedings of the ASCE Specialty Conference on In-situ Measurements of Soil Properties,Vol 1,151-189.

Eid,W. K. (1987). Scaling Effect on Cone Penetration Testing in Sand. PhD Thesis, Virginia Tech,USA.

Fahey,M. (1980). A Study of the Pressuremeter Test in Dense Sand. PhD Thesis,University of Cambridge,England.

Ferreira,R. S. and Robertson,P. K. (1992). Interpretation of undrained self-boring pressuremeter test results incorporating unloading. Canadian Geotechnical Journal,29,918-928.

Gens,A. and Potts,D. M. (1988). Critical state models in computational geomechanics. Engineering Computations,5,178-197.

Ghionna,V. (1984). Influence of chamber size and boundary conditions on the measured cone resistance. Seminar on Cone Penetration Testing in the Laboratory,University of Southampton.

Ghionna,V. ,and Jamiolkowski,M. (1991). A critical appraisal of calibration chamber testing of sands. Proceedings of the 1st International Symposium on Calibration Chamber Testing, Potsdam,New York,13-39.

Gibson,R. E. and Anderson,W. F. (1961). In-situ measurement of soil properties with the pressuremeter. Civil Engineering Public Works Review. ,56,615-618.

Hill,R. (1950). The Mathematical Theory of Plasticity. Oxford University Press.

Houlsby,G. T. and Carter,J. P. (1993). The effect of pressuremeter geometry on the results of tests in clays. Geotechnique,43,567-576.

Houlsby,G. T. and Hitchman,R. (1988). Calibration chamber tests of a cone penetrometer in sand. Geotechnique,38(1),39-44.

Houlsby,G. T. and Withers, N. J. (1988). Analysis of the cone pressuremeter test in clay. Geotechnique,38,575-587.

Houlsby,G. T. and Yu. H. S. (1990). Finite element analysis of the cone pressuremeter test. Proceedings of the 3rd International Symposium on Pressuremeters, Oxford, 201-208.

Houlsby, G. T. , Clarke, B. G. and Wroth, C. P. (1986). Analysis of the unloading of a pressuremeter in sand. Proceedings of the 2nd International Symposium on Pressuremeter- and its Marine Applications, ASTM SPT950, 245-262.

Hughes, J. M. O. and Robertson, P. K. (1985). Full-displacement pressuremeter testing in sands. Canadian Geotechniacal Journal, 22, 298-307.

Hughes, J. M. O. , Wroth, C. P. and Windle, D. (1977). Pressuremeter tests in sands, Geotechnique, 27(4), 455-477

Jamiolkowski, M. , Ladd, C. C. , Germaine, J. T. and Lancellotta, R. (1985). New developments in field and laboratory testing of soils. Proceedings of the 11th International Conference on Soil Mechanics and Foundation Engineering. Vol. 1, 57-154.

Jefferies, M. G. (1988). Determination of horizontal geostatic stress in clay with self-bored pressuremeter. Canadian Geotechnial Journal, 25, 559-573.

Jewell, R. J. , Rahey, M. and Wroth, C. P. (1980). Laboratory studies of the pressuremeter test in sand. Geotechnique, 30(4), 507-531.

Kurup, P. U. , Voyiadjis, G. Z. and Tumay, M. T. (1994). Calibration chamber studies of piezocone test in cohesive soils. Journal of Geotechnical Engineering, ASCE, 120(1), 81-107.

Ladanyi, B. (1963). Evaluation of pressuremeter tests in granular soils. Proceedings of the 2nd Pan American Conference on Soil Mechanics, San Paulo, 1, 3-20.

Ladanyi, B. (1975). Bearing capacity of strip footings in ftozen soils. Canadian Geotechnical Journal, 12, 393-407.

Ladanyi, B. and Johnston, G. H. (1974). Behaviour of circular footings and plate anchors embedded in permafrost. Canadian Geotechnical Journal, 11, 531-553.

Laier, J. E. , Schmertmann, J. H. and Schaub, J. H. (1975). Effects of finite pressuremeter length in dry sand. Proceedings of ASCE Speciality Conference on In-situ Measurement of Soil Properties, Raleigh, Vol. 1, 241-259.

Lehane, B. and Jardine, R. (1992). The behaviour of a displacement pile in Bothkennar clay. Predictive Soil Mechanics(Editors: G. T. Houlsby and A. N. Schofield), Thomas Telford, London, 421-435.

Lunne, T. and Kleven, A. (1981). Role of CPT in North Sea foundation engineering. In: Cone Penetration Testing and Experience. (Editors: G. M. Norris and R. D. Holtz), ASCE, 76-107.

Lunne, T. , Robertson, P. K. and Powell, J. J. M. (1997). Cone Penetration Testing in Geo- technical Practic. Blackie Academic and Professional, London.

Mair, R. J. and Wood, D. M. (1987). Pressuremeter Testing, Methods and Interpretation, CIRIA Report, Butterworth, London.

Manassero, M. (1989). Stress-strain relationships from drained self-boring pressuremeter tests in sand, Geotechnique, 39(2), 293-308

Mayne, P. W. and Kulhawy, F. H. (1991). Calibration chamber database and boundary effects correction for CPT data. Proceedings of the 1st International Symposium on Calibration Chamber Testing, Potsdam, New York, 257-264.

Meigh, A. C. (1987). Cone Penetration Testing. CIRIA Report, Butterworth, London.

Mitchell, J. K. and Tseng, D. J. (1990). Assessment of liquefaction potential by cone penetration resistance. Proceedings of the H. B. Seed Memorial Symposium, Vol. 2, 335-350.

Muir Wood, D. (1990). Soil Behaviour and Critical State Soil Mechanics. Cambridge University Press.

Nash, D. F. T., Powell, J. J. M. and Lloyd, I. M. (1992). Initial investigation of the soft clay test site at Bothkennar. Geotechnique, 42(2), 163-181.

Palmer, A. C. (1972). Undrained plane strain expansion of a cylindrical cavity in clay: a simple interpretation of the pressuremeter test. Geotechnique, 22(3), 451-457.

Parkin, A. K. (1988). The calibration of cone penetrometers. Proceedings of the 1st International Symposium on Penetration Testing, Vol. 1, 221-243.

Parkin, A. K. and Lunne, T. (1982). Boundary effects in the laboratory calibration of a cone penetrometer in sand. Proceedings of the 2nd European Symposium on Penetration Testing, Vol. 2, 761-768.

Prevost, J. H. and Hoeg, K. (1975). Analysis of pressuremeter in strain softening soil. Journal of the Geotechnical Engineering Division, ASCE, 101(GT8), 717-732.

Randolph, M. F., Carter, J. P. and Wroth, C. P(1979). Driven poles in clay-the effects of installation and subsequent consolidation. Geotechnique, 29, 361-393.

Robertson, P. K. and Campanella, R. G. (1983). Interpretation of cone penetration tests: part I: sand. Canadian Geotechnical Journal, 20(4), 718-733

Richart, Jr. F. E., Hall, J. R. and Woods, R. D. (1970) Vibrations of Soils and Foundations. Prentice-Hall, Engewood Cliffs, New Jersey.

Sagaseta, C. and Houlsby, G. T. (1992). Stresses near the shoulder of a cone penetrometer in clay. Proceedings of the 3rd Int. Conference on Computational Plasticity: Fundamental and Applications, Vol. 2, 895-906.

Salgado, R. (1993). Analysis of Penetration Resistance in Sands. PhD Thesis, University of California at Berkeley, USA.

Salgado, R., Mitchell, J. K. and Jamiolkowski, M. (1997). Cavity expansion and penetration resistance in sand. Journal of Geotechnical and Geoenvironmental Engineering, ASCE, 123(4), 344-354.

Schnaid, F. (1990). A Study of the Cone Pressuremeter Test in Sand. DPhil Thesis, Oxford University, England.

Schnaid, F. (1994). Relating cone and pressuremeter tests to assess properties and stresses in sand. Proceedings of XIII International Conference on Soil Mechanics and Foundation Engineering, New Delhi, India.

Schnaid, F. and Houlsby, G. T. (1991). An assessment of chamber size effects in the calibration of in-situ tests in sand. Geotechnique, 41(3), 437-445.

Schnaid, F. and Houlsby, G. T. (1992). Measurement of the properties of sand by the cone- pressuremeter test. Geotechnique, 42(4), 587-601.

Schofield, A. N. and Wroth, C. P. (1968). Critical State Soil Mechanics. McGraw-Hill.

Sladen, J. A. (1989). Problems with interpretation of sand state from cone penetration test. Geotechnique, 39(2), 323-332.

Sousa Coutinho, A. G. F. (1990). Radial expansion of cylindrical cavities in sandy soils: application to pressuremeter tests. Canadian Geotechnical Journal, 27, 737-748.

Teh, C. I. (1987). An Analytical Study of the Cone Penetration Test. PhD Thesis, Oxford University, England.

Teh, C. I. and Houlsby, G. T. (1991). An analytical study of the cone penetration test in clay. Geotechnique, 41(1), 17-34.

Van den Berg(1994). Analysis of Soil Penetration. PhD Thesis, Delft University.

Vesic, A. S. (1972). Expansion of cavities in infinite soil mass. Journal of the Soil Mechanics and Foundations Division, ASCE, 98, 265-290.

Vesic, A. S. (1977). Design of pile foundations. National Cooperative Highway Research Program, Synthesis of Highway Practice 42, Transportation Research Board, National Research Council, Washington, D. C.

Wang, Y. (1992). Cavity Expansion in Sands with Applications to Cone Penetrometer Tests. PhD Thesis, University of Auckland, New Zealand.

Whittle, A. J. (1992). Constitutive modeling for deep penetration problems in clay. Proceedings of the 3rd International Conference on Computational Plasticity: Fundamentals and Applications, Vol. 2, 883-894.

Whittle, A. J. and Aubeny, C. P. (1993). The effects of installation disturbance on interpretation of in-situ tests in clays. Predictive Soil Mechanics(Editors: G. T. Houlsby and A. N. Schofield), Thomas Telford, London, 742-767.

Withers, N. J., Howie, J., Hughes, J. M. O. and Robertson, P. K. (1989). Performance and analysis of cone pressuremeter tests in sands. Geotechnique, 39(3), 433-454.

Wroth, C. P. (1982). British experience with the self-boring pressuremeter. Proceedings of the Symposium on Pressuremeter and its Marine Applications, Paris, Editions Technip, 143-164.

Wroth, C. P. (1984). The interpretation of in-situ soil tests. Geotechnique, 34, 449-489.

Yasufuku, N. and Hyde, A. F. L. (1995). Pile and bearing capacity in crushable sands. Geotechnique, 45(4), 663-676.

Yeung, S. K. and Carter, J. P. (1990). Interpretation of the pressuremeter test in clay allowing for membrane end effects and material non-homogeneity. Proceedings of the 3rd International Symposium on Pressuremeters, Oxford, 199-208.

Yu, H. S. (1990). Cavity Expansion Theory and its Application to the Analysis of Pressuremeters, DPhil Thesis, University of Oxford, England.

Yu, H. S. (1992). Expansion of a thick cylinder of soils. Computers and Geotechnics, 14, 21-41.

Yu, H. S. (1993). A new procedure for obtaining design parameters from pressuremeter tests. Transactions of Civil Engineering, Insitution of Engineers, Australia, CE35, No. 4, 353-359.

Yu, H. S. (1993). Discussion on: singular plastic fields in steady penetration of a rigid cone. Journal of Applied Mechanics, ASME, 60, 1061-1062.

Yu, H. S. (1994). State parameter from self-boring pressuremeter tests in sand. Journal of Applied Mechanics, ASME, 120(12), 2118-2135.

Yu, H. S. (1996). Interpretation of pressuremeter unloading tests in sands. Geotechnique, 46(1), 17-31.

Yu, H. S. and Collins, I. F. (1998). Analysis of self-boring pressuremeter tests in overconsolidated clays. Geotechnique, 48(5), 689-693.

Yu, H. S. and Houlsby, G. T. (1990). A new finite element formulation for one-dimensional analysis of elastic-plastic meterials. Computers and Geotechnics, 9(4), 241-256.

Yu, H. S. and Houlsby, G. T. (1991). Finite cavity expansion in dilatants soil: loading analysis. Geotechnique, 41(2), 173-183.

Yu, H. S. and Houlsby, G. T. (1992). Effect of finite pressuremeter length on strength measurement in sand. Civil Engineering Research Report No. 074. 04. 1992, ISBN No. 0 7259 0753 3, The University of Newcastle, NSW 2308, Australia.

Yu, H. S. and Houlsby, G. T. (1995). A large strain analysis solution for cavity contraction in dilatants soils. International Journal for Numerical and Analytical Methods in Geomechanics, 19(11), 793-811.

Yu, H. S. and Mitchell, J. K(1998). Analysis of cone resistance: review of methods. Journal of Geotechnical and Geoenvironmental Engineering, ASCE, 124(2), 140-149.

Yu, H. S. , Schanid, F. and Collins, I. F. (1996). Analysis of cone pressuremeter tests in sand. Journal of Geotechnical Engineering, ASCE, 122(8), 623-632.

Yu, H. S. , Herrmann, L. R. and Boulanger, R. W. (2000). Analysis of steady cone penetration in clay. Journal of Geotechnical and Geoenvironmental Engineering, ASCE, 126(7).

Zytynski, M. , Randolph, M. F. , Nova, R. and Wroth, C. P. (1978). On modeling the unloading-reloading behavior of soils. International Journal for Nemerical and Analytical Methods in Geomechanics, 2, 87-93.

9　桩基础和土锚

9.1　概　　述

研究已经证实,应用小孔扩张理论可以估算土中打入桩的端承力。像土中锥形贯入一样,由于材料和几何的高度非线性,很难对打入桩的性质进行精确的分析。尽管在过去 20 年中在对黏土打入桩分析方面有了长足的进展,但对于砂土打入桩的分析和设计在很大程度上仍然停留在经验基础上。

本章主要讨论应用小孔扩张理论分析土中和岩石中的打入桩。除了本章主要阐述的计算桩的极限承载力之外,小孔扩张理论还可用于预估尖桩位移特性(Kodikara,Moore,1993)。

轴向承载桩的荷载一部分由桩侧剪应力承担,一部分由桩端法向应力承担,如图 9.1所示。桩侧和桩端承载力主要依赖于桩的几何尺寸和土层特性。在黏性土中,摩擦桩桩侧承载力通常占总承载力的80%～90%。而对于细粒土,总承载力一般都由桩侧和桩端共同分担。

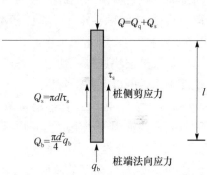

图 9.1　黏土中的承受轴向荷载的打入桩

除了讨论桩的模拟问题外,本章后半部分将阐述用小孔扩张理论解预估黏土和砂中锚板的承载力。

9.2　黏土打入桩轴向承载力

由于黏土打入桩桩侧摩擦力占全部承载力的很高比例,因此发展可靠的黏土中桩侧摩擦力计算方法有重要的意义。

9.2.1　桩侧承载力:桩的打入对土中应力的影响

在过去的 30 年内,黏土中桩的打入都是视为土中柱形孔扩张问题来研究的(Randolph et al. ,1979;Davis et al. ,1984;Nystrom,1984;Collins,Yu,1986)。其依据源于桩打入深土过程中大部分土沿径向挤出的现象,如图 9.2所示。实际上,

Randolph 等(1979)的模型试验以及 Cooke 和 Price(1978)现场试验测得中间部分桩周土沿径向运动结果表明,桩周土沿径向的位移可以用柱形孔扩张解精确计算。

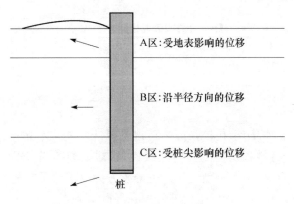

图 9.2　打桩过程引起土体位移

　　尽管小孔扩张理论不能完全模拟打入桩周围区域 A 和 C 土体的特性,但它能对那些影响桩特性的关键参数的评价提供有用的分析工具。如 Nystrom(1984)的研究表明,简单的一维小孔扩张模型计算的数据和桩实测数据相近,同时也和其他更复杂的二维有限元结果接近。

　　如果桩被快速打入地层中,桩打入过程可作为不排水过程处理。小孔扩张理论能模拟桩的以下两个特性:

　　(1)可用柱形孔扩张理论模拟半径由零扩大到桩半径的打入桩过程。这种桩的打入将使桩周土产生应力变化,可用来估算桩侧摩擦力。

　　(2)可用半经验方法将球孔扩张理论与打入桩的端承力联系起来。

　　1)理想塑性模型的总应力分析

　　若用理想塑性 Tresca 屈服准则来模拟土,则可用桩周土应力变化和小孔扩张极限压力的闭合形式解估算桩的极限承载力。

　　在第 3 章已讨论,从零半径起的小孔扩张可用一个恒定的小孔压力来代替,这一恒定内压对于柱形孔为

$$\psi_c = \sigma_{h0} + s_u\left[1 + \ln\frac{G}{s_u}\right] \tag{9.1}$$

对于球形孔为

$$\psi_s = \sigma_{h0} + \frac{4}{3}s_u\left[1 + \ln\frac{G}{s_u}\right] \tag{9.2}$$

式中,σ_{h0} 是桩打入前的原位水平总应力;G 和 s_u 是分别为土的剪切模量和不排水剪切强度。

图 9.3 是式(9.1)预测的桩身法向应力以及 Coop 和 Wroth(1989)正常固结土模型桩试验测得的法向应力分布比较。图中曲线表明,试验测得的桩土界面法向应力比小孔扩张理论估算的数值要小,其原因是桩在打入过程中桩周土产生的卸载降低了桩身的法向应力(The,Houlsby,1991;Yu et al.,2000)。

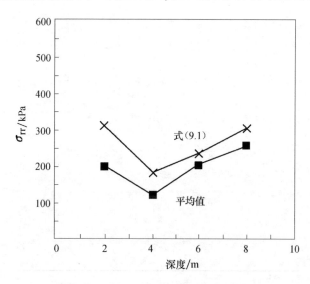

图 9.3 正常固结 Huntpill 土中桩法向应力预测(Coop,Wroth,1989)

正如 Randolph 等(1979)以及 Collins 和 Yu(1996)所强调,用理想塑性模型模拟正常固结和欠固结土是合理的,但当模拟超固结土时是不精确的。理论柱形孔扩张极限压力比高 OCR 土中实际测到的法向应力要大(Coop,Worth,1989;Bond,Jardine,1991)。

Coop 和 Wroth(1989)在预测 Madingley 黏土试验数据时,用小孔扩张总应力解答式(9.1)来估算重度超固结土中桩身法向应力。如图 9.3 和图 9.4 所示,对于正常固结土,式(9.1)能够合理估算桩身的法向应力;但对于重度超固结土,其桩身法向应力估算值较实测值大 100%。因此,理想塑性模型所得小孔扩张理论解总应力分析不适合用于高 OCR 黏土。

一旦获得桩身法向应力,可通过式(9.3)确定桩身剪切应力

$$\tau_s = \sigma_{rr} \tan\delta \tag{9.3}$$

式中,δ 是桩土界面残余剪切摩擦角。

Coop 和 Wroth(1989)以及 Bond 和 Jardine(1991)的桩土界面剪切试验结果表明,桩土界面摩擦角为临界状态摩擦角的 0.35~0.4 倍。

2) 临界状态模型的有效应力分析

用理想塑性模型总应力分析的优点是通过小孔扩张问题可以得到一个闭合形

式的解答。然而,Randolph 等(1979)以及 Collins 和 Yu(1996)指出,总应力分析存在两方面重要缺陷,首先是没有理由认为孔隙压力是由于纯剪切产生的,其次是它不能恰当地将土的强度与有效应力状态、土的应力历史联系起来。因此如前所述,用总应力分析正常固结和欠固结土时是合理的,而对于超固结土是不恰当的。

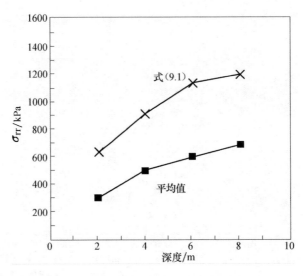

图 9.4　重度超固结 Madungley 黏土桩身法向应力预测(Coop,Wroth,1989)

　　早期,Randolph 等(1979)将有限元法用于临界状态土模型(修正剑桥模型)的有效应力小孔扩张分析。随后,Collins 和 Yu(1996)对同样的问题用各种临界状态模型得到了闭合形式的解。

　　利用小孔扩张估算径向有效应力是简单地基于桩周土在径向主应力下的平面应变临界状态假设的。小孔壁上的有效径向应力(沿着桩身的法向应力)可表示为

$$\sigma'_{rr}(1+\sqrt{3}/M)s_u \tag{9.4}$$

式中,M 是 $q'\text{-}p$ 图中临界状态线的斜率,它是临界状态土摩擦角的简单函数。

　　Randolph 等(1979)通过有限元参数研究得到了小孔壁上孔隙压力的简单表达式

$$\Delta U = U - U_0 = (p'_0 - p'_f) + s_u\ln\frac{G}{s_u} \tag{9.5}$$

式中,U_0 是原位孔隙水压力,p'_0 是原位平均有效法向应力,p'_f 是破坏时的原位平均有效法向应力。式(9.5)中的第二部分表示土剪切破坏的有效平均应力变化。

　　在过去三十多年中,许多学者(Kirby,Esrig,1979)测量过黏土打入桩过程中桩土界面的孔隙水压力。近几年陆续发表了高质量的桩基试验研究结果,最著

名例子有牛津大学的 Coop 和 Wroth(1989)以及帝国理工学院的 Bond 和 Jardine (1991)。

Coop 和 Wroth(1989)在正常固结和重度超固结土中桩基模型试验研究表明，尽管前述小孔扩张理论(Randoph et al.,1979)模拟正常固结土中的桩基能得到令人满意的结果，但是它不能用于模拟重度超固结土中桩的性能。Coop 和 Wroth (1979)特别强调，用 Randoph 等(1979)小孔扩张理论计算高 OCR 黏土中的超孔隙水压力，比模型试验中测得的结果高得多。这一发现和 Bond 和 Jardine(1991) 独立进行的在重度超固结伦敦土中的桩基实测试验结果相吻合。

基于 Randolph 等(1979)小孔扩张理论，Wroth 等(1979)得到的重度超固结伦敦黏土的相对超孔隙压力(超孔隙压力与土初始不排水剪切强度之比)为 3.1～3.6。然而，伦敦黏土测桩试验结果表明，在打入桩的过程中土体中会产生负的孔隙水压力。

Randolph 等(1979)基于小孔扩张理论的试验结果表明，由于选择的剪切模量 G 随超固结比变化以及修正剑桥模型屈服面模拟超固结土的联合效应，导致超孔隙压力对超固结比的相对不敏感性。

作为小孔扩张理论应用的一个重要成果，Collins 和 Yu(1996)研究了不同临界状态模型柱形孔和球形孔不排水扩张问题，其求解过程可以应用到任何各向同性硬化材料模型的大变形小孔扩张问题中。该方法仅包含一些简单的积分公式，对于原始剑桥模型利用该方法可以得到完整的解析解。同时该方法表明，众所周知的理想塑性解为该解析解的一个特解。通过详细对比不同模型的小孔扩张曲线和应力分布，得到了不同临界状态模型对小孔扩张特性的影响。利用小孔扩张理论模拟黏性土中打入桩展现了小孔扩张理论在岩土工程实际应用中的潜能和广阔前景。

为解释高固结比土打入桩过程中桩壁附近测得的负超孔隙压力，Collins 和 Yu 利用小孔扩张理论详细地研究了超孔隙压力随超固结比的变化规律。图 9.5 中是初始比容为 2.0 的三种不同临界状态模型伦敦黏土的小孔扩张理论解析结果，图中给出了小孔壁相对超孔隙压力与超固结比的关系，可以得到小孔扩张比 $a/a_0 = 4$ 瞬间的超孔隙压力量值。值得注意的是，对于所有土体模型，相对超孔隙压力均随超固结比的增加而趋于降低。图 9.5 中，超固结比小于 10 时的理论趋势被 Kirby 和 Esrig(1979)现场实测数据所验证。按照图 9.5，若超固结比大于 25，则超孔隙压力变为负值。伦敦黏土超固结比范围为 20～50(Bond,Jardine,1991)，图 9.5 的结果表明，在伦敦黏土中打入桩的过程中会产生负的超孔隙压力，这与 Bond 和 Jardine(1991)在伦敦黏土中测桩试验所观测到结果相一致，而土的实际比容稍小于 2.0。在 Collins 和 Yu(1996)的研究中也发现对于给定超固结比的土，相对超孔隙压力随土体初始比容的增加会产生轻微的增加。

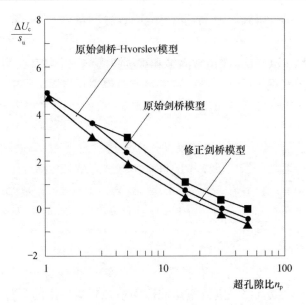

图 9.5　小孔壁超孔隙压力随超固结比的变化

9.2.2　打入桩的端承力

众所周知,桩在排水条件下长时端承力要比短时、不排水条件下大得多。然而,它也必须有足够的短时承载力,以免桩在打入后立即遭受破坏。但当利用其长时承载力时,可能造成桩沉降过大而不能满足使用需要。因此在实际计算桩的端承力时假定为不排水条件(Fleming et al.,1985)。

传统分析中是将桩端承载力与球形孔极限承载力联系在一起的。图 9.6 表示了 Gibson(1950)最早用球孔扩张模拟桩端极限承载力的情形。使用这一模型模拟不排水条件下黏性土,可以证明桩端承载力可以表达为球形孔极限压力 ψ_s 和在刚性土与塑性土界面修正剪切应力 $a_1 s_u (a_1 = 0.0 \sim 1.0)$ 的函数

$$q_b = \psi_s + a_1 s_u \qquad (9.6)$$

对于 Tresca 准则的理想塑性土,可用式(9.2)计算球形孔的极限压力。此时,可得桩端承载力

$$q_b = \sigma_{h0} + \left[\frac{4}{3} + a_1 + \frac{4}{3} \ln \frac{G}{s_u} \right] s_u \qquad (9.7)$$

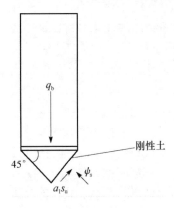

图 9.6　球孔扩张极限压力与不排水黏土中桩端承载力的关系

式(9.7)考虑了原位应力和桩端土的刚度指数对桩端承载力的影响。因此它在一定程度上比现有综合承载力系数方法(Skempton,1951;Fleming et al. ,1985)更合理。

9.2.3 桩承载力随时间的增加:固结效应

在桩打入黏土过程中,桩周土中将产生较高的超孔隙水压力。这种高孔隙水压力减少了桩侧土的有效应力,意味着桩的短期承载力相对较低。桩打入后,由于水的径向流动,超孔隙水压力消散,土体固结。伴随固结过程,土体比容降低(含水量减少),同时不排水剪切强度增加。Seed 和 Reese(1995)的试验结果表明,桩打入后,San Fransisco 港淤泥桩周土含水量减小了 7%,这意味着重塑土强度增加了 3 倍。

目前打入桩产生的超孔隙水压力主要采用从零半径开始的柱形孔扩张模拟。其结果根据采用总应力或有效应力分析方法的不同而有所差异。

在第 6 章,介绍了 Randolph 和 Wroth(1979)用 Tresca 准则和总应力分析方法得到的柱形小孔扩张解析解。桩打入后,桩周土初始孔隙水压力为

$$\Delta U = s_u \ln\left(\frac{G}{s_u}\right) \tag{9.8}$$

图 9.7 给出了 Randolph 和 Wroth 总应力固结解的主要结果。图中对理论超孔隙水压力消散和实测打入桩承载力与桩长时承载力的关系进行了详细对比。时间尺度归一化为除以发生 90% 固结所需时间。研究发现,曲线对刚度指数 G/s_u 相对比较敏感。

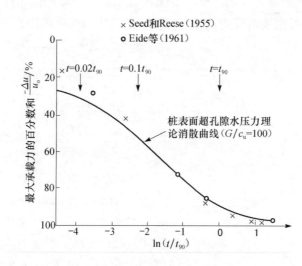

图 9.7 桩承载力随时间演化与超孔隙水压力理论消减规律的对比(Randolph,Wroth,1979)

如前所述,总应力分析方法适用于估算正常固结和欠固结黏土中打入桩的承载力,但不适合超固结黏土。对于超固结黏土,必须用有效应力方法结合临界状态模型进行分析。Randolph 等(1979)用有限元法和修正剑桥模型首次研究了由于

桩的打入和固结过程产生的应力变化,结果表明打入桩产生的孔隙水压力通常与OCR 密切相关。对于高 OCR 黏土,实测桩周土超孔隙压力可能为负,而且一般比Randolph 等(1979)的分析结果低得多。Randolph 等(1979)对固结过程完整的数值分析结果表明,由于固结过程中含水量减少,桩周土剪切强度可增加 50%~100%。

若与早期 Randolph 等(1979)的研究相比较,Collins 和 Yu(1996)使用了更精确的临界状态模型发展更符合实际的打入桩超孔隙压力计算方法,结果表明对于很高 OCR 的黏土,桩周土的超孔隙水压力为负值(图 9.5),这与原位试验结果相一致。今后需要采用符合实际的,如 Collins 和 Yu(1996)使用的临界状态模型,进一步发展固结解。

9.3 砂土打入桩轴向承载力

9.3.1 砂土桩端承载力

用小孔扩张理论来分析土中打入桩桩端承载力必须遵循两个环节。第一,需要获得桩端承载力和小孔极限压力的半解析关系;第二,必须发展符合实际的塑性模型小孔极限压力的解析解或数值解。下面就详细讨论如何实现上述两个环节。

通过对金属中成孔现象的观察,Bishop 等(1945)和 Hill(1950)认为,只要假设没有摩擦力,在弹塑性介质产生一个深孔需要的压力和相同条件下扩张产生一个相同体积的小孔需要的压力成比例。Gibson(1950)首次将小孔扩张极限压力和深基础桩端承载力联系起来,图 9.8 给出了砂土的这一关系。考虑桩的竖向平衡,可得桩端承载力的简单形式(Ladanyi,Johnson,1974;Randolph et al. ,1994)

$$q_b = (1 + \tan\phi \tan\alpha) \psi_s \tag{9.9}$$

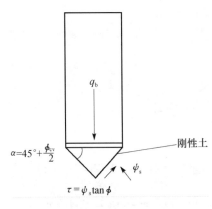

图 9.8　砂土中球形孔极限压力和桩端承载力之间的关系

假设桩基础下部土体受剪达到极限状态,α 可用临界状态土的摩擦角的函数来表达 $\alpha = 45° + \phi_{cv}/2$。

通过联合式(9.9)和 Carter 等(1986)、Yu 和 Houlsby(1991)以及 Colins 等(1992)的小孔扩张理论解,Randolph 等(1994)提出了计算砂土打入桩桩端承载力的一个新理论框架。Carter 等(1986)、Yu 和 Houlsby(1991)通过采用理想弹塑性模型、Mohr-Coulomb 准则,获得了摩擦角和剪胀角为常量的球形孔极限压力闭合形式解。

然而,砂土强度(摩擦角和剪胀角)实

际上依赖于变形历史。为了考虑这种关系,需要采用以状态参数为基础的临界状态模型,模型中的摩擦角和剪胀角假定为状态参数的函数(Been,Jefferies,1985)。采用第 4 章(4.3.1 节)描述的状态参数模型,Collins 等(1992)提出了砂土中小孔扩张极限压力数值解,研究发现,改变摩擦角和膨胀角的效果简单地相当于在理想弹塑性小孔扩张解的初始和临界状态使用了强度参数(摩擦角和剪胀角)的平均值。

因此,可以从 Carter 等(1986)以及 Yu 和 Houlsby(1991)的闭合形式解中获得状态参数模型的小孔扩张极限压力,而输入的强度参数则通过式(9.10)获得

$$\phi = \frac{1}{2}(\phi_i + \phi_{cv}) \tag{9.10}$$

$$\psi = \frac{1}{2}\psi_i \tag{9.11}$$

临界状态摩擦角和剪胀角(ϕ_{cv},0)与土的扰动无关,很容易通过实验室常规试验测定。初始状态摩擦角和剪胀角(ϕ_i,ψ_i)能通过基于试验的初始状态参数表达(Collins et al. ,1992;Been et al. ,1987;Yu,1994,1996)

$$\phi_i = \phi_{cv} + A[\exp(-\xi_0) - 1], \quad \psi_i = 1.25(\phi_i - \phi_{cv}) \tag{9.12}$$

式中,ξ_0 是初始状态参数,它与初始有效平均应力 p_0' 以及初始比容 v_0 有关

$$\xi_0 = v_0 + \lambda\ln p_0' - \Gamma \tag{9.13}$$

式中,λ 和 Γ 是土的临界状态特征参数。A 是与砂土类型有关的拟合参数,其值范围为 0.6~0.95。

Randolph 等(1994)效仿 Bolton(1986,1987)确定初始摩擦角和剪胀角的方法,将其与相对密度 D_r 以及有效平均应力 p_0' 联系起来。平均摩擦角和剪胀角为

$$\phi = \phi_{cv} + 1.5I_R \tag{9.14}$$

$$\psi = 1.875I_R \tag{9.15}$$

式中,I_R 定义为

$$I_R = 5D_r - 1, \quad 当 p_0' \leqslant 150\text{kPa} \tag{9.16}$$

$$I_R = D_r[5.4 - \ln(p_0'/p_a)] - 1, \quad 当 p_0' > 150\text{kPa} \tag{9.17}$$

其中,p_a 是大气压力(100kPa)。

除摩擦角和剪胀角外,土的刚度(剪切模量)对砂土小孔扩张极限压力解也具有关键作用。为了考虑相对密度和有效平均应力对剪切模量的影响,许多经验关系陆续被提出(Richart et al. ,1970;Lo Presti,1987)。对于桩基设计,Randolph 等(1994)提出了对于给定小孔极限压力时,纯净砂剪切模量的表达式

$$\frac{G}{p_a} = 400\exp(0.7D_r)\left(\frac{p'}{p_a}\right)^{0.5} \tag{9.18}$$

Randolph 等(1994)给出了用小孔扩张理论获得的极限桩端承载力和 Fleming 等(1992)设计图表的对比,如图 9.9 所示。

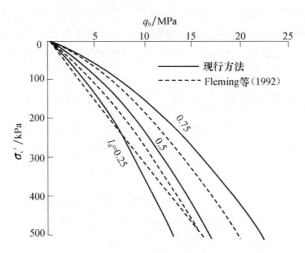

图 9.9　桩端承载力比较(Randolph et al. ,1994)

图 9.9 是采用三种不同相对密度计算的结果,临界状态摩擦角假定为30°。两系列曲线总体趋势相当一致,结果表明,小孔扩张结果与最大桩端承载力轮廓线相接近,这在很大程度上与刚度指数随深度增加而降低有关。与 Fleming 等(1985)基于传统承载力理论设计图表对比,小孔扩张方法具有如下优点:

(1) 不像承载力方法中包含土的压缩效应,小孔扩张方法的应用更灵活、更简单;

(2) 小孔扩张方法考虑了土体强度随应力水平的变化;

(3) 小孔扩张方法考虑了剪切模量对于相对密度和应力水平的依赖关系。

9.3.2　可压碎砂桩端承载力

值得提出的是,Yasufuku 和 Hyde(1995)已经采用小孔扩张理论对可压碎砂桩端承载力问题进行了类似研究。在他们的研究当中,采用的桩端承载力与球形孔极限压力之间的关系式如下

$$q_b = \frac{1}{1-\sin\phi}\psi_s \qquad (9.19)$$

此外,Vesic(1972)和 Baligh(1976)用小孔扩张近似解来确定球形孔的极限压力,容易得到破裂面包线和剪切模量的变化。

使用承载力理论计算桩端承载力表明,桩端承载力主要是摩擦角的函数。然而,可压碎土一般具有较大的摩擦角,而测得的桩端承载力却比用承载力理论计算

的结果要低得多。小孔扩张计算值以及 Yasufuku 和 Hyde(1995)试验数据相对比表明,采用球形孔扩张方法预测的承载力可以更好考虑土的压碎性和压缩性。

9.4　桩横向承载力

除了轴向承载力,小孔扩张理论也能用来分析黏土、砂土或岩石中承受横向承载桩的极限承载力。

9.4.1　黏土桩横向极限压力

Fleming 等(1985)认为,过去的试验研究都表明可以假定横向承载桩前土体压力接近旁压试验中测得的极限压力,而桩后土体作用在桩身的最低法向应力量值为 $p_a=-100\mathrm{kPa}$ 的负压力。如果桩后形成裂缝,则法向应力增加到零(对于干孔);如果裂缝中充满自由水,则法向应力为水压力。计算桩侧摩擦力时也按 $1.0ds_u$ 考虑,d 为桩直径。

按照上述讨论,可知单位长度上桩身抗力的极限力位于两个极限量值之间,定义为

$$(\psi_c-U_0+s_u)d < p_u < (\psi_c+p_a+s_u)d \tag{9.20}$$

式中,柱形孔扩张极限压力 ψ_c 由式(9.1)给出。式(9.20)可改写为

$$\left(\frac{\sigma'_{h0}}{s_u}+2+\ln\frac{G}{s_u}\right) < \frac{p_u}{ds_u} < \left(\frac{\sigma_{h0}+p_a}{s_u}+2+\ln\frac{G}{s_u}\right) \tag{9.21}$$

注意,对于典型的刚度指数,上式结果与 Randolph 和 Houlsby(1984)得到的更严格的塑性解一致。

9.4.2　砂土桩横向极限压力

实际工程中,砂土中桩下部某点在某一变形阶段将由于塑性铰导致桩的破坏。研究发现,一般产生超过桩直径 10% 的横向位移就会导致桩的破坏。现有的计算砂土中桩横向承载力基本为经验方法。旁压试验结果表明小孔扩张理论可以作为桩横向承载力的分析方法,其假设产生 10%~15% 的桩直径位移所需要的旁压压力与桩破坏所需的横向压力近似(Fleming et al.,1985)。不过,迄今为止还没有用于计算旁压试验这种压力的解析公式。

用第 3 章(3.3.3 节)所述的砂土大应变柱形孔扩张闭合解,可以导出桩横向承载桩的简单计算方法。忽略塑性变形区弹性变形,柱形孔压力-扩张关系的闭合解可表示为

$$\frac{p_u}{p_0}=\frac{2\alpha}{1+\alpha}\left[\frac{1-(a/a_0)^{-1-\frac{1}{\beta}}}{1-(1-\delta)^{1+\frac{1}{\beta}}}\right]^{\frac{1}{\gamma}} \tag{9.22}$$

其中

$$\alpha = \frac{1 + \sin\phi}{1 - \sin\phi} \tag{9.23}$$

$$\beta = \frac{1 + \sin\psi}{1 - \sin\psi} \tag{9.24}$$

$$\gamma = \frac{\alpha(1 + \beta)}{(\alpha - 1)\beta} \tag{9.25}$$

$$\delta = \frac{(\alpha - 1)p_0}{2(1 + \alpha)G} \tag{9.26}$$

其中，a 和 a_0 分别为当前和初始小孔半径。如果假定产生超过 10%～15% 桩直径的位移所需要的小孔压力近似等于桩产生破坏的横向压力，则式(9.22)可方便地用来计算桩的横向极限压力。

9.4.3　岩石中桩横向极限压力

人们很少关注岩石中桩的横向承载力。Carter 和 Kulhawy(1992)认为缺少这一方面研究主要有两个原因：①岩石中桩的横向设计很大程度上只考虑位移控制，以至于认为承载力并不重要；②这个问题在理论上很难解决。不过，Carter 和 Kulhawy(1992)认为，即使位移控制的设计，计算承载力仍然重要，因为桩的横向承载力可以用来确定工作荷载下安全的临界值。

Carter 和 Kulhawy(1992)通过分析，得到了用于计算底部嵌岩桩的最终横向荷载的方法。这一新方法可简要归纳为(图 9.10)：

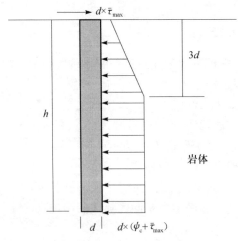

图 9.10　底部嵌岩桩单位长度上最终横向力分布(Carter,Kulhawy,1992)

（1）当在岩石表面施加一个横向荷载时，桩前岩体承受的竖向应力为零，而桩身的前面会承受一个水平应力。最终,水平应力可以达到岩块的单轴抗压强度;同时随着横向荷载的增加,水平应力随着峰后岩体软化变形而有所降低。于是,在超过峰值的软化过程中,就可假定岩体表面的反作用应力为零或是很小的值。沿着桩身,一些剪切阻抗就可能发挥出来,类似轴向压缩下的最大单位剪切阻抗 $\bar{\tau}_{max}$。

(2) 在深部,假定岩石中柱形孔扩张的桩前应力从初始水平应力 σ_{h0} 增加到极限应力 ψ_c;而在桩后,桩和岩石之间会产生裂缝以至于桩后将处于零法向应力状态。在桩侧,一些剪切阻抗将会调动起来。结果,深处单位长度上桩的最终横向抗力为 $d(\psi_c + \bar{\tau}_{max})$。

Yu(1991)以及 Yu 和 Houlsby(1991)用 Mohr-Coulomb 塑性模型推导和发展了小孔扩张极限压力的闭合形式解析解。众所周知,许多岩石的塑性性能可用 Mohr-Coulomb 塑性模型模拟,Yu(1991)以及 Yu 和 Houlsby(1991)用 Mohr-Coulomb 塑性模型导出的小孔扩张在第 3 章已有表述。特别地,从式(9.27)获得 R_{lim} 就可以得到柱形孔极限压力 ψ_c 的解

$$\sum_{n=0}^{\infty} A_n(R_{lim}, \mu) = \frac{\chi}{\gamma}(1-\delta)^{\frac{\beta+1}{\beta}} \tag{9.27}$$

式中,与 R_{lim} 相关的 A_n 为

$$A_n(R_{lim}, \mu) = \begin{cases} \dfrac{\mu^n}{n!} \ln R_{lim}, & \text{当 } n = \gamma \text{ 时} \\ \dfrac{\mu^n}{n!(n-\gamma)}(R_{lim}^{n-\gamma} - 1), & \text{其他情形} \end{cases} \tag{9.28}$$

一旦得到 R_{lim},小孔扩张极限压力 ψ_c 可很容易由式(9.29)求出

$$R_{lim} = \frac{(1+\alpha)[Y + (\alpha-1)\psi_c]}{2\alpha[Y + (\alpha-1)p_0]} \tag{9.29}$$

式中,参数 α, β, γ 和 δ 根据式(9.23)~式(9.26)定义(详见第 3 章 3.3.3 节)。极限压力主要依赖于摩擦角、剪胀角以及土的刚度特性。

问题仍旧是需要确定小孔扩张极限压力在什么深度可以发挥出来。当研究土中桩横向承载力时,Randolph 和 Houlsby(1984)假定深度为三倍桩径,在没有其他数据情况下,Cater 和 Kulhawy(1992)建议 Randolph 和 Houlsby(1984)的假定也适用于岩石中的桩,如图 9.10 所示。

9.5 受有附加荷载砂的承载力

与桩设计有关的受有附加荷载砂承载力确定问题如图 9.11 所示。这是因为现有的关于桩端承载力的设计方法都是基于承载力理论(Fleming et al.,1985;

ASCE 桩基设计手册,1993)

$$q_b = N_q \sigma_v \tag{9.30}$$

式中,σ_v 是桩尖水平处的附加荷载应力,N_q 是由承载力理论导出的一个因子。

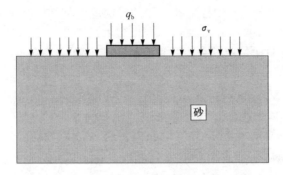

图 9.11　附加荷载砂的承载力

　　Yeung 和 Carter(1989)研究了用球形孔扩张解计算置于石灰和石英砂上圆盘承载力的方法。分析采用了两个塑性模型,第一个是强度参数为恒值的标准 Mohr-Coulomb 模型,作为对比,同时采用了更复杂的应变软化塑性模型。

　　Yeung 和 Carter(1989)分析中,将 Chua(1983)测得的圆盘模型承载力直接与球形孔扩张理论极限压力进行比较。图 9.12 和图 9.13 显示了石灰和石英中承载力测值和球形孔扩张理论极限压力计算值的对应关系。可以看出,承载力测值可用球形孔扩张理论解来预估,误差在 10%~20%,而用软化模型的效果更好一些。

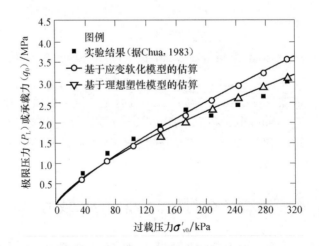

图 9.12　石灰中计算小孔极限压力和圆盘模型试验实测承载力比较(Yeung,Carte,1989)

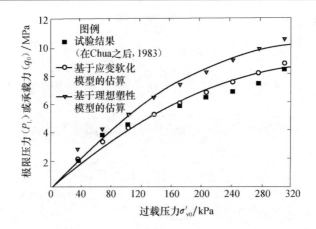

图 9.13 石英砂中计算小孔极限压力和圆盘模型试验实测承载力比较（Yeung，Carter，1989）

9.6 土中板锚抗拔力

本节将阐述采用小孔扩张理论分析土中板锚稳定的方法。先作一般性假设：在锚被拉出的过程中，由小孔扩张理论计算的塑性区边界接近或达到地表面时，板锚就会发生破坏。换句话说，若塑性流动不受外部弹性区域约束而变为自由流动时，则板锚破坏，如图 9.14 所示。

假定当塑性区域半径达到 $c=mH$ 时，板锚上部土体就发生足够大的变形，m 值小于等于 1。可以看出，由于不排水黏土的不可压缩性，m 的合理值为 1（塑性边界是自由地表）。然而，对于具有内摩擦角的土体，m 的最佳值约为 0.5（塑性边界位于板锚和地表中间），因为砂的剪胀性导致土中塑性区周围的巨大形变，加剧了板锚的破坏。

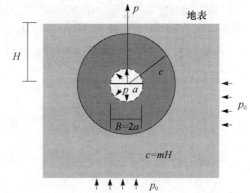

图 9.14 板锚发生破坏的条件

9.6.1 黏土中板锚

如图 9.14 所示，假定板锚的宽度为 B、埋深为 H。假设土中初始应力状态为 p_0，锚杆的拔出力为 p。对于不排水条件下的黏土，强度定义为不排水剪切强度 s_u。

应用前述小孔扩张理论，从土中拉出板锚所需的极限压力 p 等于塑性区半径为 $c=H$（$m=1$）时的小孔最终内压。小孔内压 p 与塑性半径 c 的关系可按第 3 章

导出的结果,即

$$\frac{p-p_0}{s_u} = 2k\ln\frac{c}{a} + \frac{2k}{1+k} \qquad (9.31)$$

式中,s_u 为土的不排水抗剪强度。对于带状板锚(平面应变问题),$k=1$;对于圆饼状板锚,$k=2$。

由 $c=mH$,$a=B/2$,式(9.31)给出了"锚杆破坏因子"表达式:

对于条形板

$$N_b = \frac{p-p_0}{s_u} = 2\ln\left(2m\frac{H}{B}\right) + 1 \qquad (9.32)$$

对于圆形板

$$N_b = \frac{p-p_0}{s_u} = 4\ln\left(2m\frac{H}{B}\right) + \frac{4}{3} \qquad (9.33)$$

必须注意,对于圆形板锚,运用式(9.33)时需将 B 用锚板直径 D 来替代。

土中初始压力 p_0 为

$$p_0 = q + \gamma H \qquad (9.34)$$

式中,q 是作用在地表面上的附加荷载,γ 是土的重度。

与其他塑性解和试验数据的比较

为了说明这一简单的小孔扩张解与黏土中板锚抗拔力的关系,将其与其他塑性解和试验数据进行比较。图 9.15 所示为小孔扩张解式(9.33)计算的板锚破坏因子和 Merifield 等(2000)圆板锚三维下限分析结果的比较。显然,对于浅锚($H/D\leqslant4$),简单小孔扩张解结果与三维下限解非常吻合,因此可以用小孔扩张解来计算板锚的抗拔力。

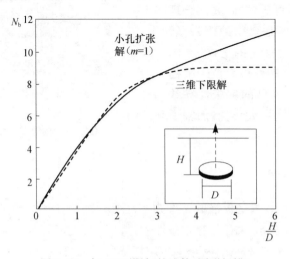

图 9.15　与 3D 下限解的比较(圆形板锚)

　　图 9.16 给出了 Das 等(1994)、Ali(1968)和 Kupferman(1971)圆锚模型试验的结果,可以看出,Das 和 Kupferman 的试验结果与小孔扩张理论解吻合很好,两者的最大偏差约为 15%。

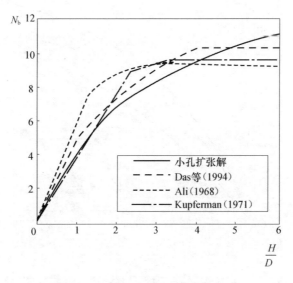

图 9.16　与圆形板锚试验数据的比较

　　Ali(1968)膨润软土的试验结果与小孔扩张结果不一致,主要原因是试验时在锚平面下存在吸力,因而需要通过计算锚和土之间可能的吸力来修正极限承载力。然而,吸力变化很大,它是包含嵌入深度、土的稳定性、不排水剪切强度以及荷载水平等因素的函数。因此,可以将 Ali 试验结果与小孔扩张解之间的差异主要归结于土和锚之间吸力计算的不确定性。

　　图 9.17 比较了方形板锚小孔扩张解和三维下限结果以及 Das(1980)有限的试验结果,显然 $m=1$ 时的小孔扩张解计算结果始终比三维下限结果要大。

　　迄今为止,对方形锚的试验还十分有限。Das(1980)从软土到硬土进行了小模型方形和矩形板锚的大量拉拔试验。为了确保立即脱离,在锚下表面布设了铜管和滤纸。Das 得到的破坏因子在整个埋置比范围内均小于极限分析解(图 9.17)。当 $m=1$ 时,Das 试验结果与小孔扩张解差大约为 30%。不过,在使用小孔扩张方法预测时,可以采用较小的 m 值消除这种差异。

　　通过数值分析和模型试验可以看出,当长宽比非常大(如大于 8)时,矩形锚可以作为无限长条板锚来分析。这样简化的优点是可将矩形板锚作为二维问题来考虑。Merifield 等(1999)研究了黏土中无限长条板锚的上限和下限解。本节前面讨论过,条状板锚的抗拔力可以用柱形孔扩张理论来计算(式(9.32)),图 9.18 比较了小孔扩张解、式(9.32)与 Merifield 等(1999)下限解的结果。从图中清楚可见,简单的柱形孔扩张解和严格的下限塑性解吻合较好,因此能用其来估算埋置于不排水黏土中条形板锚的抗拔力。

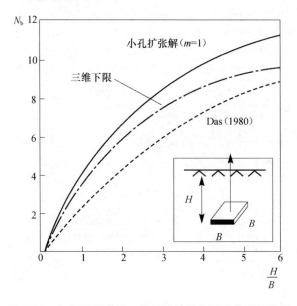

图 9.17　与方形板锚板三维下限结果和试验数据的比较

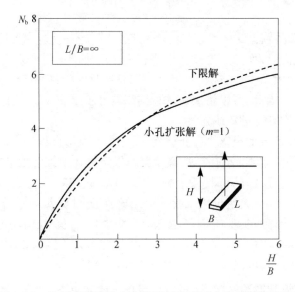

图 9.18　长条形板锚的小孔扩张解和平面应变下限解的比较

9.6.2　砂土中板锚

与黏性土的情况类似,也可以用小孔扩张解对埋入黏滞-摩擦土中板锚的稳定性进行计算。同样假设一旦小孔扩张理论得到的土塑性半径非常接近地表时,则板锚破坏。

第 3 章中讨论的黏滞-摩擦土中小孔加载解给出了小孔内压 p 和塑性半径 c 之间的关系

$$\frac{(k+\alpha)[Y+(\alpha-1)p]}{\alpha(1+k)[Y+(\alpha-1)p_0]} = \left(\frac{c}{a}\right)^{k(\alpha-1)/\alpha} \tag{9.35}$$

式中,α 和 Y 是土的内聚力 C 和摩擦角 ϕ 的函数,定义为

$$Y = \frac{2C\cos\phi}{1-\sin\phi}, \quad \alpha = \frac{1+\sin\phi}{1-\sin\phi} \tag{9.36}$$

k 用来表示条形板锚(柱形孔 $k=1$)或圆形板锚(球形孔 $k=2$)。

取 $c=mH$ 和 $a=B/2$,根据式(9.35)得出锚杆"破坏因子":

对于条形板锚

$$N_b = \frac{Y+(\alpha-1)p}{Y+(\alpha-1)p_0} = \frac{2\alpha}{1+\alpha}\left(2m\frac{H}{B}\right)^{(\alpha-1)/\alpha} \tag{9.37}$$

对于圆形板锚

$$N_b = \frac{Y+(\alpha-1)p}{Y+(\alpha-1)p_0} = \frac{3\alpha}{2+\alpha}\left(2m\frac{H}{B}\right)^{2(\alpha-1)/\alpha} \tag{9.38}$$

需要注意,对于圆形板锚,式(9.38)中 B 应用锚板直径 D 代替。

土的初始压力 p_0 为

$$p_0 = q+\gamma H \tag{9.39}$$

式中,q 是作用于土表面的附加荷载,γ 是土的重度。

对于埋置于纯摩擦土中的锚杆,内聚力为零($Y=0$)。若进一步假设初始土压力主要是土的自重($q=0$ 和 $p_0=\gamma H$),则条形锚的稳定系数简化为

$$N_b = \frac{p}{\gamma H} = \frac{2\alpha}{1+\alpha}\left(2m\frac{H}{B}\right)^{(\alpha-1)/\alpha} \tag{9.40}$$

对于圆形或方形锚

$$N_b = \frac{p}{\gamma II} = \frac{3\alpha}{2+\alpha}\left(2m\frac{H}{B}\right)^{2(\alpha-1)/\alpha} \tag{9.41}$$

与塑性解的比较

为检验小孔扩张解的有效性,对于埋置于砂中的条形锚的严格上限解和式(9.40)计算结果进行了比较。如前所述,由于砂的剪胀性,在塑性区到达地表前锚板就发生了破坏。事实上,假定塑性区扩展到锚板和地表中部时锚板发生破坏是合理的。换句话说,在砂中 m 的最佳取值是 0.5。从图 9.19 可以明显看出,尽

管小孔扩张解十分简化,但与严格塑性上限解吻合很好。因此小孔扩张解为板锚稳定计算提供了一个有用且简单的工具。

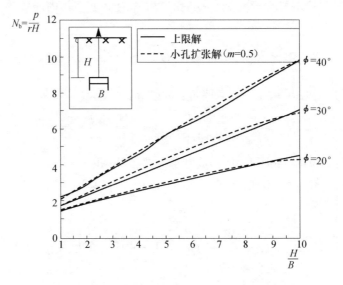

图 9.19　砂中条形板锚的小孔扩张解和上限解比较

9.7　小　结

　　(1) 在岩土工程上估算打入桩桩端承载力和桩身承载力仍然非常困难。其原因是土中桩的打入是一个大应变问题,涉及材料和几何的非线性特征。在模拟黏土打入桩性能方面已经取得了一些进展(Baligh,1985;Yu et al. ,2000),但在砂中桩性能的估算方面几乎没有取得进展。由于没有严格的理论分析方法,目前桩基分析以及设计主要采用半分析半经验的方法。小孔扩张理论可成为半解析法估算桩基承载力的有用工具。

　　(2) 桩身摩擦力在黏土打入桩的全部承载力中占有很高比例(80%～90%),因此学者们在估算桩身摩擦力方面投入了大量的精力。为了计算桩侧表面摩擦力,必须知道桩打入地层中后作用于桩身上的法向应力。基于桩被打入深土中的原位和实验观测到的大部分土沿着半径方向位移的现象,许多研究者提出桩打入土中后可以模拟为从零开始的柱形孔扩张问题。基于小孔扩张总应力分析解的深入研究表明,这种简单的小孔扩张解能给出正常固结和欠固结土中桩身法向应力的合理值。不过,对于超固结黏土,基于总应力分析的小孔扩张解估算的桩身法向应力值普遍偏高。其原因是,第一,没有考虑由于纯剪切引起的孔隙压力;第二,用理想塑性模型的总应力分析不能正确地把土的强度与当前有效应力状态和土的应力历史联系起来。因此,小孔扩张总应力分析解对于正常固结和轻度超固结黏土是合理的,但是对于重度超固结土是不合适的。

(3) 许多研究者都测到了桩打入过程中桩土界面的负孔隙水压力。如牛津大学的 Bond 和 Jardine(1991)以及帝国理工学院的 Bond 和 Jardine(1991)都作了高质量的桩基测试。这些研究发现,沿着超固结黏土中的桩身出现了很低的孔隙水压力。尤其在重度超固结伦敦黏土中模型桩测试结果表明,在桩打入过程中会产生负孔隙水压力。本章给出了 Collins 和 Yu(1996)小孔扩张的有效应力解,和第4 章的结果一样,其能很满意地解释超固结黏土桩打入过程中桩土界面负孔隙水压力问题。

(4) 当桩打入黏土时,桩周会产生较高的超孔隙水压力。这些超孔隙水压力减小了桩身的有效应力,意味着桩身短期承载力相对较低。桩打入后,超孔隙水压力消散,相应地土得到固结,桩的承载力增加。如第 6 章中所述,Randolph 和 Wroth(1979)的小孔扩张固结解已成功地估算了有时间效应的桩基承载力。不过还需要用临界状态模型进一步发展对于正常固结和超固结土都适用的精确固结解。

(5) 对于黏土中的打入桩,常在假定为不排水条件的前提下计算桩端承载力(Fleming et al. ,1985)。传统解法中采用球形孔扩张极限压力来模拟桩端承载力。图 9.6 是 Gibson(1950)最早提出用球形孔扩张模拟桩端破坏的模型。在符合 Tresca 准则的不排水黏土中,桩端承载力可表示为式(9.7)所示的球形孔极限压力 ψ_s 的函数。该式在桩端承载力中考虑了原位应力和桩端土刚度系数的影响,因此比现有承载力系数的设计方法更好。

(6) 与黏土中的桩不同,粗粒土中桩的总承载力通常由桩身和桩端均分。使用小孔扩张理论估算砂土中打入桩桩端承载力需要采取两个步骤。第一,需要使用半分析法将桩端承载力和小孔扩张极限压力联系起来;第二,必须采用符合实际的塑性模型模拟土,以获得小孔扩张极限压力的解析或数值解。在 Carter 等(1986)、Yu 和 Houlsby(1991)以及 Collins 等(1992)对小孔扩张极限压力解析解的基础上,Randolph 等(1994)提出了一个有效的方法来估算砂土中桩端承载力。

(7) 除桩的轴向承载力外,本章也给出了用小孔扩张理论分析黏土、砂土和岩石中桩横向承载力的示例。如图 9.11 所示,与桩基设计密切相关的问题是计算有附加荷载的砂土承载力。这是因为现有计算砂土桩端承载力的大多方法都是基于承载力理论。Yeung 和 Carter(1989)研究了用球形孔扩张解来计算石灰和石英砂中圆形基础的承载力。对比研究表明,可通过球形孔扩张极限压力理论来估算石灰和石英砂中承载力,误差在 10%~20%。

(8) 在本章最后,应用小孔扩张解发展了一种计算埋置于黏土中板锚抗拔力的简单方法。如图 9.14 所示,假定由于拉拔导致塑性区(由小孔扩张理论计算)非常接近或到达地表,即塑性区发展没有外部弹性区约束而变得自由时,板锚发生破坏。与现有试验结果及大量数值结果的比较表明,用小孔扩张简单解计算板锚抗拔力取得了令人满意的结果。

参 考 文 献

Ali, J. I. (1968). Pullout Resistance of Anchor Plates and Anchored Piles in Soft Bentonite Clay. M. Sc. Thesis, Duke University, Durham, USA.

ASCE(1993). Desige of Pile Foundations. Technical Engineering and Design Guides as Adapted from the US Army Corps of Engineers, No. 1, ASCE Press.

Atkinson, J. H. and Bransby, P. L. (1978). The Mechanics of Soils. McGraw-Hill.

Baligh, M. M. (1976). Cavity expansion in sands with curved envelopes. Journal of the Geotechnical Engineering Division, ASCE, 102, 1131-1146.

Been, K. and Jefferies, M. G. (1985). A state parameter for sands. Geotechnique, 35(2), 99-112.

Bishop, R. F. , Hill, R. and Mott, N. F. (1945). The theory of indentation and hardness tests. Proceedings of Physics Society, 57, 147-159.

Bolton, M. D. (1986). The strength and dilatancy of sands. Geotechnique, 36(1), 65-78.

Bolton, M. D. (1987). Discussion on the strength and dilatancy of sands. Geotechnique, 37(2), 219-226.

Bond, A. J. and Jardine, R. J. (1991). Effect of installing displacement piles in a high OCR clay. Geotechnique, 41, 341-363.

Carter, J. P. and Kulhawy, F. H. (1992). Analysis of laterally loaded shafts in rock. Journal of Geotechnical Engineering, ASCE, 118(6), 839-855.

Carter, J. P. , Randolph, M. F. and Wroth, C. P. (1979). Stress and pore pressure changes in clay during and after the expansion of a cylindrical cavity. International Journal for Numerical and Analytical Metheods in Geomechanics, 3, 305-323.

Carter, J. P. , Booker, J. R. and Yeung, S. R. (1986). Cavity expansion in cohesive-frictional soils. Geotechnique, 36, 349-358.

Chua, E. W. (1983). Bearing Capacity of shallow Foundations in Calcareous Sand. ME Thesis, University of Sydney, Australia.

Collins, I. F. and Yu, H. S. (1996). Undrained cavity expansions in critical state soils. International Journal for Numerical and Analytical Methods in Geomechanics, 20(7), 489-516.

Collins, I. F. , Pender, M. J. and Wang, Y. (1992). Cavity expansion in sands under drained loading conditions. International Journal for Numerical and Analytical Methods in Geomechanics, 16(1), 3-23.

Cooke, R. W. and Price, G. (1978). Strains and displacements around friction piles. Building Research Station CP 28/78, October.

Coop, M. R. and Worth, C. P. (1989). Field studies of an instrumented model pile in clay. Geotechnique, 39(4), 679-696.

Das,B. M. (1980). A procedure for estimation of ultimate capacity of foundations in clay. Soils and Foumdations,20(1),77-82.

Das,B. M. ,Shin,E. C. ,Dass,R. N. ,and Omar,M. T. (1994). Suction force below plate anchors in soft clay. Marine Georesources and Geotechnology. ,12,71-81.

Davis,R. O. ,Scott,R. F. and Mullenger,G. (1984). Rapid expansion of a cylindrical cavity in a rate type soil. International Journal for Numerical and Analytical Methods in Geomechanics, 8,125-140.

Fleming,W. G. K. ,Weltman,A. J. ,Randolph,M. F. and Elson,W. K. (1985). Piling Engineering. John Wiley ans Sons.

Gibson,R. E. (1950). Coorespondence. Journal of Institution of Civil Engineers,34,382-383.

Gibson,R. E. and Anderson,W. F. (1961). In-situ measurement of soil properties with the pressuremeter. Civil Engineering Public Works Review. ,56,615-618.

Hill,R. (1950). The Mathematical Theory of Plasticity. Oxford University Press.

Kirby,R. C. ans Esrig,M. I. (1979). Further development of a general effective stress method for prediction of axial capacity for driven piles in clay. Recent Development in the Design and Construction of Piles,ICE,London,335-344.

Kodikara,J. K. and Moore,I. D. (1996). Axial response of tapered piles in cohesive frictional ground. Journal of Geotechnial Engineering. ASCE,119(4),675-693.

Kupferman,M. (1965). The Vertical Holding Capacity of Marine Anchors in Clay subjected to Static and Cyclic Loading. MSc Thesis,University of Massachusetts,Amherst,USA.

Ladanyi,B. and Johnston,G. H. (1974). Behaviour of circular footings and plate anchors embedded in permafrost. Canadian Geotechnical Journal,11,531-553.

Lo Presti,D. and Johnston,G. H. (1974). Behaviour of circular footings and plate anchors embedded in permafrost. Canadian Geotechnical Journal,11,531-553.

Mair,R. J. and Wood,D. M. (1987). Pressuremeter Testing,Methods and Interpretation,CIRIA Report,Butterworth,London.

Merifield,R. S. ,Sloan,S. W. and Yu,H. S. (1999). Stability of plate anchors in undrained clay. Geotechnique(submitted).

Merifield,R. S. ,Lyamin,A. V, Sloan, S. W. and Yu, H. S. (2000). Three dimensional lower bound solutions for stability of plate anchors in clay. Journal of Geotechnical and Geoenvironmental Engineering,ASCE(submitted).

Muir Wood,D. (1990). Soil Behaviour and Critical State Soil Mechanics. Cambridge University Press.

Nystrom,G. A. (1984). Finite strain axial analysis of piles in clay. Analysis and Design of Pile Foundations(Editor: J. R. Meyer),ASCE,1-20.

Randolph,M. F. and Houlsby,G. T. (1984). The limiting pressure on a circular pile loaded laterally in cohesive soil. Geotechnique,34(4),613-623.

Randolph,M. F. ,Carter,J. P. and Wroth,C. P(1979). Driven poles in clay-the effects of installation and subsequent consolidation. Geotechnique, 29, 361-393.

Randolph, M. F. , Dolwin, J. and Beck, R. (1994). Design of driven piles in sand. Geotechnique, 44(3), 427-448.

Richart, F. E. , Hall, T. J. and Woods, R. D. (1970) Vibrations of Soils and Foundations. Engewood Cliffs: Prentice-Hall.

Seed, H. B. and Reese, L. C. (1955). The action of soft clay along friction piles. Proceedings of ASCE, Paper 842.

Schofield, A. N. and Wrorh, C. P. (1968). Critical State Soil Mechanics. McGraw-Hill.

Teh, C. I. and Houlsby, G. T. (1991). An analytical study of the cone penetration test in clay. Geotechnique, 41(1), 17-34.

Vesic, A. S. (1972). Expansion of cavities in infinite soil mass. Journal of the Soil Mechanics and Foundations Division, ASCE, 98, 265-290.

Wroth, C. P. , Carter, J. P. and Randolph, M. F. (1979). Stress changes around a pile driven into cohesive soil. Rent Development in the Design and Construction of Piles. ICE. London, 345-354

Yasufuku, N. and Hyde, A. F. L. (1995). Pile and bearing capacity in crushable sands. Geotechnique, 45(4), 663-676.

Yeung, S. K. and Carter, J. P. (1989). An assessment of the bearing capacity of calcareous and silica sands. International Journal for Numerical and Analytical Methods in Geomechanics, 13, 19-36.

Yu, H. S. (1990). Cavity Expansion Theory and its Application to the Analysis of Pressuremeters, DPhil Thesis, University of Oxford, England.

Yu, H. S. (1994). State parameter from self-boring pressuremeter tests in sand. Journal of Applied Mechanics, ASME, 120(12), 2118-2135.

Yu, H. S. (1996). Interpretation of pressuremeter unloading tests in sands. Geotechnique, 46, 17-34.

Yu, H. S. and Houlsby, G. T. (1991). Finite cavity expansion in dilatants soil: loading analysis. Geotechnique, 41(2), 173-183.

Yu, H. S. , Herrmann, L. R. and Boulanger, R. W. (2000). Analysis of steady cone penetration in clay. Journal of Geotechnical and Geoenvironmental Engineering, ASCE, 126(7).

10　地下开挖及隧道工程

10.1　概　　述

地下开挖和隧道工程都会涉及将岩土体从原位挖掘的问题。这一过程会减少甚至完全消除隧道或地下工程区域的原始压力，如图 10.1 所示。因此，可以用小孔从原状应力状态的卸载问题模拟隧道及地下工程的开挖。

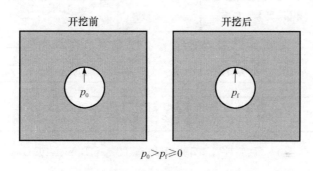

$$p_0 > p_f \geqslant 0$$

图 10.1　隧道及地下工程开挖

隧道和地下开挖的设计和施工必须满足两个要求：稳定性和应用性。为了确保稳定性，隧道开挖后，必须在其内部边界加衬砌以提供稳定支撑。为了满足应用性，隧道开挖造成的变形必须很小，以避免对周围建筑物和结构物的严重危害。

采用小孔扩张理论预测隧道开挖引起的地面沉降和设计隧道支护体系，已有几十年的历史（Ko et al.，1980；Hoek，Brown，1980；Brown et al.，1983；Brady，Brown，1993；Mair，Taylor，1993；Yu，Rowe，1999）。

本章论述了小孔扩张/收缩解在岩土体地下工程开挖以及隧道工程设计和施工中的一些主要应用。重点是土体中隧道稳定性和开挖造成的地表变形，以及地下矿山岩体支护体系的设计和施工。

10.2　完整岩体中的开挖设计

完整弹性岩体中的开挖设计是地下岩体工程最简单的问题。Brady 和 Brown

(1993)研究了开挖设计的基本过程,如图 10.2 所示(图中 σ_θ 是隧道壁墙的剪切应力,C_0 和 T_0 是岩石单轴抗压和抗拉强度)。设计过程从满足所要求的初始布局开始,设计过程的关键步骤是确定开挖空间周围的应力分布。尽管可以采用数值方法,但是在早期设计过程中,采用简单闭合形式的小孔扩张解答具有很多优点。

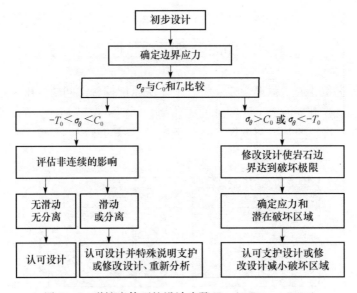

图 10.2　弹性岩体开挖设计步骤(Brady,Brown,1993)

　　为了阐明小孔扩张理论在地下开挖工程中的作用,本书集中讨论岩体中圆形空间开挖问题,以方便应力分析。

10.2.1　弹性应力分析

　　假设在弹性岩体中进行圆形硐室开挖,弹性岩石具有初始竖向和水平主应力 p 和 Kp,如图 10.3 所示。正如第 2 章所指出,如果岩石是弹性体,那么小孔周围

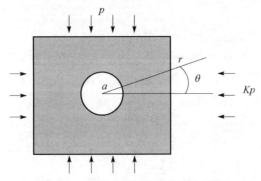

图 10.3　岩体中圆形硐室的几何问题

应力分布的完整解答为

$$\sigma_r = \frac{p}{2}\left[(1+K)\left(1-\frac{a^2}{r^2}\right)-(1-K)\left(1-4\frac{a^2}{r^2}+3\frac{a^4}{r^4}\right)\cos2\theta\right] \quad (10.1)$$

$$\sigma_\theta = \frac{p}{2}\left[(1+K)\left(1+\frac{a^2}{r^2}\right)+(1-K)\left(1+3\frac{a^4}{r^4}\right)\cos2\theta\right] \quad (10.2)$$

$$\tau_{r\theta} = \frac{p}{2}\left[(1-K)\left(1+2\frac{a^2}{r^2}-3\frac{a^4}{\gamma^4}\right)\sin2\theta\right] \quad (10.3)$$

1) 开挖影响区域

有关开挖影响区域,定义为开挖导致初始应力场显著扰动的范围。它区分了硐室开挖的近场和远场。圆形硐室开挖的近场范围可视为初始各向同性应力场的简单情形。

若原始应力状态为各向同性(如 $K=1$),则硐室周围的应力可表达为

$$\frac{\sigma_r}{p} = 1-\left(\frac{a}{r}\right)^2 \quad (10.4)$$

$$\frac{\sigma_\theta}{p} = 1+\left(\frac{a}{r}\right)^2 \quad (10.5)$$

$$\tau_{r\theta} = 0 \quad (10.6)$$

上式表明,当法向应力 σ_r 随半径增加时,切向应力 σ_θ 也随着半径增加。当半径增加 5 倍时,法向和切向应力就会非常接近初始应力 p。因此,若两个硐室中心距离大于 $6a$,则可忽略两者之间的相互影响,如图 10.4 所示。

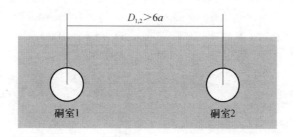

图 10.4 两圆形硐室之间的相互影响

2) 非连续性对弹性应力分布的影响

当在地下非连续性岩体中进行硐室开挖或隧道施工时,上述弹性应力分析方法就不再适用,因为岩石节理强度通常比岩块强度要低得多。实际上,非连续性岩体不具有或具有很低的抗拉强度。岩体节理的两种可能破坏模型:

(1) 在最简单情况下,若节理上法向和切向应力达到下列极限,岩体将产生滑动

$$\tau \geqslant \sigma_n \tan\phi_j \tag{10.7}$$

式中，ϕ_j 是非连续岩体的摩擦角。

（2）若岩体节理法向应力超过其张拉强度（通常假设为零），岩体就会产生破裂

$$\sigma_n \leqslant 0 \tag{10.8}$$

注意，这里表示压缩的符号为正。

基于上述假设，Brady 和 Brown(1993)用一些简单情形说明岩体主要节理很容易造成对弹性应力分布的影响。本节通过这些简单的情形来说明小孔扩张理论解在分析具有节理的岩体中开挖硐体中的作用。

情形 1（图 10.5(a)）：从式（10.1）～式（10.3）的弹性应力解可知，对于水平非连续体（$\theta=0°$），剪应力为零，这样在岩体节理处就不会产生剪切滑动。另外，明显可见，对于所有实际 K 值，水平节理处的法向应力 σ_θ 将变为压缩应力，从而消除了岩体分离的可能。因此，水平岩层的非连续性对硐室附近的弹性应力场没有影响。

情形 2（图 10.5(b)）：从式（10.1）～式（10.3）的弹性应力解可知，对于竖向非连续性（$\theta=90°$），剪应力为零，这样在岩体节理处就不会产生沿着竖向节理的剪切滑动。然而，若 K 减少 1/3，竖直节理处的法向应力 σ_θ 在硐室顶部将变为张力。因此，在弱面上将可能出现岩体的破裂。基于这些分析，可以得出如下结论，对于具有径向竖直节理的岩体中硐室的开挖，如果天然岩层中的主应力是竖直和水平的，弹性压力分布将不受滑动的改变。然而，如果初始水平应力系数 K 减少 1/3（在实际中不可能发生），弹性应力场将受硐室顶部岩体可能破裂的影响。

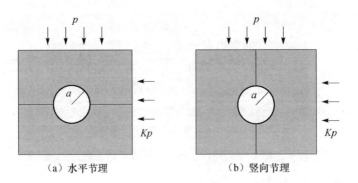

（a）水平节理　　　　　　　　　（b）竖向节理

图 10.5　具有径向水平或竖向节理的岩体开挖

情形 3（图 10.6）：对于具有水平非径向节理的非连续体，通过简单的应力转换，可得岩体节理上法向应力、剪应力与切向应力的关系

$$\sigma_n = \sigma_\theta \cos^2\theta \tag{10.9}$$

$$\tau = \sigma_\theta \sin\theta\cos\theta \tag{10.10}$$

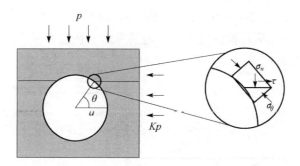

图 10.6 具有非径向水平节理的岩体开挖

从式(10.7)定义的条件可见,当满足下列条件时,节理将产生滑动

$$\theta \geqslant \phi_j \tag{10.11}$$

要特别注意的是,在这种情形下应该设计合适的支护体系来处理顶部潜在的滑动破坏问题。

情形 4(图 10.7):为了评估圆形硐室周围倾斜径向节理对弹性应力分布的影响,考察图 10.7 的简单情形。当 $\theta = 45°$ 和 $K = 0.5$ 时,节理正应力和剪应力为

$$\sigma_n = \sigma_\theta = \frac{p}{2} \times 1.5 \times \left[1 + \left(\frac{a}{r} \right)^2 \right] \tag{10.12}$$

$$\tau = \tau_{r\theta} = \frac{p}{2} \times 0.5 \times \left[1 + 2 \left(\frac{a}{r} \right)^2 + 3 \left(\frac{a}{r} \right)^4 \right] \tag{10.13}$$

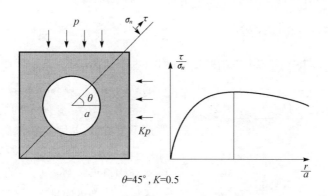

$\theta = 45°, K = 0.5$

图 10.7 具有径向倾斜节理的岩体开挖

剪应力与正应力比是量纲为一的半径 r/a 的函数,如图 10.7 所示。从这一特殊情形可以看出,当量纲为一的半径 r/a 等于 2.5 时,沿节理的应力比 τ/σ_n 达最大值 0.375(相应摩擦角为 19.6°)。换句话说,如果节理的摩擦角 ϕ_j 大于 19.6°,岩体中任何地方潜在的滑动都将被阻止。否则,沿着节理的一些地方都会发生滑动。

情形 5(图 10.8)：Brady 和 Brown(1993)利用图 10.8 的简单情形说明分析非径向水平节理对硐室周围弹性应力场影响的方法。在这个例子中，岩石节理处的正应力和剪应力为

$$\sigma_n = p\left[1 - \left(\frac{a}{r}\right)^2 \cos 2\alpha\right] \tag{10.14}$$

$$\tau = p\left(\frac{a}{r}\right)^2 \sin 2\alpha \tag{10.15}$$

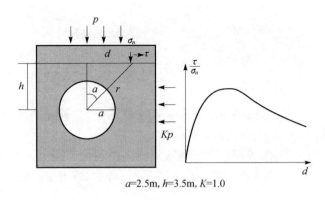

a=2.5m, h=3.5m, K=1.0

图 10.8 具有非径向水平节理的岩体开挖

上式表明，沿着节理不同位置的 τ/σ_n 值不同，如图 10.8 所示。事实上，τ/σ_n 峰值 0.445 对应的摩擦角为 24°，这就意味着，如果岩石节理摩擦角大于 24°，则岩体不可能滑动，弹性应力场也不会受节理的影响。

10.2.2 弹-塑性(断裂)应力分析

许多硐室在开挖过程中会引起围岩破坏(塑性或断裂)。在这种情况下，必须在对硐室进行支护以控制破裂岩体的性能。

利用如图 10.9 所示的简单情形来说明地下开挖中岩体支护的作用。众所周知，当内部压力 p 远低于原岩压力时，在硐室周围将形成半径为 c 的破坏区，在这一区域岩体强度将明显下降。

第 5 章(5.3 节)给出了这类弹-塑性问题完整的应力和位移解答。为了分析支护结构对应力和破坏范围的影响，这里将给出一些关键结果。假定一个圆柱形小孔位于无限大岩体中，岩石承受初始静

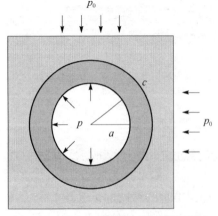

图 10.9 具有初始支撑压力的圆形硐室

水压力 p_0，下面主要讨论当小孔压力逐渐减少至一个较小 p 值时小孔周围的应力和位移场。Wilson(1980)、Fritz(1984)和 Reed(1986)发展了适用于脆-塑性岩石的分析解。

对于大多数隧道问题，可以假定轴向应力 σ_z 的大小处于径向和切向应力 σ_r 及 σ_θ 之间。对于卸载小孔，切向应力是主应力。

用线性 Mohr-Coulomb 屈服准则判断岩体屈服

$$\sigma_\theta - \alpha\sigma_r = Y \tag{10.16}$$

式中，α 和 Y 与摩擦角 ϕ 以及 C 有关

$$\alpha = \frac{1+\sin\phi}{1-\sin\phi}, \quad Y = \frac{2C\cos\phi}{1-\sin\phi} \tag{10.17}$$

岩体屈服后，强度会瞬时降低，并出现屈服后的软化行为。假定屈服后应力满足下列残余破坏函数

$$\sigma_\theta - \alpha'\sigma_r = Y' \tag{10.18}$$

式中，$\alpha' = (1+\sin\phi')/(1-\sin\phi')$；$Y' = (2C'\cos\phi')/(1-\sin\phi')$ 是岩体残余强度参数（图 10.10）。

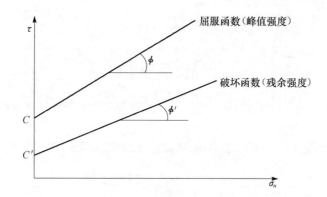

图 10.10 岩石屈服前后的强度参数

10.2.2.1 应力分析

1）弹性响应与初始屈服

当内部应力减少时，岩石初始表现为弹性，其应力为

$$\sigma_r = p_0 - (p_0 - p)\left(\frac{a}{r}\right)^2 \tag{10.19}$$

$$\sigma_\theta = p_0 + (p_0 - p)\left(\frac{a}{r}\right)^2 \tag{10.20}$$

一旦弹性应力场满足屈服函数式(10.16)，小孔将发生屈服，这时小孔压力为

$$p = p_{1y} = \frac{2p_0 - Y}{\alpha + 1} \tag{10.21}$$

若内压力 p 小于式(10.21)定义的值，小孔周围将形成半径为 c 的塑性区，半径 c 以外的岩石仍将表现为弹性行为。

2) 弹性区 $c \leqslant r \leqslant \infty$ 应力

岩体屈服后，弹性区域外的应力场可容易表达为

$$\sigma_r = p_0 - (p_0 - p_{1y}) = \left(\frac{c}{r}\right)^2 \tag{10.22}$$

$$\sigma_\theta = p_0 + (p_0 - p_{1y})\left(\frac{c}{r}\right)^2 \tag{10.23}$$

3) 塑性区 $a \leqslant r \leqslant c$ 应力

塑性区应力必须满足残余破坏方程和平衡方程

$$r\frac{d\sigma_r}{dr} = \sigma_\theta - \sigma_r \tag{10.24}$$

联合这两个方程，可以确定塑性区内应力

$$\sigma_r = \frac{Y' + (\alpha' - 1)p}{\alpha' - 1}\left(\frac{r}{a}\right)^{\alpha'-1} - \frac{Y'}{\alpha' - 1} \tag{10.25}$$

$$\sigma_\theta = \alpha'\frac{Y' + (\alpha' - 1)p}{\alpha' - 1}\left(\frac{r}{a}\right)^{\alpha'-1} - \frac{Y'}{\alpha' - 1} \tag{10.26}$$

利用弹-塑性区界面 $r=c$ 处的径向应力连续性，可确定塑性区半径

$$\frac{c}{a} = \left[\frac{Y' + (\alpha' - 1)p_{1y}}{Y' + (\alpha' - 1)p}\right]^{\frac{1}{\alpha'-1}} \tag{10.27}$$

必须注意，当岩石为理想塑性材料时($Y = Y'$)，仅在弹-塑性界面处的环向(切向)应力才连续。

令岩石强度 $Y = Y' = 0$，$\Phi' = 30°$，$\Phi = 40°$，从式(10.27)可得出塑性区大小为

$$\frac{c}{a} = 0.6\sqrt{\frac{p_0}{p}} \tag{10.28}$$

式(10.28)表明，塑性区大小主要依赖于小孔内压与原岩应力的相对大小。因此，通过增加支护结构(相当于增加内压 p)，可以将岩石的破碎范围控制在合理的范围内。

10.3　地下开挖中的围岩支护

10.3.1　围岩支护与加固原理

Brady 和 Brown(1993)系统地阐述了地下开挖中围岩支护设计的基本原理。为方便讨论,本节将介绍 Brady 和 Brown(1993)论述的一些基本观点。

为简化起见,考虑图 10.11 所示的采用常规钻爆法掘进的圆形硐室。开挖前的应力状态是静水压力 p_0,每一钻眼爆破循环后都要安装钢支撑。Brady 和 Brown(1993)详细讨论了随着工作面接近和远离 X-X 断面,在 X-X 断面围岩中一点的径向位移和径向支承"压力"的演化。

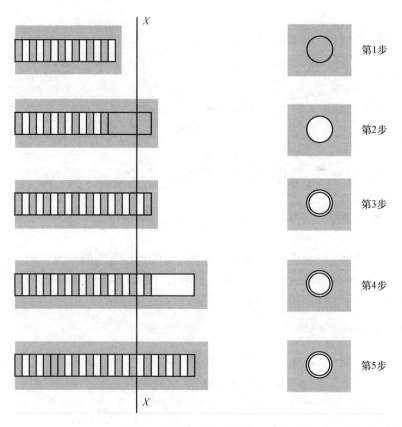

图 10.11　围岩支护设计基本思路

第 1 步,掘进工作面没有到达 X-X 断面,断面以外岩体与内部支承压力 p 相平衡,p 与开挖前的压力 p_0 大小相等、方向相反。

第 2 步,掘进工作面已经跨过 X-X 断面,开挖前围岩体提供的支承压力 p 降为零。然而,在工作面和已支撑巷道之间还没有支护的部分,由于临近工作面而在某种程度上受到约束。这一步的位置标注为图 10.12 中的 B 点。

第 3 步,掘进停止,整个空帮段安装钢支撑。在该阶段,由于岩石在安装之后没有变形,钢支撑仅承受很小的荷载。这一步围岩处于图 10.12 中的 B 点,钢支撑处于 D 点。

第 4 步,继续钻爆循环,掘进工作面距离 $X\text{-}X$ 断面达到硐室直径的 1.5 倍,此时可以忽略工作面的约束影响。在这个阶段,$X\text{-}X$ 断面的围岩表面将产生进一步的径向位移,在图 10.12 中为 BEF 路径。围岩的径向位移导致钢支撑承受加载的径向压力-位移关系假设是线性的(图中 DEG 路径)。当支护线和支护反作用线相交时,围岩与钢支护在 E 点达到平衡。

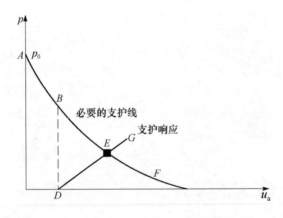

图 10.12　围岩-支护相互作用原理

由以上讨论可以看出,为了设计合适的支护体系,需要确定围岩的支承线(基本响应曲线——内部压力和位移的相互联系)。因此,下一部分将研究用小孔扩张理论计算实际围岩模型的基本响应曲线。

10.3.2　基本响应曲线

除线性 Mohr-Coulomb 屈服准则外,许多学者(Hobbs,1996;Kennedy,Lindberg,1978)采用非线性屈服准则解决基本响应曲线问题。标志性的成果是由 Brown 等(1983)基于经典 Hoek-Brown 非线性屈服准则(Hoek,Brown,1980)导出的小孔卸载解答,这一方法已在第 5 章给出并完善,本节仅给出一些与基本响应曲线相关的关键结果。

10.3.2.1　Hoek-Brown 屈服和破坏准则

假设围岩屈服由 Hoek-Brown 准则控制

$$\sigma_1 = \sigma_3 + \sqrt{mY\sigma_3 + sY^2} \tag{10.29}$$

式中,σ_1 和 σ_3 分别是最大和最小主应力;Y 是完整岩石的单轴抗压强度;m 和 s 是依赖于岩性和在经受主应力 σ_1 和 σ_3 之前破碎程度的常数。

在屈服后,强度参数 m 和 s 下降到残余值 m' 和 s'。岩体无侧限抗压强度从其峰值 $\sqrt{sY}$ 变为残余值 $\sqrt{s'Y}$。因此,破碎岩体残余强度可定义为

$$\sigma_1 = \sigma_3 + \sqrt{m'Y\sigma_3 + s'Y^2} \tag{10.30}$$

为了获得封闭形式的解,需要进一步假设岩体强度在屈服之后突然下降到残余强度。

10.3.2.2 应力场

弹性区外的应力可表示为

$$\sigma_r = p_0 - (p_0 - p_{1y})\left(\frac{c}{r}\right)^2 \tag{10.31}$$

$$\sigma_\theta = p_0 + (p_0 - p_{1y})\left(\frac{c}{r}\right)^2 \tag{10.32}$$

式中,c 是弹-塑性边界半径,p_{1y} 是弹-塑性界面径向应力。对于隧道卸载问题,采用下列 Hoek-Brown 屈服函数形式

$$\sigma_\theta = \sigma_r + \sqrt{mY\sigma_r + sY^2} \tag{10.33}$$

在弹性区内部边界 $r=c$ 处必须满足上述屈服准则。将式(10.31)和式(10.32)以及 $r=c$ 代入式(10.33),可得径向应力 p_{1y} 在弹-塑界面的表达式

$$p_{1y} = p_0 - MY \tag{10.34}$$

式中

$$M = \frac{1}{2}\left[\left(\frac{m}{4}\right)^2 + m\frac{p_0}{Y} + s\right]^{1/2} - \frac{m}{8} \tag{10.35}$$

在塑性区(或破碎区)内,应力必须满足平衡条件和下列残余强度准则

$$\sigma_\theta = \sigma_r + \sqrt{m'Y\sigma_r + s'Y^2} \tag{10.36}$$

联立平衡方程和上述破坏准则,可得塑性区径向和切向应力

$$\sigma_r = p + A\ln\left(\frac{r}{a}\right) + B\ln^2\left(\frac{r}{a}\right) \tag{10.37}$$

$$\sigma_\theta = p + A + (A + 2B)\ln\left(\frac{r}{a}\right) + B\ln^2\left(\frac{r}{a}\right) \tag{10.38}$$

式中,s 是隧道支护压力。A 和 B 由式(10.39)给出

$$A = \sqrt{m'Yp + s'Y^2}, \quad B = \frac{1}{4}m'Y \tag{10.39}$$

利用径向应力在弹-塑性边界的连续性,求解弹-塑性边界半径 c

$$\frac{c}{a} = \exp\left(N - \frac{2}{m'Y}\sqrt{m'Yp + s'Y^2}\right) \tag{10.40}$$

其中

$$N = \frac{2}{m'Y}\sqrt{m'Yp_0 + s'Y^2 - m'Y^2M} \tag{10.41}$$

需要注意的是,只有在隧道支护压力减少至临界值 $p \leqslant p_{1y}$ 时,才形成塑性区。

10.3.2.3　弹-塑性位移

1) 弹性区外位移

弹性区外位移可表为

$$u = \frac{1+\nu}{E}(p_0 - p_{1y})\frac{c^2}{r} \tag{10.42}$$

弹-塑性界面位移为

$$u_c = u\mid_{r=c} = \frac{1+\nu}{E}(p_0 - p_{1y})c \tag{10.43}$$

2) 塑性区位移

为了确定塑性区变形场,需要用到塑性流动法则。若采用一个与 Mohr-Coulomb 准则相似的非相关联塑性流动法则

$$d\varepsilon_r^p + \beta d\varepsilon_\theta^p = 0 \tag{10.44}$$

式中,$\beta = (1+\sin\psi)/(1-\sin\psi)$,$\psi$ 是岩石材料的剪胀角。

对于利用塑性流规则式(10.44)的小变形问题,隧道围岩径向位移 u(向内的径向位移为正)的通解为

$$u = n_1\frac{r}{1+\beta} + n_2\left[\frac{r\ln r}{1+\beta} - \frac{r}{(1+\beta)^2}\right] + D_3\left[\frac{r\ln^2 r}{1+\beta} - \frac{2r\ln r}{(1+\beta)^2} + \frac{2r}{(1+\beta)^3}\right] + C_0 r^{-\beta} \tag{10.45}$$

式中

$$D_1 = \frac{1+\nu}{E}\left[(1+\beta)(1-2\nu)(p-p_0) + (\beta-\nu\beta-\nu)A\right] \tag{10.46}$$

$$D_2 = \frac{1+\nu}{E}\left[(1-\nu)(A+\beta A+2\beta B) - \nu(\beta A+A+2B)\right] \tag{10.47}$$

$$D_3 = \frac{1+\nu}{E}(1+\beta)(1-2\nu)B \tag{10.48}$$

$$n_1 = D_1 - D_2 \ln a + D_3 \ln^2 a \tag{10.49}$$

$$n_2 = D_2 - 2D_3 \ln a \tag{10.50}$$

$$C_0 = \frac{1+\nu}{E}(p_0 - p_{1y})c^{1+\beta} - n_1 \frac{c^{1+\beta}}{1+\beta} - n_2 \left[\frac{\ln c}{1+\beta} - \frac{1}{(1+\beta)^2} \right] c^{1+\beta}$$
$$- D_3 \left[\frac{\ln^2 c}{1+\beta} - \frac{2\ln c}{(1+\beta)^2} + \frac{2}{(1+\beta)^3} \right] c^{1+\beta} \tag{10.51}$$

联立方程式(10.51)和式(10.45),就可完全确定塑性区的位移场。实际上,隧道基本响应曲线就是将 $r=a$ 代入式(10.45)而得到的一个特殊情况。

10.4 黏性土中的隧道

表土浅埋隧道的设计需要满足适用性和稳定性两个要求。适用性要求,就是确保浅埋隧道施工不能引起土体中产生过量位移,因为大的位移可能破坏土体周围建筑物及其功能。隧道设计和施工中需要严格控制由隧道掘进引起的地表变形及隧道对其建(构)筑物的影响,参见图 10.13。

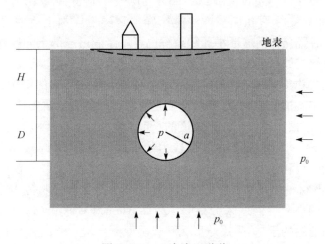

图 10.13 土中浅埋隧道

同时,设计土中隧道时,必须确保隧道周围的土体不能因支护力不足而坍塌。因此,在设计阶段必须进行计算,以提供足够的支护力来维持整个隧道的稳定性。Davis 等(1980)以及 Sloan 和 Assadi(1993)研究了与隧道稳定性相关的一些问题。

传统的估算隧道引起的沉降方法是建立在 Peck(1969)建议的经验公式基础上的,这一经验关系假定沉降横断面服从正态分布曲线。为了评价地表最大沉降,Peck 等(1972)进一步建议地表沉降槽的体积可以认为是土体或岩石开挖体积的

1%。在与以往工程相似的地层、隧道尺寸以及类型等的基础上进行合理的分析判断,基于这一经验方法设计的隧道是基本合理的。但是如果面对新的隧道几何尺寸、地层条件和隧道类型等和以往条件不同的隧道时,该设计方法不再适用。而且除地表外,Peck 法不能得到有关沉降分布方面的信息。

在上述经验法的基础上,学者陆续提出了很多预测软土隧道掘进引起的地面沉降的新理论和新方法。最典型的方法为利用作用在隧道表面的摩擦力(隧道开挖前)来模拟隧道的掘进,然后再除去这些摩擦力。Kulhawy(1974)认为,这一方法可以获得隧道掘进过程中应力变化量的近似值。在此基础上所进行的理论研究,包括简单的小孔卸载方法(Pender,1980;Lo et al.,1980;Ogawa,Lo,1987;Mair,Taylor,1993),以及二维或三维非线性弹塑性有限元法(Ghaboussi et al.,1978;Rowe,Kack,1983;Clough et al.,1985;Lee,Rowe,1990;Rowe,Lee,1992)。这些研究均获得了一些符合实际的预测隧道围土位移的理论方法。基于有限元的方法需要针对几何形状和土体条件,对每条隧道进行独立的分析,相当费时。尽管在一些情况下必须进行精确的 3D 有限元分析,但因其前期准备和分析过程以及后期处理的代价高昂,对一些工程并不适用。然而,精确的有限元分析连同原位勘察方法能用来检验其他一些简单方法的正确性和可靠性,如小孔卸载方法。

Lo 等(1980)以及 Ogawa 和 Lo(1987)的比较研究表明,在引入一个修正因子后,简单的平面应变柱形孔卸载方法能精确预测隧道周围土体的位移。Mair 和 Taylor(1993)的研究表明球形小孔卸载解也可用于隧道前部土体特性模拟中。在比较小孔卸载解与原位实测及离心试验结果后,Mair 和 Taylor 认为,简单的小孔卸载塑性解能成功预测黏土中隧道围土的位移和孔隙水压力的变化。

在分析土中隧道问题时,考察两个独立的情形通常是很重要的。

第一,在模拟黏性摩擦土体中隧道的长时特性时,可将其作为完全排水问题,采用基于 Mohr-Coulomb 准则的有效应力法进行分析(Rowe,Kack,1983)。从排水分析中得到的位移包括瞬间沉降及与时间相关的固结沉降。普遍采用的基于 Mohr-Coulomb 材料小孔卸载解的隧道沉降分析方法主要是将隧道掘进过程假定为柱形孔收缩的小应变问题来分析的。然而 Mair 和 Taylor(1993)指出,对于隧道掘进工作面前端的土体,采用球形孔卸载模型更合理。到目前为止,还不清楚采用小应变假设会对预测土体力学行为产生什么样的影响。

第二,黏土隧道施工通常很快,因此隧道掘进可以假定为不排水条件来分析。这涉及隧道掘进而引起的短时地面沉降。过去,隧道掘进不排水分析通常采用线性理想弹-塑性 Tresca 模型的总应力方法。尽管这一方法比较简便,却存在如下缺点:①没有考虑应力历史(OCR)对土体的作用;②没有考虑不同应力水平土体刚度和孔隙比的变化;③没有考虑土体硬化或软化效应。

以下两节将研究如何应用前述的简单的小孔扩张解评价隧道的位移性状和稳

定性。

10.4.1　隧道掘进引起的沉降-总应力分析

假定无限大 Tresca 介质中含有单一柱形或球形孔(隧道)。小孔初始半径是 a_0,静水压力 p_0 均匀作用在各向同性土体上。隧道壁上的压力非常缓慢地减低,故忽略动力效应。隧道压力从其初值减少的过程中土体应力和位移分布在第 3 章已阐述。为方便讨论,这里再回顾一下其中的一些关键结果,k 用来表示柱形孔($k=1$),球形孔($k=2$)模型。

1) 弹性响应

随着隧道压力 p 从 p_0 开始减少,隧道周围土体变形一开始是纯弹性的。应力和位移的弹性解为

$$\sigma_r = -p_0 - (p - p_0)\left(\frac{a}{r}\right)^{1+k} \tag{10.52}$$

$$\sigma_\theta = -p_0 + \frac{p - p_0}{k}\left(\frac{a}{r}\right)^{1+k} \tag{10.53}$$

$$u = \frac{p - p_0}{2kG}\left(\frac{a}{r}\right)^{1+k} r \tag{10.54}$$

本书在理想弹-塑性解中规定拉应力方向为正,屈服方程的形式为

$$\sigma_r - \sigma_\theta = Y = 2s_u \tag{10.55}$$

随内部压力进一步降低,当压力等于下述值时,小孔壁发生初始屈服

$$p = p_{1y} = p_0 - \frac{kY}{1+k} \tag{10.56}$$

2) 弹-塑性应力场

隧道小孔壁发生初始屈服后,随小孔压力 p 进一步降低,在隧道周围 $a \leqslant r \leqslant c$ 区域内将形成一个塑性区。

弹性区应力为

$$\sigma_r = -p_0 + \frac{kY}{1+k}\left(\frac{c}{r}\right)^{(1+k)} \tag{10.57}$$

$$\sigma_\theta = -p_0 - \frac{Y}{1+k}\left(\frac{c}{r}\right)^{(1+k)} \tag{10.58}$$

另外,塑性区应力必须满足平衡方程和屈服条件

$$\sigma_r = -p_0 + \frac{kY}{1+kY} + kY\ln\frac{c}{r} \tag{10.59}$$

$$\sigma_\theta = -p_0 - \frac{Y}{1+k} + kY\ln\frac{c}{r} \tag{10.60}$$

在隧道壁处利用式(10.59)，可得隧道压力 p 和塑性区半径 c 之间的关系

$$\frac{p_0-p}{Y}=k\ln\frac{c}{a}+\frac{k}{1+k} \tag{10.61}$$

3）弹-塑性位移场

弹性区位移可用式(10.62)表示

$$u=\frac{p_{1y}-p_0}{2kG}\left(\frac{c}{r}\right)^{1+k}r=-\frac{Y}{2(1+k)G}\left(\frac{c}{r}\right)^{1+k}r \tag{10.62}$$

因此，弹-塑性区界面位移为

$$u\mid_{r=c}=c-c_0=-\frac{Yc}{2(1+k)G} \tag{10.63}$$

利用塑性边界处的弹性位移解式（10.63）以及塑性区半径的反演公式(10.61)，通过塑性区不可压缩条件，可得塑性区位移场

$$\left(\frac{r_0}{r}\right)^{1+k}=1+\exp\left[\frac{(1+k)(p_0-p)}{kY}-1\right]\times\left[\left(1+\frac{Y}{2(1+k)G}\right)^{1+k}-1\right]\left(\frac{a}{r}\right)^{1+k} \tag{10.64}$$

作为一个特例，当 $r=a$ 和 $r_0=a_0$ 时，式(3.85)可简化得到隧道压力和隧道壁位移之间的关系

$$\left(\frac{a_0}{a}\right)^{1+k}=1+\exp\left[\frac{(1+k)(p_0-p)}{kY}-1\right]\times\left[\left(1+\frac{Y}{2(1+k)G}\right)^{1+k}-1\right] \tag{10.65}$$

对于许多隧道问题，可以假设塑性区是小应变问题，此时大应变解式(10.64)和式(10.65)简化可得隧道围土任何半径处的位移

$$\frac{u}{a}=-\frac{Y}{2(1+k)G}\left(\frac{a}{r}\right)^k\exp\left[\frac{(1+k)(p_0-p)}{kY}-1\right] \tag{10.66}$$

利用式(10.66)在隧道壁处的解，可得隧道壁位移和隧道压力之间的关系

$$\frac{u_a}{a}=-\frac{Y}{2(1+k)G}\exp\left[\frac{(1+k)(p_0-p)}{kY}-1\right] \tag{10.67}$$

4）与黏土中隧道变形量测结果的比较

Mair 和 Taylor(1993)利用小应变解式(10.66)和式(10.67)预测黏土中隧道周围土体的变形，柱形孔扩张解表明，土体相对位移 u/a 和 a/r 之间存在线性关系。

图 10.14 是修建于黏土中的伦敦地铁隧道中心线上方地层运动（δ_v）的现场实测结果。隧道直径 4.1m，分别在 Green 公园中深 29m 及 Regent 公园中深 20m、24m 地层中布置了测点。图 10.14 同时测得了正交于隧道轴线方向的地层水平位

移(δ_h)。图中给出了从 Green 公园和 Regent 公园所测定的水平地面位移,同时给出了从 Angel 车站重建工程以及其他隧道工程中实测的结果。

从图 10.14 中可知,伦敦黏土中不同地层的垂直和水平位移测值具有一致性,并与小孔扩张理论得到的直线基本吻合。这种一致性说明利用简单的柱形孔卸载解可以预测隧道两侧和上方地层的位移。隧道问题是非轴对称的,因此垂直和水平位移点的连线基本平行且不通过原点,实测得到隧道上方径向 r 处的垂直位移要比隧道一侧相同半径位置的水平位移大。事实上,在大于隧道半径 4 倍外的隧道两侧没有测到水平位移,但即使在隧道上方较远处(a/r 较小)都能观察到竖向位移。

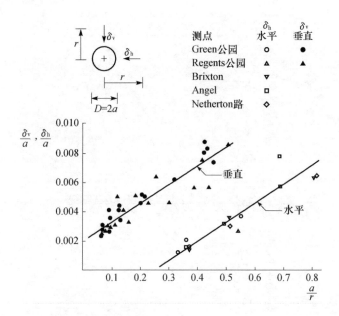

图 10.14　伦敦黏土中隧道临近地层竖向和水平运动(Mair,Taylor,1993)

Mair 和 Taylor(1993)通过分析图 10.14 数据指出,柱形孔理想化的轴对称条件构建了预测隧道周围地层运动的理论框架,这一框架的最大优点是简单。

除了估算隧道周围的土体运动,小孔扩张理论也能预测掘进隧道周围土体孔隙水压力的变化。假定采用理想线弹性-塑性模型,则轴对称条件下卸载柱形孔周围半径为 r 的塑性区孔隙水压力的变化为

$$\frac{\Delta U}{s_\mathrm{u}} = 1 - N + 2\ln\left(\frac{r}{a}\right) \tag{10.68}$$

式中,$N = (p_0 - p)/s_\mathrm{u}$ 是隧道稳定因子。

上述方程仅在塑性变形区才有效。塑性区半径 c 可用式(10.69)表示

$$\frac{c}{a} = \exp\left(\frac{N-1}{2}\right) \tag{10.69}$$

根据小孔扩张理论,在外部弹性区的孔隙水压力变化将为零。

图 10.15 给出了 Mair(1979)在软土隧道离心模型试验中测得的孔隙水压力变化。隧道埋深与直径比率为 3.1,试验中内部支承压力逐步减少,直到隧道发生坍塌。图中给出了模拟试验的三个不同阶段,对应的稳定数分别为 $N=2.4,3.3$ 和 4.2。从图可以看出式(10.68)计算的小孔压力值和塑性区实测值之间具有合理和较好的一致性。

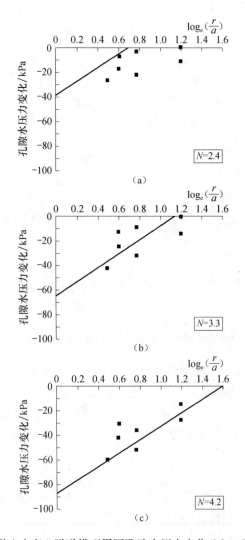

图 10.15　黏土中离心隧道模型周围孔隙水压力变化(Mair,Taylor,1993)

10.4.2 掘进引起的沉降-有效应力关系分析

尽管大多数不排水条件下的土力学问题可用总应力方法分析,但是当采用临界状态模型时,由于土体的强度为有效应力的函数,并非总应力的函数,因此总应力分析法就不再适用。特别地,总应力分析不能考虑土体应力历史对土性的影响。本节将在 Yu 和 Rowe(1999)的基于有效应力分析的小孔卸载解的基础上分析掘进过程中沉降与有效应力的关系。

10.4.2.1 求解

1) 小孔卸载运动学

基于不排水加载条件下体积不变的条件,式(10.70)给出了材料单元初始半径 r_0 和当前半径 r、小孔初始半径 a_0 和当前半径 a 的关系

$$r_0^{k+1} - r^{k+1} = a_0^{k+1} - a^{k+1} \tag{10.70}$$

单元径向速率与小孔收缩速率的关系为

$$w = \dot{r} = \left(\frac{a}{r}\right)^k \dot{a} \tag{10.71}$$

据此,径向、切向、剪切和体积应变速率可表为

$$\dot{\varepsilon}_r = -\frac{\partial w}{\partial r} = \left(\frac{ka^k}{r^{k+1}}\right)\dot{a} \tag{10.72}$$

$$\dot{\varepsilon}_\theta = -\frac{w}{r} = \left(\frac{a^k}{r^{k+1}}\right)\dot{a} \tag{10.73}$$

$$\dot{\gamma} = \dot{\varepsilon}_r - \dot{\varepsilon}_\theta = \left[(k+1)\frac{a^k}{r^{k+1}}\right]\dot{a} \tag{10.74}$$

$$\dot{\delta} = \dot{\varepsilon}_r + k\dot{\varepsilon}_\theta = 0 \tag{10.75}$$

结合式(10.70),剪切应变速率可以表述为质点初始位置 r_0 的形式

$$\dot{\gamma} = \left[\frac{(k+1)a^k}{(a^{k+1} + r_0^{k+1} - a_0^{k+1})}\right]\dot{a} \tag{10.76}$$

由于对于给定质点,r_0 是一定的,对式(10.76)进行积分,可得有限 Lagrangean 剪切应变与质点最初位置 r_0 的关系

$$\gamma = \ln\left(\frac{a^{k+1} + r_0^{k+1} - a_0^{k+1}}{r_0^{k+1}}\right) = (k+1)\ln\frac{r}{r_0} \tag{10.77}$$

上述关系式也可以写成质点当前位置 r 的函数

$$\gamma = -\ln\left[1 - \frac{(a^{k+1}) - a_0^{k+1}}{r^{k+1}}\right] \tag{10.78}$$

或者通过式(10.70)消去 r_0，得到其逆形式

$$r^{k+1} = \frac{a_0^{k+1} - a^{k+1}}{\exp(-\gamma) - 1} \tag{10.79}$$

这一表达式给出了当小孔目前半径为 a 时半径 r 处的剪切应变分布。

由式(10.77)～式(10.79)，分别可以得到给定质点和某一瞬间两种条件下的当前半径和剪切应变增量的关系

$$(k+1)\frac{\mathrm{d}r}{r} = \mathrm{d}\gamma, \quad (k+1)\frac{\mathrm{d}r}{r} = -\frac{\mathrm{d}\gamma}{\exp(\gamma) - 1} \tag{10.80}$$

注意，小孔壁的剪应变为

$$\gamma_c = (k+1)\ln\frac{a}{a_0} \tag{10.81}$$

当小孔初始半径为零时，式(10.81)无穷大。这些运动学结果将应用在小孔收缩的弹性和弹/塑性阶段。

2) 弹性卸载

式(10.82)定义的两个有效应力不变量将用于分析小孔卸载问题

$$q = \sigma_r' - \sigma_\theta', \quad p' = \frac{\sigma_r' + k\sigma_\theta'}{1+k} \tag{10.82}$$

式中，σ_r' 和 σ_θ' 分别是有效径向和切向应力。据相似定律很容易就可以将应力和模量纲为一化，这些量纲为一量用"′"表示。采用土力学中通常采用的等效固结压力 p_e' 作为参考应力。

弹性本构关系习惯上用比率形式表示

$$\dot{\delta}^e = \frac{\overset{0}{p'}}{\overline{K}(\overline{p'}, \nu)}, \quad \dot{\gamma}^e = \frac{\overset{0}{q}}{2\overline{G}(\overline{p'}, \nu)} \tag{10.83}$$

式中，$\dot{\delta}^e$ 和 $\dot{\gamma}^e$ 分别表示弹性体积应变速率和剪切应变速率；$\overset{0}{p}$ 和 $\overset{0}{q}$ 是材料平均有效应力和剪切应力量纲为一化量。瞬时体积模量和剪应变模量通常是比容 ν 和有效平均应力 p' 的函数。因此，通过积分得到的弹性应力-应变关系将是非线性的。

符号 $\overset{0}{()}$ 表示与给定材料质点有关的材料时间导数，它和局部时间导数 $\dot{()}$ 有关，在固定位置 r 可以用式(10.84)表示

$$\overset{0}{()} = \dot{()} + w\frac{\partial()}{\partial r} \tag{10.84}$$

式中，w 是固体材料单元的径向速率。

不排水条件下小孔卸载的初始阶段为纯弹性阶段，弹性体积应变速率 $\dot{\delta}^e = 0$。

从式(10.83)可知,平均有效应力保持不变并等于其初始值 $\overline{p}_0'$。因此,瞬时弹性体积模量和剪切模量也保持恒定,并分别等于其初始值 K_0 和 G_0。将式(10.83)的第二部分弹性剪应变速率沿着质点路径积分,可以看出剪切应力不变量 q 恰好为 2 倍初始弹性剪切模量的有限剪应变 γ

$$\gamma = \frac{\overline{q}}{2\overline{G}_0} < 0 \tag{10.85}$$

因此,有效应力的径向和切向分量可表示为

$$\overline{\sigma}_r' = \overline{p}_0' + \frac{2\overline{G}_0 \gamma k}{k+1}, \quad \overline{\sigma}_\theta' = \overline{p}_0' - \frac{2\overline{G}_0 \gamma}{k+1} \tag{10.86}$$

结合式(10.77)或式(10.78)消去 γ 后可将式(10.86)表示为径向坐标的形式。

上述有效应力分布是在没用利用平衡方程和小应变假设的情况下得到的。由于有效平均应力是不变的,弹性收缩阶段材料单元的应力路径在 $\overline{q}$ - $\overline{p}'$ 图形中是一条竖直线,如图 4.11 所示。

当剪切应力不变量达到屈服值 q_0 时,根据屈服准则,小孔壁土体首先进入塑性阶段,相应的剪应变为

$$\gamma_0 = (k+1)\ln\frac{a_1}{a_0} = \frac{\overline{q}_0}{2\overline{G}_0} = \frac{q_0}{2G_0} \tag{10.87}$$

式中,a_1 是开始屈服时的小孔半径,γ_0 是屈服剪应变,可作为判断材料发生屈服的阈值。对于理想塑性模型 $q_0 = -2s_u$,s_u 是不排水剪切强度。

在小孔收缩的弹塑性阶段,这些结果对于外部弹性区也是有效的。小孔半径为 a 时,弹-塑性边界半径 c 可表为

$$\left(\frac{c}{a}\right)^{k+1} = \frac{1 - \left(\frac{a_0}{a}\right)^{k+1}}{1 - \exp(-\gamma_0)} \tag{10.88}$$

利用式(10.78)或式(10.79),可以得到剪切应变与径向坐标的关系

$$\left(\frac{r}{c}\right)^{k+1} = \frac{\exp(-\gamma_0) - 1}{\exp(-\gamma) - 1} \tag{10.89}$$

3) 弹-塑性卸载

本节将上述解推广到了更一般的介质中,可以用式(10.90)统一表示介质的屈服条件和流动规则

$$\overline{q} = f(\overline{p}'), \quad \frac{\dot{\delta}^p}{\dot{\gamma}^p} = g(\overline{p}') \tag{10.90}$$

在不排水变形分析中,总的体积应变率是零,即 $\delta^e = -\delta^p$。按式(10.83)和式(10.90),总应变率为

$$\dot{\gamma} = \dot{\gamma}^{e} + \dot{\gamma}^{p} = L(\bar{p}') \frac{0}{p} \tag{10.91}$$

式中

$$L(\bar{p}') = \frac{f'(\bar{p}')}{2G(\bar{p}')} - \frac{1}{K(\bar{p}')g(\bar{p}')} \tag{10.92}$$

以弹-塑性界面为起点,沿质点路径积分式(10.91),可得有限剪应变和有效平均压力之间的关系

$$\gamma = \gamma_0 + I(\bar{p}')I(\bar{p}'_0) \tag{10.93}$$

式中

$$I(\bar{p}') = \int^{\bar{p}'} L(\bar{p}') \mathrm{d}\bar{p}' \tag{10.94}$$

作为特殊情形,式(10.93)描述了在小孔壁进入塑性后,小孔压力和小孔剪切应变之间的关系。下文将利用积分式(10.94)来分析原始剑桥模型的数值解以及其他一些数值模型。通过消除式(10.93)和式(10.77)、式(10.78)或式(10.89)的 γ,可以得到 $\bar{p}'$ 随半径 r 的变化隐式方程。

4) 孔隙水压力分布

由径向准静态平衡方程,可得用总应力表达的孔隙水压力分布 $U(r)$

$$\frac{\mathrm{d}\bar{\sigma}_r}{\mathrm{d}r} + k \frac{\bar{\sigma}_r - \bar{\sigma}_\theta}{r} = 0 \tag{10.95}$$

式中,$\bar{\sigma}_r = \bar{p} + [k/(k+1)]\bar{q}$,$\bar{p} = \bar{U} + \bar{p}'$,量纲为一的孔隙水压力梯度可表示为

$$\frac{\mathrm{d}\bar{U}}{\mathrm{d}r} = -\frac{\mathrm{d}\bar{p}'}{\mathrm{d}r} - \frac{k}{k+1} \frac{\mathrm{d}\bar{q}}{\mathrm{d}r} - \frac{k\bar{q}}{r} \tag{10.96}$$

因为弹性区有效平均应力分布是恒定的,那么弹性区孔隙水压力(超孔隙水压力)变化为

$$\Delta \bar{U} = -\frac{k}{k+1} \bar{q} - k \int \bar{q} \frac{\mathrm{d}r}{r} \tag{10.97}$$

式中,$\bar{q}$ 和 $\mathrm{d}r/r$ 两者可结合式(10.85)和式(10.80)中的第二个方程表达为 γ 的形式,则式(10.97)变成

$$\Delta \bar{U} = -\frac{2k\bar{G}_0}{k+1} \left[\gamma - \int_0^\gamma \frac{\gamma}{\exp(\gamma) - 1} \mathrm{d}\gamma \right] = -\frac{k\bar{G}_0 \gamma^2}{2(k+1)} \tag{10.98}$$

因此,弹-塑性边界的超孔隙水压力为

$$\Delta \bar{U}_0 = -\frac{k\bar{G}_0 \gamma_0^2}{2(k+1)} \tag{10.99}$$

将式(10.96)在从弹/塑性边界至塑性区的范围内积分,可得超孔隙压力和有限剪应变之间的关系

$$\Delta \overline{U} = \Delta \overline{U}_0 - (\overline{p}' - \overline{p}'_0) - \frac{k}{k+1}(\overline{q} - \overline{q}_0 - J) \tag{10.100}$$

结合式(10.80)、式(10.90)和式(10.91)将 $\overline{q}$ 和 r 表示成 $\overline{p}$ 的形式后,式(10.100)中的 J 可以方便地表达成数值积分形式

$$J = \int_{\gamma_0}^{\gamma} \frac{\overline{q}}{(\exp(\gamma) - 1)} \mathrm{d}\gamma = \int_{\overline{p}'_0}^{\overline{p}'} \frac{f(\overline{p}')L(\overline{p}')}{\exp(\gamma) - 1} \mathrm{d}\overline{p}' \tag{10.101}$$

式(10.100)表达了小孔壁超孔隙压力与有限剪切应变的塑性关系。作为一个特殊情形,一旦有效应力状态达到了临界状态,$\overline{q}$ 值就会保持恒定,对式(10.101)积分,可得

$$J = \overline{q}_{cs} \ln \frac{\exp(-\gamma) - 1}{\exp(-\gamma_0) - 1} \tag{10.102}$$

10.4.2.2 不同土体模型解答

1) 理想线弹性-理想塑性 Tresca 模型

在讨论不同临界状态模型解之前,有必要首先导出理想塑性 Tresca 模型解。与不排水加荷条件下原位土体条件相对应,在达到临界状态之前土体变形为弹性变形。由于剪应力和有效平均压力不变,则通过塑性环积分式(10.101)中的 J,可得

$$\Delta \overline{U} = \Delta \overline{U}_0 + \frac{k}{k+1} \overline{q}_{cs} \ln \frac{\exp(-\gamma) - 1}{\exp(-\gamma_0) - 1} \tag{10.103}$$

或利用式(10.88)和式(10.89),得到以径向坐标表达的结果

$$\Delta \overline{U} = \Delta \overline{U}_0 + k\overline{q}_{cs} \ln \frac{R}{r} = \Delta \overline{U}_0 + \frac{k}{k+1} \overline{q}_{cs} \ln \frac{\left(\frac{a_0}{r}\right)^{k+1} - \left(\frac{a}{r}\right)^{k+1}}{\exp(-\gamma_0) - 1} \tag{10.104}$$

对于弹性极限应变 γ_0 一阶项,小孔壁超孔隙压力为

$$\Delta \overline{U}_c = \frac{k}{k+1} \overline{q}_{cs} \left\{ \ln \left[\left(\frac{a_0}{a}\right)^{k+1} - 1 \right] + \ln I_r \right\} \tag{10.105}$$

式中,$I_r = G/s_u$ 是刚度指数,s_u 是不排水剪切强度。利用式(10.105),可得小孔壁总径向应力解

$$\overline{\sigma}_r \mid_c = \overline{p}_0 + \frac{k}{k+1} \overline{q}_{cs} \left\{ 1 + \ln \left[\left(\frac{a_0}{a}\right)^{k+1} - 1 \right] + \ln \frac{G}{s_u} \right\} \tag{10.106}$$

将 $q_{cs}=-2s_u$ 代入式(10.106),得到小孔压力-收缩关系

$$p = p_0 - \frac{2ks_u}{k+1}\left[1+\ln\frac{G}{s_u}\right] - \frac{2ks_u}{k+1}\ln\left[\left(\frac{a_0}{a}\right)^{k+1}-1\right] \qquad (10.107)$$

式中,p 是小孔总压力,p_0 是土中初始总应力。

对于与没有支护的隧道状况相对应的完全卸载小孔,小孔壁最大位移可通过将 $p=0$ 代入式(10.107)而得

$$\frac{a_0}{a} = \left[1+\exp\left(\frac{1+k}{2k}\times\frac{p_0}{s_u}-1-\ln\frac{G}{s_u}\right)\right]^{\frac{1}{k+1}} \qquad (10.108)$$

2) 原始剑桥模型

原始剑桥模型是由 Schofield 和 Wroth(1968)提出的,可用来描述黏土的应力-应变关系。原始剑桥模型中小孔卸载问题的屈服面为

$$\bar{q} = f(\bar{p}') = \frac{M}{\Lambda}\bar{p}'\ln\bar{p}' \qquad (10.109)$$

其中,用同比容 ν 条件下的等效固结压力将应力量纲为一化

$$p'_e = \exp\left(\frac{N-\nu}{\lambda}\right) \qquad (10.110)$$

常数 $\Lambda=1-x/\lambda$,式中 x 和 λ 分别为 $\ln p'$-ν 空间弹性膨胀线和正常固结线的斜率;N 是当 $p'=1$kPa 时正常固结线上 ν 的值。最终的临界状态常数 M 是 $\bar{p}'$-$\bar{q}$ 空间临界状态线的斜率。式(10.109)中定义的原始剑桥屈服面如图 10.16 所示。

该模型中的弹性模量为

$$\bar{K} = \frac{\nu\bar{p}'}{\chi}, \quad \bar{G} = \frac{(1+k)(1-2\mu)}{2[1+(k-1)\mu]}\bar{K} \qquad (10.111)$$

式中,μ 是泊松比。有学者提出在假定 G 不变时 μ 为恒定值的条件下可用式(10.111)计算泊松比(Gens,Potts,1988)。为了比较,本节的小孔卸载解中均假定剪切模量为恒定值。

用有效平均应力表达的超固结比(OCR)为

$$n_p = (\bar{p}'_0)^{-\frac{1}{\Lambda}} \qquad (10.112)$$

在 $\bar{q}/\bar{p}'=M$,$n_p=e=2.718$ 和 $\bar{p}'=e^{-\Lambda}$ 的临界状态,当 $\bar{p}'=1/e=0.368$ 及 $\bar{q}/\bar{p}'=M/\Lambda$ 时,$\bar{p}'$-$\bar{q}$ 空间的不排水应力路径存在一个最大值,如图 10.16 所示。

由正交流动法则得到塑性体积变化率和剪切应变率的关系

$$\frac{\dot{\delta}^p}{\dot{\gamma}^p} = g(\bar{p}') = -\frac{kM}{(k+1)\Lambda}(\Lambda+\ln\bar{p}') \qquad (10.113)$$

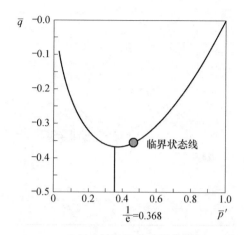

图 10.16　小孔卸载问题的原始剑桥模型屈服面

计算式(10.92)中有效应力分布的函数 $L(\bar{p}')$ 为

$$L(\bar{p}') = \frac{A(1 + \ln\bar{p}')}{\bar{p}'} + \frac{B}{\bar{p}'(\Lambda + \ln\bar{p}')} \qquad (10.114)$$

计算剪应变的积分函数为

$$I(\bar{p}') = A\left[\ln\bar{p}' + \frac{1}{2}(\ln\bar{p}')^2\right] + B\ln|(\Lambda + \ln\bar{p}')| \qquad (10.115)$$

式中，$A = Mx/(2\Lambda\alpha\nu)$，$B = (k+1)\Lambda x/(kM\nu)$ 都是常数。因此，积分 I 和剪应变与比容 ν 成反比。

3）原始剑桥-Hvorslev 模型

研究表明，原始剑桥屈服面明显高估了重度超固结土(OC)的强度。在这种情况下，经常采用 Hvorslev 屈服面作为屈服函数。在 $\bar{p}'$-$\bar{q}$ 空间，Hvorslev 屈服面是一条直线(Atkinson，Bransby，1978)

$$\bar{q} = -h\bar{p}' - (M-h)\exp(-\Lambda) \qquad (10.116)$$

式中，h 是 Hvorslev 屈服面的斜率，如图 10.17 所示。

研究表明，对于超固结土，利用式(10.111)得到的弹性模量明显低于实际值。为了解决这一问题，Randolph 等(1979)建议采用一个更符合实际的假设，即选择 G 作为土的应力历史中曾经达到的弹性体积模量最大值 $K_{\max}$ 的一半。这一假设认为体积模量与压力相关，因此，由此得到的模型对于弹性行为是偏于保守的(Zytynski et al.，1978)。对于重度超固结土，式(10.111)可用式(10.117)代替

$$\bar{K} = \frac{\nu\bar{p}'}{\chi}, \quad \bar{G} = \frac{\nu + \lambda(\Lambda-1)\ln n_{\mathrm{p}}}{2\chi}(n_{\mathrm{p}})^{1-\Lambda} \qquad (10.117)$$

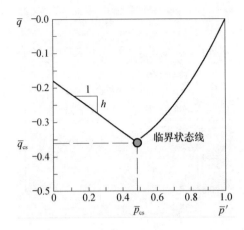

图 10.17　小孔卸载问题的原始剑桥模型-Hvorsley 屈服面

用式(10.116)作为屈服函数,式(10.109)作为塑性势和式(10.117)作为弹性模量,得

$$L(\bar{p}') = -\frac{h}{2\bar{G}} + \frac{(1+k)\chi}{k\nu(M-h)} \frac{1}{[\bar{p}' - \exp(-\Lambda)]} \tag{10.118}$$

和

$$L(\bar{p}') = -\frac{h\bar{p}'}{2\bar{G}} + \frac{(1+k)\chi}{k\nu(M-h)} \ln[\bar{p}' - \exp(-\Lambda)] \tag{10.119}$$

式中,常数 $\bar{G}$ 可由式(10.117)给出。

4) 修正剑桥模型

为了改进适用于正常固结土的原始剑桥模型,Roscoe 和 Burland(1968)提出了修正剑桥模型。对于小孔卸载问题,修正剑桥屈服面为

$$\bar{q} = f(\bar{p}') = -M\bar{p}'\sqrt{\bar{p}'^{\frac{1}{\Lambda}} - 1} \tag{10.120}$$

由图 10.18 可见,在临界状态,$\bar{q}/\bar{p}' = M$,$n_p = 2$ 以及 $\bar{p}' = 2^{-\Lambda}$。

从正交流动法则可计算塑性体积率和剪应变率的关系

$$\frac{\dot{\delta}^p}{\dot{\gamma}^p} = g(\bar{p}') = \frac{k}{(k+1)}\left(\frac{M^2 - \eta^2}{2\eta}\right) \tag{10.121}$$

式中,η 是由式(10.120)得到的平均有效应力的函数。通过式(10.120)和式(10.121),可以得到计算式(10.92)中有效应力分布所需的函数 $L(\bar{p}')$。与原始剑桥模型不同,式(10.94)中计算修正剑桥模型剪切应变的函数没有显式,必须用简单的数值积分来替代。

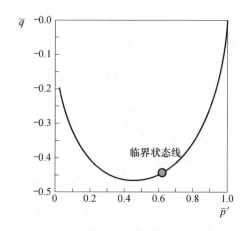

图 10.18　小孔卸载问题的修正剑桥模型屈服面

10.4.2.3　与黏土中隧道离心模型试验比较

为了说明现有小孔卸载解模拟隧道周围土性的适用性,有必要将理论结果与一些试验结果进行比较,这样可为应用小孔卸载解模拟隧道问题提供有价值的评价。

本节将比较隧道顶部和中部沉降的理论预测值与 Mair 离心模拟试验的结果。所选择比较试验是 2DP 试验,其上部覆盖厚度与直径比值为 1.67。由于模型试验过程进行地很快,可假设为土体不排水条件。Mair(1979)2DP 试验测得的隧道顶部和中部沉降示于图 7.8。根据 Mair 研究,2DP 试验的临界状态土性参数为 $\Gamma=3.92$,$\lambda=0.3$,$x=0.05$ 和 $M=0.8$,泊松比为 0.3。

尽管 2DP 试验中隧道围土为轻度超固结黏土,但是由平均有效应力表达的超固结比 n_p 值未知。由有效平均应力定义的超固结率 n_p 始终比由竖向有效应力定义的一维超固结率 OCR 要大,这一事实使问题变得更加复杂(Muir Wood,1990)。同时,在进行隧道模型试验前黏土的比容也未知。因此必须事先假设初始比容和超固结率 n_p 的值。

根据不排水剪切强度 $s_\mathrm{u}=26\mathrm{kPa}$ 和 $s_\mathrm{u}=0.5M\exp[(\Gamma-\nu)/\lambda]$,可确定初始比容为 $v=2.67$。确定比容后,可根据预测隧道初始支护压力与隧道离心模型试验所采用的压力一致的条件得到超固结率 n_p。

图 10.19 和图 10.20 为隧道支护压力降低后,隧道拱顶和中部沉降的预测值和实测值之间的比较。图中隧道支护压力和沉降分别用不排水剪切强度和隧道初始半径进行了归一化处理。尽管图 10.19 和图 10.20 中的沉降预测值是由原始剑桥模型得到的,但由其他临界状态模型得到的结果和此结果是相似的。不同临界状态模型得到的预测值在这个特殊例子中的差别并不很明显,因为在 2DP 试验中

用的黏土仅仅是轻度超固结土。

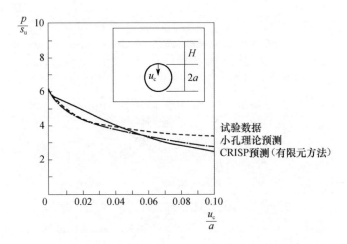

图 10.19　隧道支护压力减小时隧道拱顶位移预测和实测结果的比较

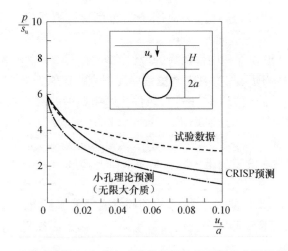

图 10.20　隧道支护压力减小时隧道中部位移预测和实测结果的比较

比较可见,采用的小孔卸载解可精确地预测隧道拱顶沉降。相反,小孔卸载解不宜用于对隧道中部沉降的预测,这是因为 2DP 试验模型是浅埋隧道试验,覆盖层与直径比非常小($H/2a=1.67$)。对于浅埋隧道,无限大介质小孔收缩解难以精确模拟远离小孔壁的土体性质。然而对于深埋隧道,现有小孔卸载解对于隧道周围地表沉降的预测却比较精确。

地表对小孔卸载解的影响

研究表明,虽然无限大介质中小孔卸载解能精确预测隧道壁的变形情况,但是它低估了浅埋隧道的地表位移。这种差异在很大程度上是由于自由地表面的影响引起的,可它不能在无限大土体小孔卸载问题中考虑。为了考虑自由地表效应,可采用 Sagaseta(1987)以及 Verruijt 和 Booler(1996)的半空间体小孔卸载分析的位移解答。

从第 2 章式(2.111)可以看出,对于不可压缩不排水黏土(弹性或塑性),可用一个简单方法将地表竖向位移和小孔壁运动联系起来

$$\frac{u_z\mid_{z=0}}{u_0} = \frac{2\dfrac{h}{a}}{\left(\dfrac{x}{a}\right)^2 + \left(\dfrac{h}{a}\right)^2} \tag{10.122}$$

式中,$h = H + a$;x 是与小孔中心线的距离(图 2.5)。

将式(10.122)应用到 Mair(1979)的 2DP 离心试验中,可得与小孔壁运动相关的中部沉降结果

$$u_s = 2\frac{a}{a+H}u_c = 0.46u_c \tag{10.123}$$

利用无限介质小孔卸载解中的孔壁位移 u_c,式(10.123)可用来计算隧道中部的位移。图 10.21 是隧道支护压力降低时,中部位移的实测值与式(10.123)预测结果的比较。对比图 10.20 和图 10.21 清楚可见,尽管仍然低估了实测值,但在计算地表沉降方面,半空间无限体小孔卸载解答要优于无限介质中的解答。

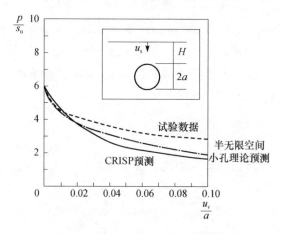

图 10.21 隧道支护压力减小时隧道中部位移预测和实测结果

除了小孔扩张理论预测方法外,Mair(1979)采用二维有限元模型预测的隧道顶部和中部沉降曲线也同时示于图 10.19、图 10.20 和图 10.21 中。有意思的是,尽管现有小孔卸载解非常简单,它们却与复杂得多的剑桥大学有限元程序 CRISP

预测结果相似。因此,有理由认为,现有简单的小孔卸载分析解答可在土体隧道分析和设计中起到非常重要的作用。

10.4.3　隧道稳定

本节利用小孔卸载解对黏土中隧道的稳定性进行分析。分析中原则上遵守Caquot 和 Kerisel(1996)的假设,即当塑性区达到地表时,隧道就会发生坍塌。换句话说,当塑性流动不再受限而自由时,隧道将坍塌,如图 10.22 所示。

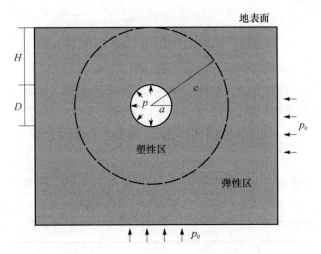

图 10.22　隧道发生坍塌时的条件

隧道掘进过程中,当内部压力和原位压力的差达到某个临界值时,隧道将失稳。这是因为隧道周围塑性区的大小主要由隧道内部压力和掘进前的原位压力差所决定。参考图 10.13 和图 10.22,式(10.61)定义的黏性土中小孔卸载解答给出了内部压力 p 和塑性区半径 c 之间的关系

$$\frac{p_0 - p}{s_u} = 2k\ln\frac{c}{a} + \frac{2k}{1+k} \tag{10.124}$$

式中,p 和 p_0 分别为隧道现有支护压力和掘进前的压力,s_u 是黏性土不排水剪切强度。对于 $k=1$ 的平面应变隧道模型,由式(10.124)可得隧道破坏开始($c=H+D/2$ 和 $a=D/2$)时的“稳定数”的表达式

$$N = \frac{p_0 - p}{s_u} = 2\ln\left(2\frac{H}{D}+1\right)+1 \tag{10.125}$$

隧道掘进前的压力 p_0 可由式(10.126)计算

$$p_0 = q + \gamma\left(H+\frac{D}{2}\right) \tag{10.126}$$

式中,q 是作用于地表的附加荷载,γ 是黏土的重度。

值得注意的是,通过联立直接处于隧道上土楔的平衡方程和屈服函数,Bolton(1991)获得了黏土中隧道的稳定数近似解答

$$N = \frac{p_0 - p}{s_u} = 2\ln\left(2\frac{H}{D} + 1\right) \tag{10.127}$$

在求解式(10.127)过程中,已经考虑了自由表面的影响。通过比较式(10.125)和式(10.127),可清楚看出,这两种方法得到了非常相似的结果。

为了评价小孔扩张解式(10.125)在实际预测隧道稳定性方面的适用性,很有必要将其预测值和实测值进行比较,Mair(1979)的隧道离心模型试验则提供了很有价值的比较数据。图 10.23 给出了 Mair(1979)试验提供的地表无附加荷载的结果。研究发现,不排水剪切强度随深度均匀分布。从图 10.23 中清楚可见,小孔扩张解式(10.125)预测的稳定性结果和实测结果吻合得非常好。利用 Sloan 和 Assadi(1993)的研究结果也可以发现,小孔扩张结果与严格的上限和下限稳定解非常相似。因此可以认为,由式(10.125)表达的简单小孔扩张解得到的稳定数为评价黏土隧道稳定性提供了一个有用的工具。

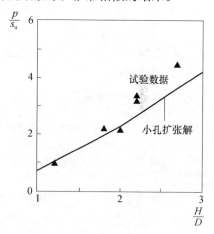

图 10.23　预测和实测土中隧道
稳定性的比较($\gamma D/s_u = 2.6$)

10.5　黏性-摩擦土中隧道

10.5.1　掘进过程的沉降

考虑无限大 Mohr-Coulomb 介质中含有单一柱形孔或者球形孔的情形。假设隧道初始半径为 a_0,静水压力 p_0 作用整个土体。本节主要研究当隧道压力 p 从其初值降低时,隧道周围土体应力和位移的分布。这个问题的完整解答在第 3 章中已详细阐述,这里仅给出与隧道变形相关的关键方程。

1) 弹性响应

随压力 p 从 p_0 下降,一开始土体变形完全是弹性的,应力和位移的弹性解为

$$\sigma_r = -p_0 - (p - p_0)\left(\frac{a}{r}\right)^{1+k} \tag{10.128}$$

$$\sigma_\theta = -p_0 - \frac{(p - p_0)}{k}\left(\frac{a}{r}\right)^{1+k} \tag{10.129}$$

$$u = \frac{(p - p_0)}{2kG} \left(\frac{a}{r} \right)^{1+k} r \qquad (10.130)$$

对于小孔卸载问题，采用如下形式的 Mohr-Coulomb 屈服方程

$$\alpha \sigma_r - \sigma_\theta = Y \qquad (10.131)$$

随内部压力进一步降低，当隧道压力减少至式(10.132)时，小孔周围开始发生屈服

$$p = p_{1y} = \frac{1+k}{1+\alpha k} p_0 - \frac{kY}{1+\alpha k} \qquad (10.132)$$

2）弹-塑性应力场

隧道壁发生初始屈服后，随隧道内部压力 p 进一步降低，在隧道周围将形成 $a \leqslant r \leqslant c$ 范围的塑性区。

弹性区应力可表为

$$\sigma_r = -p_0 - \frac{k[(1-\alpha)p_0 - Y]}{1+k\alpha} \left(\frac{c}{r} \right)^{(1+k)} \qquad (10.133)$$

$$\sigma_\theta = -p_0 + \frac{[(1-\alpha)p_0 - Y]}{1+k\alpha} \left(\frac{c}{r} \right)^{(1+k)} \qquad (10.134)$$

另外，塑性区应力必须满足平衡方程和屈服条件，即

$$\sigma_r = \frac{Y}{\alpha - 1} + A r^{k(\alpha-1)} \qquad (10.135)$$

$$\sigma_\theta = \frac{Y}{\alpha - 1} + A \alpha r^{k(\alpha-1)} \qquad (10.136)$$

式中

$$A = -\frac{(1+k)[Y + (\alpha-1)p_0]}{(\alpha-1)(1+k\alpha)} c^{(1-\alpha)k} \qquad (10.137)$$

利用在隧道壁处 $\sigma_r = -p$，可得隧道压力 p 和弹性区半径 c 的关系

$$\frac{c}{a} = \left\{ \frac{(1+k\alpha)[Y + (\alpha-1)p]}{(1+k)[Y + (\alpha-1)p_0]} \right\}^{\frac{1}{k(1-\alpha)}} \qquad (10.138)$$

3）弹-塑性位移

弹性区位移可表为

$$u = \frac{(1-\alpha)p_0 - Y}{2G(1+k\alpha)} \left(\frac{c}{r} \right)^{1+k} r \qquad (10.139)$$

因此，在弹-塑性界面的位移为

$$u \mid_{r=c} = c - c_0 = -\frac{[(1-\alpha)p_0 + Y]c}{2(1+k\alpha)G} \qquad (10.140)$$

若忽略塑性变形区的弹性分布,则结果将大大简化。通过采用对数应变,积分塑性流动法则,得到与隧道压力和隧道壁运动相关的大应变解

$$\frac{1-\left(\dfrac{a_0}{a}\right)^{1+k\beta}}{1-\left(\dfrac{c_0}{c}\right)^{1+k\beta}}=\left\{\frac{(1+k\alpha)\left[Y+(\alpha-1)p\right]}{(1+k)\left[Y+(\alpha-1)p_0\right]}\right\}^{\frac{1+k\beta}{k(1-\alpha)}} \tag{10.141}$$

式中,c_0/c 可从式(10.140)中得到。

根据小应变假设,塑性区位移场可表为

$$u=r-r_0=\frac{(1-\alpha)p_0-Y}{2G(1+\alpha k)}\left(\frac{c}{r}\right)^{1+k\beta}r \tag{10.142}$$

实际的隧道壁的位移可表示为

$$\frac{u_a}{a}=\frac{(1-\alpha)p_0-Y}{2G(1+\alpha k)}\left\{\frac{(1+k\alpha)\left[Y+(\alpha-1)p\right]}{(1+k)\left[Y+(\alpha-1)p_0\right]}\right\}^{\frac{1+k\beta}{k(1-\alpha)}} \tag{10.143}$$

完全排水黏性-摩擦土中隧道周围土体的特性

在本节分析中,选取隧道周围 Mohr-Coulomb 土体的基本参数为:摩擦角 $\phi'=40°$、黏滞参数 $Y/p_0=1.0$、泊松比 0.3。研究隧道周围土体剪胀效应时,采用 20°和 40°两种剪胀角。尽管实际工程中不会出现特别大的内摩擦角和剪胀角,但是采用大的量值来分析理论解有助于阐述强度和剪胀性对隧道周围土体土性的最大可能影响。

图 10.24 和图 10.25 表示了小孔收缩曲线(基本响应曲线)和 $G/p_0=10$ 情况下土体瞬时完全卸载的位移分布曲线。为便于比较,同时给出了柱形孔和球形孔的解。基于图示结果以及 Yu 和 Rowe(1999)的具体研究,可以得到如下结果:

(1) 大应变和小应变解的微小差异说明,对于掘进问题,小应变解答能够满足实际工程要求。

(2) 平面应变柱形孔理论所得掘进引起的土体位移大约是球形孔理论的两倍。

(3) 根据柱形孔理论预测解,在弹性区归一化的位移 u/a 和 a/r 呈线性关系。值得注意的是,在塑性区这种关系也可视为线性。然而,塑性区位移变化的趋势比弹性区域要大得多。

(4) 掘进引起的土体位移随剪胀角的增加而增加。当剪胀角增加时,塑性区的大小也随之增加。

(5) 基本响应曲线和土体位移对土体刚度非常敏感。事实上,若土体刚度指数从 10 提高到 50,掘进引起的土体位移将减少约 5 倍。

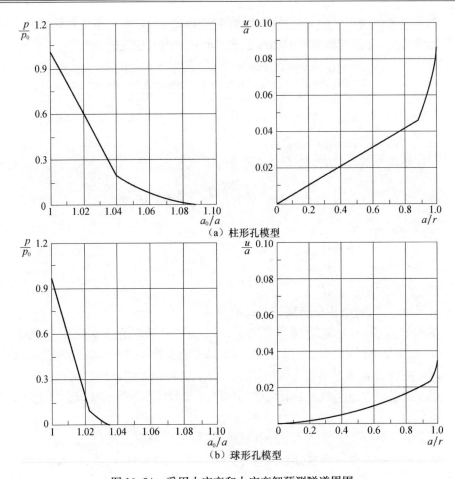

图 10.24　采用小应变和大应变解预测隧道周围
黏性-摩擦土体的性质（$\phi=40°$，$\psi=40°$，$Y/p_0=1.0$，$G/p_0=10$）

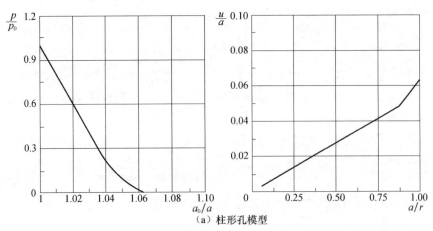

（a）柱形孔模型

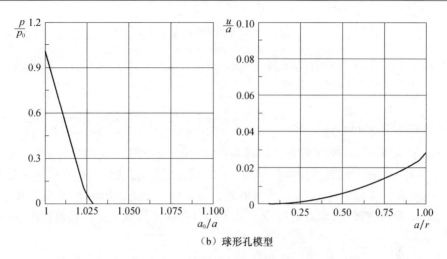

（b）球形孔模型

图 10.25　采用小应变和大应变解预测隧道周围黏性-摩擦土
体的性质（$\phi=40°,\psi=20°,Y/p_0=1.0,G/p_0=10$）

10.5.2　隧道稳定性

本小节将给出利用小孔扩张解计算黏性-摩擦土体中隧道稳定性的方法。对
于具有剪胀性的黏性-摩擦土体，可以认为只要卸载塑性区离地表足够近就会导致
隧道坍塌，这是因为砂土的剪胀容易引起塑性区周围土体大的变形，而这种大变形
又会加快隧道的坍塌。

因此，隧道坍塌时的塑性半径可定义为 $c=xH+D/2$，式中 x 是表征隧道坍塌
时塑性边界与地表的距离的系数，其值范围在 $0\sim1$。由式（10.138）定义的黏性-
摩擦土中小孔卸载问题的解可给出内部压力 p 和塑性半径 c 之间的关系

$$\frac{(1+k\alpha)[Y+(\alpha-1)p]}{(1+k)[Y+(\alpha-1)p_0]}=\left(\frac{c}{a}\right)^{k(1-\alpha)} \tag{10.144}$$

式中，p 和 p_0 分别是内部和掘进前的压力。α 和 Y 是黏滞系数 C 和摩擦角 ϕ 的
函数

$$Y=\frac{2C\cos\phi}{1-\sin\phi},\quad \alpha=\frac{1+\sin\phi}{1-\sin\phi} \tag{10.145}$$

对于 $k=1$ 的平面应变隧道模型，由式（10.144）可以得到隧道破裂时稳定数的
表达式

$$N=\frac{Y+(\alpha-1)p}{Y+(\alpha-1)p_0}=\frac{2}{1+\alpha}\left[2x\frac{H}{D}+1\right]^{(1-\alpha)} \tag{10.146}$$

对于纯黏性土，隧道开挖前的土体压力可估算为

$$p_0 = q + \gamma \left(H + \frac{D}{2} \right) \tag{10.147}$$

式中，q 是作用在地表的附加荷载，γ 是黏性-摩擦土的重度。在没有附加荷载情形下，式(10.146)可写成如下形式

$$\frac{p}{C} = \frac{2}{1+\alpha} \left(2x\frac{H}{D} + 1 \right)^{1-\alpha} \times \left[\cot\phi + \frac{\gamma D}{C} \left(\frac{H}{D} + 0.5 \right) \right] - \cot\phi \tag{10.148}$$

　　为了说明上述小孔扩张方法的相关性，图 10.26 比较了其结果与 $\phi=15°$ 以及 $\gamma D/C=3.0$ 时的上限和下限解的结果。由图可知，采用式(10.148)，取 $x=0.375$ 得到的小孔扩张结果与上限、下限解答吻合得很好。需要指出的是，小孔扩张预测结果对 x 值非常敏感，因此可以通过对 x 的合理取值降低土体剪胀角对预测结果的影响。

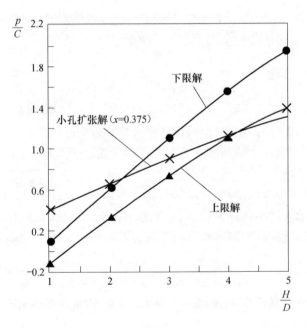

图 10.26　黏性-摩擦土中隧道稳定性的比较($\gamma D/C=3$)

　　对于纯摩擦土体中的隧道，假设黏性为零($Y=0$)。若进一步假设隧道掘进前的压力主要是由于土体自重而产生的 $\left(q=0, p_0 = \gamma \left(H + \frac{D}{2} \right) \right)$，那么稳定数可简化为

$$N = \frac{p}{\gamma H} = \frac{2}{1+\alpha} \left(1 + \frac{D}{2H} \right) \left[2x\frac{H}{D} + 1 \right]^{(1-\alpha)} \tag{10.149}$$

10.6　小　结

（1）地下开挖和隧道掘进涉及岩土体从其原位挖掘的问题，这一过程会减少甚至完全消除隧道（如无支护）或地下空间区域的原始应力。因此，可以用小孔从原位应力状态的卸载来模拟隧道掘进和地下硐室开挖。近几十年来，小孔扩张理论已用于预测由隧道掘进而引起的地面沉降以及设计隧道支护系统以维护其稳定。

（2）在地下岩体工程中，弹性岩石中的开挖设计是相对简单的问题。正如Brady 和 Brown(1993)所指出，开挖设计的基本过程可用图 10.2（图中 σ_θ 是隧道墙体的切向应力，C_0 和 T_0 表示岩体的三轴抗压强度和抗拉强度）简单说明。设计过程的一个关键环节是确定开挖周围的应力分布。尽管应力解可以用数值方法得到，但小孔扩张理论简单闭合形式的解在设计早期阶段有许多优点。相比较而言，用弹性小孔扩张理论可以确定开挖的影响区域。当在存在非连续面的岩体中进行地下开挖时，弹性应力分析是否仍然有效很值得怀疑，因为岩体节理使得岩体的强度比整体岩石状态时有很大下降。然而分析表明很容易预测非连续面对弹性应力的影响。

（3）许多地下开挖都容易导致小孔周围区域破坏（塑性或破裂），对此有必要在开挖空间提供内部支护来控制岩体的破裂。为了说明地下开挖中围岩支护的作用，很有必要考察图 10.9 所示的简单问题。当内部压力 p 与原位应力相比足够低时，在小孔周围就会形成一个半径为 r 的破损区，在这个破损区，岩体强度显著下降。根据第 5 章得到的塑性小孔扩张解，内部压力和破损区的大小之间的关系由方程(10.27)确定。因此，通过提供一定的支护作用（如增加内压 p），可以控制围岩的破坏范围。

（4）Brady 和 Brown(1993)详尽描述了设计围岩支护体系的基本原则。为了设计一个合适的支护体系，必须给围岩设计一个支承线（围岩响应曲线——内部压力与位移的关系曲线）。第 5 章得到的小孔扩张解可计算理想岩体模型的基本响应曲线。例如，应用 Hoek-Brown 准则，基本响应曲线就可以用方程(10.45)表示。

（5）在土体中设计浅埋隧道时，小孔扩张理论在研究其适用性和稳定性方面，也是一个简单而实用的工具。适用性需要确保浅埋隧道的建造不引起过多的土体位移，因为这些位移可以损坏周围建筑物及其功能。研究由隧道开挖引起的地表沉降及其对直接建立于上方结构物的效应具有重要的意义。例如，Mair 和 Taylor(1993)在预测不排水黏土中隧道周围土体运动时，论证了由式(10.66)和式(10.67)确定的小孔卸载总应力解答的相关性。Yu 和 Rowe(1999)指出，有效应力分析法的主要优点是能考虑隧道周围土体的应力历史（超固结率）的影响。利用 Mair(1979)隧道离心模型试验结果,Yu 和 Rowe(1999)的小孔卸载解与剑桥大学有限元程序 CRISP 的预测结果相似。

（6）在利用小孔扩张理论预测土体隧道稳定性方面所进行的研究很少。本章给出了利用小孔卸载解分析土中隧道的稳定性的方法。这一过程基本遵从 Caquot 和 Kerisel(1966)的假设,即当塑性区达到地表时,隧道将发生坍塌。换句话说,当塑性流变不受限制而达到自由时,隧道将坍塌,如图 10.22 所示。这种预测黏土中隧道稳定性的假设由于与 Mair(1979)的离心模型试验结果的一致性而得到证实。然而,如果正在卸载的塑性区分布很接近地表,那么对于剪胀性黏性-摩擦土,则更可能导致隧道坍塌的发生。这是因为砂土的剪胀性容易引起塑性区周围土体的大变形并因此加快隧道的坍塌。

参 考 文 献

Atkinson,J. H. and Bransby,P. L. (1978). The Mechanics of Soils. McGraw-Hill.

Bolton,M. D. (1991). A Guide to Soil Mechanics. M. D. and K. Bolton,Cambrdge.

Brady,B. H. G. and Brown,E. T. (1993). Rock Mechanics for Underground Mining. 2nd editon, Chapman & Hall,London.

Brown,E. T. , Bray,J. W. , Ladanyi,B. and Hoek,E. (1983). Ground response curves for rock tunnels. Journal of Geotechnical Engineering,ASCE,109(1),15-39.

Caquot,A. and Kerisel,J. (1966). Traite de Mechanique des Sols. Gauthier-Villars.

Clough,G. W. ,Shirasuna,T. and Finno,R. J. (1985). Finite element analysis of advanced shield tunnelling in soils. Proceedings of thr 5th International Conference on Numerical Methods in Geomechanics,Nagoya,1167-1174.

Collins,I. F. and Yu,H. S. (1996). Undrained cavity expansions in critical state soils. International Journal for Numerical and Analytical Methods in Geomechanics,20(7),489-516.

Davis,E. H. (1986). Theories of plasticity and the failure of soil massed. Soil Mechanics: Selected Topics(Editor: I. K. Lee),Butterworths,Sydney.

Davis,E. H. , Gunn,M. J. , Mair,R. J. and Seneviratne, H. N. (1980). The stability of shallow tunnels and underground openings in cohesive material. Geotechnique,30(4),397-416.

Fritz,P. (1984). An analytical solution for axisymmetric tunnel problems in elasto-visco- plastic media. International Journal for Numerical and Analytical Methods in Geomechanics,8,325-342.

Gens,A. and Potts,D. M. (1988). Critical state models in computational geomechanics,Engineering Computations,5,178-197.

Ghaboussi,J. ,Ranken,R. E. and Karshenas,M. (1978). Analysis of subsidence over soft ground tunnels. ASCE International Conference on Evaluation and Prediction of Subsidence, Pensacola Beach,182-196.

Hobbs,D. W. (1966). A study of the behavior of broken rock under triaxial compression and its application to mine roadways. Interantional Journal for Rock Mechanics and Mining Science & Geomechanics Abstracts,3,11-43.

Hoek,E. and Brown,E. T. (1980). Underground Excavations in Rock. The Institution of Mining and Metallurgy,London,England.

Kennedy,T. C. and Lindberg, H. E. (1978). Tunnel closure for nonlinear Mohr-Coulomb functions,Journal of the Engineering Mechanics Division,ASCE,104(EM6),1313-1326.

Kulhawy,F. H. (1974). Finite element modelling criteria for underground openings in rock. International Journal of Rock Mechanics and Mining Sciences,11,465-472.

Lee,K. M. and Rowe,R. K. (1990). Finite element modelling of the three dimensional ground deformations due to tunnelling in soft cohesive soils: I-method of analysis. Computers and Geotechnics,10,87-109.

Lo,K. Y. ,Ng,M. C. and Rowe,R. K. (1984). Predicting settlement due to tunnelling in clays. Tunnelling in Soil and Rock,ASCE Geotech III Conference,Atlanta,48-76.

Mair,R. J. (1979). Centrifuge Modelling of Tunnel Construction in Soft Clay. PhD Thesis,University of Cambridge,England.

Mair,R. J. and Taylor,R. N. (1993). Prediction of clay behaviour around tunnels using plasticity solutions. Predictive Soil Mechanics(Editors: G. T. Houlsby and A. N. Schofield),Thomas Telford,London,449-463.

Muir Wood,D. (1990). Soil Behaviour and Critical State Soil Mechanics. Cambridge University Press.

Ogawa,T. and Lo,K. Y. (1987). Effects of dilatancy and yield criteria on displacements around tunnels. Canadian Geotechnical Journal,24,100-113.

Peck,R. B. (1969). Deep excavations and tunneling in soft ground. Proceedings of the 7th International Conference on soil Mechanics and Foundation Engineering,Mexico City,225-290.

Peck,R. B. , Hendron, A. J. and Moheraz,B. (1972). State of the art of soft ground tunneling. Proceedings of the 1st Rapid Excavation Tunnelling Conference,Chicago,AIME,Vol. 1,259-286.

Pender,M. (1980). Elastic solutions for a deep circular tunnel. Geotechnique,30(2),216-222.

Reed,M. B. (1986). Stresses and displacement around a cylindrical cavity in soft rock. IMA Journal of Applied Mathematics,36,223-245.

Reed,M. B. (1988). The influence of out-of-plane stress on a plane strain problem in rock mechanics. International Journal for Nemerical and Analytical Methods in Geomechanics,12,173-181.

Roscoe,K. H. and Burland,J. B. (1968). On the generalized stress-strain behavior of wet clay. In: Engineering Plasticity,Cambridge University Press,535-609.

Rowe,P. K. (1986). The prediction of deformations caused by soft ground tunneling-Recent trends. Canadian Tunnelling,D. Eisenstein(ed.),91-108.

Rowe,P. K. and Lee,K. M. (1992). An evaluation of simplified techniques for estimating three dimensional undrained ground movements due to tunneling in soft soils. Canadian Geotechnical Journal,29,39-52.

Rowe,R. K. and Kack,G. J. (1983). A theoretical examination of the settlements induced by tunneling: four case histories. Canadian Geotechnical Journal,20(2),299-3114.

Sagaseta,C. (1987). Analysis of undrained soil deformation due to ground loss. Geotechnique, 37(3),301-320.

Schofield,A. N. and Wrorh,C. P. (1968). Critical State Soil Mechanics. McGraw-Hill.

Sloan,S. W. and Assadi,A. (1993). The stability of shallow tunnels in soft ground. Predictive Soil Mechanics(Editors: G. T. Houlsby and A. N. Schofield),Thomas Telford,London,644-663.

Verruijt,A. and Booker,J. R. (1966). Surface settlements due to deformation of a tunnel in an elastic half plane. Geotechnique,46(4),753-756.

Wilson,A. H. (1980). A method of estimating the closure and strength of lining required in drivages surrounded by a yield zone. International Journal for Rock Mechanics and Mining Sciences,17,349-355.

Yu,H. S. and Houlsby,G. T. (1991). Finite cavity expansion in dilatants soil: loading analysis. Geotechnique,41(2),173-183.

Yu,H. S. and Houlsby,G. T. (1995). A large strain analytical solution for cavity contraction in dilatants soils. Interantional Journal for Numerical and Analytical Methods in Geomechanics, 19,793-811.

Yu,H. S. and Rowe,R. K. (1999). Plasticity solutions for soil behavior around contracting cavities and tunnels. International Journal for Numerical and Analytical Methods in Geomechanics,23,1245-1279.

Zytynski,M. ,Randolph,M. F. ,Nova,R. and Wroth,C. P(1978). On modeling the unloading- reloading behavior of soils. International Journal for Numerical and Analytical Methods in Geomechanics,2,87-93.

11　钻孔失稳

11.1　概　述

在石油工程中,有关岩石力学的一个主要问题是钻井的钻孔失稳。尽管业界对全球范围内每年因钻孔失稳造成的设备损失和时间消耗的具体数值所持观点不同,但普遍接受每年损耗不低于 5 亿美元的估计(Dusseault,1994)。有效的钻孔失稳分析预测方法无疑会有助于减少因钻孔破裂或失稳造成的损失。

竖直钻井的应力边界条件如图 11.1 所示。为简化起见,假设各个方向上的水平应力相等($K=1$)。根据 Bradley(1979)和 Santarelli 等(1986)研究,应力诱发的钻孔失稳一般可分为三种类型:

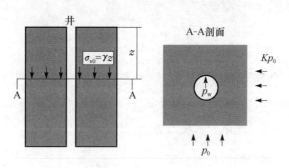

图 11.1　岩石中的竖井

(1) 岩体延性屈服引起的孔径减小;

(2) 脆性岩体断裂或破碎引起的孔径增大;

(3) 过大的泥浆压力导致的水压致裂。

实际工程中,一般通过调节钻孔压力(图 11.1 中的泥浆压力 p_w)来避免因岩体的断裂或破坏所引起的失稳问题。在理论方面,弹性、孔隙弹性和塑性模型的小孔扩张理论已广泛应用于岩石中钻孔失稳问题的研究(Woodland,1990;Santarelli et al.,1986;Wu,Hudson,1991;Detournay,Cheng,1988;Charlez,Heugas,1991)。

本章将阐述小孔扩张理论在分析和预测岩体应力诱发的钻孔失稳问题中的一些主要应用。虽然前述三种钻孔失稳类型都可以考虑,但这里主要研究由钻孔周围岩石断裂或破碎引起井径扩大,从而导致钻孔失稳的情形。在本章最后,利用塑性分析研究了由于岩体的塑性屈服引起的缩径问题。

11.2　钻孔失稳弹性分析

本节采用弹性应力分析法来研究如图 11.2 所示的钻孔失稳问题。弹性分析需要遵循如下步骤：①确定钻孔周围的弹性应力场；②选择一个合适的岩石破坏准则；③对比弹性应力场与破坏准则。若岩体处处皆满足破坏准则，则认为钻孔失稳。

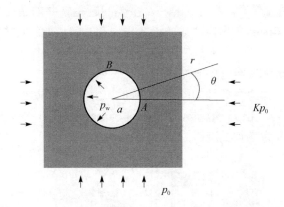

图 11.2　非静水力学原位应力的钻孔周围的几何条件

在弹性分析中，还可以采用变刚度参数（如杨氏模量）依赖于应力和应变水平的假定。弹性分析还可用以求解横观各向同性的问题。

11.2.1　用常弹性刚度进行应力分析

1）应力分布

如第 2 章所述，若岩石表现为线弹性行为，钻孔周围应力分布的完整解为

$$\sigma_r = \frac{p_0}{2}\Big[(1+K)\Big(1-\frac{a^2}{r^2}\Big)-(1-K)\Big(1-4\frac{a^2}{r^2}+3\frac{a^4}{r^4}\Big)\cos2\theta\Big]+\frac{p_w a^2}{r^2}$$

(11.1)

$$\sigma_\theta = \frac{p_0}{2}\Big[(1+K)\Big(1+\frac{a^2}{r^2}\Big)+(1-K)\Big(1+3\frac{a^4}{r^4}\Big)\cos2\theta\Big]-\frac{p_w a^2}{r^2}$$ (11.2)

$$\tau_{r\theta} = \frac{p_0}{2}\Big[(1-K)\Big(1+2\frac{a^2}{r^2}-3\frac{a^4}{r^4}\Big)\sin2\theta\Big]$$ (11.3)

将上述线弹性解与岩石的断裂或破坏准则联合，可以评价给定泥浆压力 p_w 时钻孔的稳定性。

2）Mohr-Coulomb 破坏准则和钻孔失稳预测

在工程实际中,会遇到如前所述的三种钻孔失稳类型。不同失稳类型需要采用不同的准则。弹性分析方法可以用来研究第二、三种钻孔失稳情形,即与脆性岩石的断裂或破碎而引起的扩径相关的情形,但它可能并不适用于预测井径减小(向内产生位移)的钻孔失稳情况。

虽然新近发展的 Hoek-Brown 准则能更好地预测裂隙岩体的剪切破坏,但分析脆性岩石的断裂或破坏通常还是用 Mohr-Coulomb 准则来预测。为了演示上述的基本预测步骤,如下给出若干案例分析以调查钻孔表面发生岩体破坏的情形。

在钻孔表面,即 $r=a$ 时,应力为

$$\sigma_r = p_w \tag{11.4}$$

$$\sigma_\theta = p_0[1 + K + 2(1-K)\cos 2\theta] - p_w \tag{11.5}$$

$$\tau_{r\theta} = 0 \tag{11.6}$$

在分析钻孔稳定问题时,采用径向和切向应力分别为最小和最大主应力的假设很可能是合理的。因此,Mohr-Coulomb 准则可写成如下形式

$$\sigma_\theta - \alpha\sigma_r = Y \tag{11.7}$$

其中

$$\alpha = \frac{1 + \sin\phi}{1 - \sin\phi}, Y = \frac{2C\cos\phi}{1 - \sin\phi} \tag{11.8}$$

式中,ϕ 和 C 分别为摩擦角和黏聚力。

将钻孔表面应力代入 Mohr-Coulomb 准则式(11.7),可得岩石破裂起始条件

$$p_w < \frac{[(1+K) + 2(1-K)\cos 2\theta]p_0 - Y}{1 + \alpha} \tag{11.9}$$

对于原位静水应力状态,$K=1$,上述条件简化为

$$p_w < \frac{2p_0 - Y}{1 + \alpha} \tag{11.10}$$

对于原位非静水应力状态,需要考虑下列两点。

A 点:在 A 点,$\theta=0°$ 且 $r=a$,钻孔失稳条件为

$$p_w < \frac{(3-K)p_0 - Y}{1 + \alpha} \tag{11.11}$$

B 点:在 B 点,$\theta=90°$ 且 $r=a$,钻孔失稳条件为

$$p_w < \frac{(3K-1)p_0 - Y}{1 + \alpha} \tag{11.12}$$

3) Hoek-Brown 破坏准则和钻孔失稳预测

若选用 Hoek-Brown 破坏准则预测岩石初始断裂和破坏,可采用与 Mohr-Coulomb 准则相同的分析方法,获得钻孔失稳的条件。

对于钻孔稳定问题,Hoek-Brown 破坏准则可表示为

$$\sigma_\theta = \sigma_r + \sqrt{mq_c\sigma_r + sq_c^2} \tag{11.13}$$

式中,q_c 为原岩单轴抗压强度,m 和 s 取决于岩体特性和破坏程度的常数。

采用 Hoek-Brown 破坏准则式(11.13)分析钻孔表面应力场时,可得到下列钻孔失稳条件

$$p_w < \frac{d}{2}p_0 - \left[\frac{1}{8}\sqrt{m^2 + 8dmp_0/q_c - 16s} - \frac{m}{8}\right]q_c \tag{11.14}$$

其中,d 定义为

$$d = 1 + K + 2(1-K)\cos2\theta \tag{11.15}$$

对于静水压力情形,$K=1$,$d=2$,上述钻孔失稳条件简化为

$$p_w < p_0 - \left[\frac{1}{8}\sqrt{m^2 + 16mp_0/q_c - 16s} - \frac{m}{8}\right]q_c \tag{11.16}$$

11.2.2　与压力相关的弹性分析法

前述章节中提及的分析方法,对于常刚度线弹性模型是有效的。但用常模量的线弹性理论分析钻孔失稳问题可能会得到错误的预测结果。因为一些岩石屈服前和峰值前的应力-应变关系是非线性的,而且其弹性响应是压力相关的(Kulhawy,1975)。

为了调查压力相关的弹性参数对于钻孔失稳预测结果的影响,Santarelli 等(1986)采用一个简单的具有压力相关杨氏模量的非线性弹性模型,对钻孔应力进行了数值研究。基于 Carboniferous 干砾的试验数据,Santarelli 等假定杨氏模量与最小主应力 σ_3 相关

$$E = E_0(1 + 0.043\sigma_3^{0.78}) \tag{11.17}$$

式中,$E_0=17.49\text{GPa}$,σ_3 的单位是 MPa,E 的单位是 GPa。

采用式(11.17)定义的非线性弹性,将无法得到钻孔周围弹性应力分布的解析解。事实上,需要采用如有限元法或有限差分法的数值方法进行求解。Santarelli 等(1986)用有限差分方法计算了承受内、外压力的厚壁圆筒的弹性应力分布,其计算简图如图 11.3 所示。

如图 11.4 所示,Santarelli 等(1986)的研究表明,由非线性弹性模型得到的小孔壁处的环向应力远小于由常刚度线弹性模型得到的相应解。线弹性模型的最大环向应力发生在孔壁处,而且当内压减小时,环向应力将集中在孔壁附近。另外,

Santarelli 等(1986)的非线性弹性分析结果认为最大环向应力不是一定发生在孔壁处,而且钻孔会影响大体积岩体中的应力分布。而最大环向应力可能发生在远离钻孔处的事实,可用以解释钻孔周围岩体断裂以及产生非连续的、大块的完整岩石剥落的现象(Bradley,1979)。

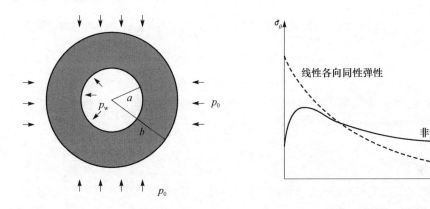

图 11.3　内外压力作用下的厚壁圆筒问题　　图 11.4　线性和非线性模型切向应力结果

除了式(11.17)定义的压力相关模型,McLean(1987)及 Nawrocki 和 Dusseault(1994)采用了如下的压力相关模型来分析其对钻孔稳定性的影响

$$E = E_0 + h\sigma_3 \tag{11.18}$$

式中,E_0 为零应变时的杨氏模量,h 为材料常量,Nawrocki 和 Dusseault(1994)的研究结论与 Santarelli 等(1986)的结论相符(图 11.4)。

总的来说,所有非线性弹性分析均表明,若采用 Mohr-Coulomb 破坏准则,钻孔周围岩体强度将远比用线弹性理论预测到的要大。

11.2.3　应力诱发各向异性对钻孔失稳的影响

Wu 和 Hudson(1991)研究了应力诱发各向异性对钻孔稳定性的影响。第 2 章介绍了 Lekhnitskii(1963)和 Wu 等(1991)采用横观各向异性模型得到的厚壁圆筒扩张的弹性解。

本节给出的厚壁圆筒受内外压作用的解将沿用 Wu 等(1991)提出的分析程序,这个解也是 Lekhnitskii(1963)所推导的多种荷载情形通解的一个特例。

解析解可用来分析圆柱坐标(r,z,θ)中任一轴为对称轴的情形。换言之,存在以下三种可能:

(1) r 方向(径向)为对称轴,而(z,θ)平面为各向同性的平面;

(2) z 方向(轴向)为对称轴,而(r,θ)平面为各向同性的平面;

(3) θ 方向(环向)为对称轴,而(r,z)平面为各向同性的平面;

　　需要说明的是,前两种情形在岩土工程中经常遇到,而第三种情形则与岩土力学的关系不大。

　　1) 应力-应变关系

　　对于横观各向同性材料的应力-应变关系通常可写成如下形式(Lekhnitskii, 1963;Van Cauwelaert,1977)

$$\varepsilon_r = a_{11}\sigma_r + a_{12}\sigma_\theta + a_{13}\sigma_z \qquad (11.19)$$

$$\varepsilon_\theta = a_{12}\sigma_r + a_{22}\sigma_\theta + a_{23}\sigma_z \qquad (11.20)$$

$$\varepsilon_z = a_{13}\sigma_r + a_{23}\sigma_\theta + a_{33}\sigma_z \qquad (11.21)$$

式中,系数 a_{ij} 可表示为杨氏模量和泊松比的简单函数。

　　对于 z 方向的平面应变问题

$$\sigma_z = -\frac{1}{a_{33}}(a_{13}\sigma_r + a_{23}\sigma_\theta) \qquad (11.22)$$

　　将式(11.22)代入式(11.19)和式(11.20),得

$$\varepsilon_r = \beta_{11}\sigma_r + \beta_{12}\sigma_\theta \qquad (11.23)$$

$$\varepsilon_\theta = \beta_{12}\sigma_r + \beta_{22}\sigma_\theta \qquad (11.24)$$

其中,系数 β_{ij} 为

$$\beta_{ij} = a_{ij} - \frac{a_{i3}a_{j3}}{a_{33}} \quad (i,j=1,2) \qquad (11.25)$$

　　2) 求解

　　对于柱形孔,应变可表达为径向位移 u 的函数

$$\varepsilon_r = -\frac{\mathrm{d}u}{\mathrm{d}r}, \varepsilon_\theta = -\frac{u}{r} \qquad (11.26)$$

消去位移 u,得到如下变形协调条件

$$\varepsilon_r = \frac{\mathrm{d}}{\mathrm{d}r}(r\varepsilon_\theta)$$

　　平衡方程为

$$r\frac{\mathrm{d}\sigma_r}{\mathrm{d}r} + (\sigma_r - \sigma_\theta) = 0$$

　　若将径向应力视为基本变量,联立应力-应变关系、变形协调条件和平衡方程,可得微分方程

$$\beta_{22}r^2\frac{\mathrm{d}^2\sigma_r}{\mathrm{d}r^2} + 3\beta_{22}r\frac{\mathrm{d}\sigma_r}{\mathrm{d}r} - (\beta_{11} - \beta_{22}) = 0 \qquad (11.27)$$

　　解上述方程,得径向应力的通解为

$$\sigma_r = Ar^{n-1} + \frac{B}{r^{n+1}} \tag{11.28}$$

式中，n 定义为

$$n = \sqrt{\frac{\beta_{11}}{\beta_{22}}} \tag{11.29}$$

使用边界条件

$$\sigma_r \mid_{r=a} = p_w$$
$$\sigma_r \mid_{r=b} = p_0$$

可得积分常数 A 和 B。

应力的最终解为

$$\sigma_r = \frac{p_0 - p_w \left(\dfrac{a}{b}\right)^{n+1}}{1 - \left(\dfrac{a}{b}\right)^{2n}} \left(\frac{r}{b}\right)^{n-1} + \frac{p_w - p_0 \left(\dfrac{a}{b}\right)^{n-1}}{1 - \left(\dfrac{a}{b}\right)^{2n}} \left(\frac{a}{r}\right)^{n+1} \tag{11.30}$$

$$\sigma_\theta = n \frac{p_0 - p_w \left(\dfrac{a}{b}\right)^{n+1}}{1 - \left(\dfrac{a}{b}\right)^{2n}} \left(\frac{r}{b}\right)^{n-1} - n \frac{p_w - p_0 \left(\dfrac{a}{b}\right)^{n-1}}{1 - \left(\dfrac{a}{b}\right)^{2n}} \left(\frac{a}{r}\right)^{n+1} \tag{11.31}$$

对于各向同性材料，$n=1$，上述解退化为前述各向同性材料的圆筒扩张解。

图 11.5 给出了 Wu 和 Hudson(1991)的主要结论。其结果表明，应力诱发各向异性对于刚度的影响将会显著影响钻孔周围的弹性应力分布。尤其是，若环向杨氏模量大于径向杨氏模量，则由圆柱各向异性假设得到的环向应力总小于各向同性假设所得的结果。这正是通常钻孔时的情形，因为环向应力通常为最大压缩主应力，其结果是该方向上的模量也最大。

进一步研究式(11.30)和式(11.31)定义的应力解析解可见，类似于各向同性线弹性理论，线性的各向异性模型同样预测到 Mohr-Coulomb 破坏准则将首先在钻孔壁处得到满足。另外，所预测的钻孔周围岩体的强度比各向同性线弹性理论得到的要大，由于线性各向异性模型得到的钻孔周围环向和径向应力之差小于线弹性各向同性模型分析结果，因此这个结论是正确的。

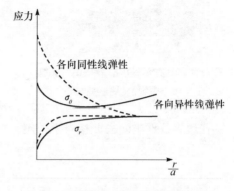

图 11.5　各向同性和各向异性弹性
模型的径向和切向应力的比较

11.3 钻孔壁失稳的孔隙弹性分析

11.3.1 半解析解

之前章节所得到的弹性解均假定岩石为单相材料,因而所得到的解仅适用于短期(不排水)条件或长期(完全排水)条件。然而,钻孔位于饱和岩体中,而饱和岩体属于两相性质的弹性材料,因此其位移和应力是随时间变化的。体积变化主要是由于水从颗粒孔隙中排出引起的,但是水的排出不是瞬时完成的,因此由于体积变化等引起的位移与时间相关。

基于一个假设的两相介质模型,Carter 和 Booker(1982)得到了饱和弹性介质中敞开的长圆柱孔周围的位移和应力的半解析解。为了简化分析,假定水和颗粒的压缩性可以忽略。本节将介绍 Carter 和 Booker(1982)关于钻孔周围与时间相关的应力和位移解的基本求解过程。第 11.3.2 节将说明如何用 Carter 和 Booker解来预测弹性饱和岩石材料中的钻孔失稳。

1) 问题描述

钻孔的钻进问题如图 11.6 所示。假定钻孔钻进前的初始应力场处于不等压应力状态,同时假定初始孔隙水压力为静水压力 U_0。我们将研究钻孔钻进过程中应力、孔隙水压以及位移的变化情况。

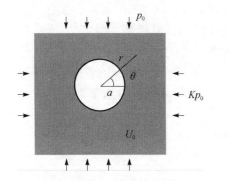

图 11.6 具有不等压应力场中两相弹性饱和介质中的钻孔钻进问题

钻孔钻进前,作用在圆形钻孔边界上的总应力为

$$\sigma_r = \sigma_m + \sigma_d \cos2\theta \qquad (11.32)$$

$$\sigma_\theta = \sigma_m - \sigma_d \cos2\theta \qquad (11.33)$$

$$\tau_{r\theta} = -\sigma_d \sin2\theta \qquad (11.34)$$

式中

$$\sigma_m = \frac{1}{2}(K+1)p_0 \qquad (11.35)$$

$$\sigma_d = \frac{1}{2}(K-1)p_0 \qquad (11.36)$$

钻进后,法向总应力 σ_r 和剪应力 $\tau_{r\theta}$ 可从钻孔边界条件中除去。相当于采用下列应力增量作为钻孔边界条件

$$\Delta\sigma_r \mid_{r=a} = -\sigma_m - \sigma_d \cos2\theta \qquad (11.37)$$

$$\Delta\tau_{r\theta} \mid_{r=a} = \sigma_d \sin2\theta \qquad (11.38)$$

式中,Δ 为应力增量。

Carter 和 Booker(1982)考虑了两种极端水压力边界条件情形。第一种情形

是钻孔表面可渗透，孔隙水压力边界条件由式(11.39)定义

$$U\mid_{r=a}=0 \qquad (11.39)$$

另一种极端情形是钻孔壁不可渗透，则边界条件为

$$\frac{\partial U}{\partial r}\bigg|_{r=a}=0 \qquad (11.40)$$

式(11.37)~式(11.40)共同构成了模拟开挖形成圆形钻孔问题所需的孔壁上的完整边界条件。

为简化分析，求解式(11.37)~式(11.40)的较好方法是将其简化为 3 个(对于渗透钻孔)或 2 个(对于不渗透钻孔)独立的问题，然后使用叠加法求得最终解。

对于渗透钻孔，钻孔钻进可分成下列三种简单的荷载模式。

荷载 Ia 模式：移除钻孔表面处总径向应力的球形分量

$$\Delta\sigma_r\mid_{r=a}=-\sigma_m \qquad (11.41)$$

$$\Delta\tau_{r\theta}\mid_{r=a}=0 \qquad (11.42)$$

$$U\mid_{r=a}=0 \qquad (11.43)$$

荷载 IIa 模式：移除钻孔表面的初始孔隙水压力

$$\Delta\sigma_r\mid_{r=a}=0 \qquad (11.44)$$

$$\Delta\tau_{r\theta}\mid_{r=a}=0 \qquad (11.45)$$

$$U\mid_{r=a}=-U_0 \qquad (11.46)$$

荷载 IIIa 模式：移除钻孔表面总径向应力的偏量和剪应力分量

$$\Delta\sigma_r\mid_{r=a}=-\sigma_d\cos2\theta \qquad (11.47)$$

$$\Delta\tau_{r\theta}\mid_{r=a}=\sigma_d\sin2\theta \qquad (11.48)$$

$$U\mid_{r=a}=0 \qquad (11.49)$$

对于不可渗透钻孔，钻孔钻进可分为下列两种简单的荷载模式。

荷载 Ib 模式：移除钻孔表面总径向应力的球形分量

$$\Delta\sigma_r\mid_{r=a}=-\sigma_m \qquad (11.50)$$

$$\Delta\tau_{r\theta}\mid_{r=a}=0 \qquad (11.51)$$

$$\frac{\partial U}{\partial r}\bigg|_{r-u}=0 \qquad (11.52)$$

荷载 IIIb 模式：移除钻孔表面总径向应力的偏量和剪应力分量

$$\Delta\sigma_r\mid_{r=a}=-\sigma_d\cos2\theta \qquad (11.53)$$

$$\Delta\tau_{r\theta}\mid_{r=a}=\sigma_d\sin2\theta \qquad (11.54)$$

$$\frac{\partial U}{\partial r}\bigg|_{r=a}=0 \qquad (11.55)$$

由上可见,可渗透钻孔的荷载 Ia 模式与不可渗透钻孔的荷载 Ib 模式的表达式相同,换言之,两者均与水力边界条件无关。

2) 通解

Carter 和 Booker(1982)利用孔隙流体和颗粒均不可压缩的假设获得了上述问题的通解,这种假设特别适用于土力学问题。后来 Detournay 和 Cheng(1988)扩展了 Carter 和 Booker 的解,得到了孔隙流体和颗粒可压缩情形下的解。不过 Detournay 和 Cheng(1988)解仅考虑了可渗透钻孔情况。

由于通解的解答过程十分冗长,这里不再赘述,有兴趣的读者可参阅 Carter 和 Booker(1982)、Detournay 和 Cheng(1988)的文献。

11.3.2　钻孔失稳预测的应用

本节简要介绍 Detournay 和 Cheng(1988)的解析解及其在钻孔失稳预测中的应用。在介绍其解之前,首先定义两相弹性饱和材料所需的参数。

1) 材料常数

如 Detournay 和 Cheng(1988,1993)所讨论,要完整描述各向同性的岩体-流体系统,需要 5 个材料参数,即 2 个弹性常量 G 和 ν(剪切模量和排水泊松比);2 个孔隙弹性参数 B(不排水条件下孔隙水压力减小与围压变化的比值)和 ν_u(不排水泊松比);参数 χ,对于不可压缩的流体和固体,其值与渗透系数 K 有关,即 $\chi = K/\gamma_w$。

为了方便计算,给出分析中应用到的其余一些参数

$$c = \frac{2\chi B^2 G(1-\nu)(1+\nu_u)^2}{9(1-\nu_u)(\nu_u-\nu)} \tag{11.56}$$

$$\eta = \frac{3(\nu_u-\nu)}{2B(1-\nu)(1+\nu_u)} \tag{11.57}$$

$$S = \frac{B(1+\nu_u)}{3(1-\nu_u)} \tag{11.58}$$

2) 荷载 Ia 模式

对于 Ia 荷载模式,其解与传统的 Lame 弹性解相一致

$$\frac{2Gu_r^{(1)}}{\sigma_m a} = \frac{1}{\rho} \tag{11.59}$$

$$\frac{\sigma_r^{(1)}}{\sigma_m} = -\frac{1}{\rho^2} \tag{11.60}$$

$$\frac{\sigma_\theta^{(1)}}{\sigma_m} = \frac{1}{\rho^2} \tag{11.61}$$

式中,$\rho = \dfrac{r}{a}$ 是量纲为一的径向坐标。由于位移场具有零体积应变的特点,通常不

存在孔隙水压力的产生及消散。因此,应力和位移场与时间无关。

3) 荷载 IIa 模式

在 IIa 荷载模式下,应力场由均质固结方程所控制

$$\frac{\partial^2 U}{\partial r^2} + \frac{1}{r} \frac{\partial U}{\partial r} = \frac{1}{c} \frac{\partial U}{\partial t} \tag{11.62}$$

式中,固结系数 c 由式(11.56)定义。

通过对式(11.62)进行 Laplace 转换,可以得到孔隙水压力

$$\frac{s\overline{U}^{(2)}}{U_0} = -\frac{K_0(\xi)}{K_0(\beta)} \tag{11.63}$$

式中,K_0 是零阶第二类修正 Bessel 函数,$\xi = r\sqrt{s/c}$,$\beta = a\sqrt{s/c}$。

位移和应力场的 Laplace 转换为

$$\frac{2Gs\bar{u}_r^{(2)}}{aU_0} = 2\eta \left[\frac{K_1(\xi)}{\beta K_0(\beta)} - \frac{a}{r} \frac{K_1(\beta)}{\beta K_0(\beta)} \right] \tag{11.64}$$

$$\frac{s\bar{\sigma}_r^{(2)}}{U_0} = -2\eta \left[\frac{a}{r} \frac{K_1(\xi)}{\beta K_0(\beta)} - \frac{a^2}{r^2} \frac{K_1(\beta)}{\beta K_0(\beta)} \right] \tag{11.65}$$

$$\frac{s\bar{\sigma}_\theta^{(2)}}{U_0} = 2\eta \left[\frac{a}{r} \frac{K_1(\xi)}{\beta K_0(\beta)} - \frac{a^2}{r^2} \frac{K_1(\beta)}{\beta K_0(\beta)} + \frac{K_1(\xi)}{K_0(\beta)} \right] \tag{11.66}$$

4) 荷载 IIIa 模式

如 Carter 和 Booker(1982)、Detournay 和 Cheng(1988,1993)所讨论的情形,
IIIa 荷载模式更为常见。利用轴对称条件,可以证明其应力以如下方式依赖于极
角 θ

$$\left[\bar{\sigma}_r^{(3)}, \bar{\sigma}_\theta^{(3)}, \overline{U}^{(3)} \right] = \left[\overline{S}_r, \overline{S}_\theta, \overline{P} \right] \cos 2\theta \tag{11.67}$$

$$\bar{\tau}_{r\theta}^{(3)} = \overline{S}_{r\theta} \sin 2\theta \tag{11.68}$$

式中,$\overline{S}_r, \overline{S}_\theta, \overline{S}_{r\theta}$ 和 $\overline{P}$ 是 r 和 s 的纯函数,定义如下

$$\frac{s\overline{P}}{\sigma_d} = -\frac{C_1}{2\eta} K_2(\xi) + S\frac{C_2}{\rho^2} \tag{11.69}$$

$$\frac{s\overline{S}_r}{\sigma_d} = C_1 \left[\frac{1}{\xi} K_1(\xi) + \frac{6}{\xi^2} K_2(\xi) \right] - \frac{1}{1 - \nu_u} \frac{C_2}{\rho^2} - \frac{3C_3}{\rho^4} \tag{11.70}$$

$$\frac{s\overline{S}_\theta}{\sigma_d} = -C_1 \left[\frac{1}{\zeta} K_1(\xi) + (1 + \frac{6}{\xi^2}) K_2(\xi) \right] + \frac{3C_3}{\rho^4} \tag{11.71}$$

$$\frac{s\overline{S}_{r\theta}}{\sigma_d} = 2C_1 \left[\frac{1}{\xi} K_1(\xi) + \frac{6}{\xi^2} K_2(\xi) \right] - \frac{1}{2(1 - \nu_u)} \frac{C_2}{\rho^2} - \frac{3C_3}{\rho^4} \tag{11.72}$$

其中

$$C_1 = -\frac{4\beta(\nu_u - \nu)}{D_2 - D_1} \tag{11.73}$$

$$C_2 = \frac{4(1-\nu_u)D_2}{D_2 - D_1} \tag{11.74}$$

$$C_3 = -\frac{\beta(D_2 + D_1) + 8(\nu_u - \nu)K_2(\beta)}{\beta(D_2 - D_1)} \tag{11.75}$$

$$D_1 = 2(\nu_u - \nu)K_1(\beta) \tag{11.76}$$

$$D_2 = \beta(1-\nu)K_2(\beta) \tag{11.77}$$

对于不可压缩的流体和固体($B=1, \nu_u = 0.5$)的特殊情形,上述解就退化为 Carter 和 Booker(1982)的解。

5) 时域解

通过对式(11.59)~式(11.77)表示的解析解进行 Laplace 逆转换,可以得到时域解答。若应用 Stehfest 法来实现这种逆变换,则时域解答为

$$f(t) = \frac{\ln 2}{t} \sum_{n=1}^{N} C_n \bar{f}(n\,\frac{\ln 2}{t}) \tag{11.78}$$

式中,系数 C_n 定义为

$$C_n = (-1)^{n+N/2} \sum_{k=(n+1)/2}^{\min(n,N/2)} \frac{k^{N/2}(2k)!}{(N/2-k)!k!(k-1)!(n-k)!(2k-n)!} \tag{11.79}$$

式中,表示级数项数的 N 取偶数,一般在 10~20 取值。

6) 钻孔失稳预测的应用

钻孔钻进过程主要的影响是由于钻孔表面上法向应力的移除,引起其上环向应力更偏向压缩性,从而可能导致钻孔壁受压破坏。

值得注意的是,对于边界条件不变的情形,Ⅲa 荷载模式是唯一能够在钻孔壁上产生随时间变化的应力集中的。事实上,钻孔对 Ⅰa 荷载模式的响应是纯弹性的,由 Ⅱa 荷载模式导致的最大应力集中可以瞬时达到。Detournay 和 Cheng(1988,1993)指出,最大压应力将产生于与原岩应力场中压缩应力最显著方向正交的孔直径的端点处。例如,若 K 小于 1,原岩应力的集中将发生在 $\theta = 0, \pi$ 处,则环向应力为

$$\sigma_\theta(a, 0^+) = 2\sigma_m + 2\eta U_0 - 4\,\frac{1-\nu_u}{1-\nu}\sigma_d \tag{11.80}$$

式中,初始应力参数 σ_m, σ_d 由式(11.35)和式(11.36)定义。随时间推移,环向应力的压应性更为显著,最终趋近于

$$\sigma_\theta(a, \infty) = 2\sigma_m + 2\eta U_0 - 4\sigma_d \tag{11.81}$$

应力集中随时间的增强可以用以解释延迟钻孔破坏的现象。

通过对 Detournay 和 Cheng(1988)给出的若干点的应力解与基于 Mohr-Coulomb 准则获得的有效应力解进行简单对比,结果表明破坏是从离钻孔表面一定距离的地方开始的,并不像各向同性线弹性模型分析的那样,是从孔壁表面开始的。根据 Detournay和Cheng(1988)的结论,破坏发生在距钻孔壁为孔径的 5%~10%的地方。

11.4　钻孔失稳的塑性分析

11.4.1　稳定准则

近80%的钻孔失稳问题发生于在产油层上覆的软页岩或黏土层中的钻进过程中(Charlez,Heugas,1991)。对于这类软岩,脆性破坏或初始屈服的稳定准则要么难以用于实际工程,要么太过于保守。因此寻求其他更适合软岩中钻孔失稳预测的稳定准则十分重要。

Charlez(1997)建议了可用于钻孔失稳分析的两条准则。特别地,他采用临界状态模型分析了钻孔失稳问题。考虑到近年来关于临界状态模型在软岩模拟方面的适用性研究逐渐增多,这种做法是合乎逻辑的。

Charlez(1997)提出的第一条准则认为为了保持钻孔稳定,钻孔围岩中任何点都不能达到临界状态。第二稳定准则的基本思路是限定钻孔钻进过程孔壁向内的变形量。Charlez 和 Heugas(1991)以及 Charlez(1997)建议钻孔壁的最大位移为孔径的 2%~5%。

11.4.2　临界状态模型稳定分析

本节我们将利用 Yu 和 Rowe(1999)提出的临界状态介质中小孔收缩的解析解,来分析钻孔的稳定性。为了对比两个不同的稳定准则,采用的材料参数值与 London 黏土参数近于一致。临界状态参数为 $\Gamma=2.759, \lambda=0.161, \chi=0.062, \phi'_{cs}=0.161$,另外,泊松比为 0.3,初始比容设为 2.0。

上述解析解假定初始应力状态为各向等压 p_0,如图 11.7 所示。所得解是当孔压 p_w 从其初值 p_0 慢慢减小过程中的小孔压力-收缩曲线。为了简化,Yu 和 Rowe(1999)导出了不排水条件情形下的解。

表 11.1 给出了用原始剑桥模型进行参数研究得到的结构。该表列出了当小孔壁应变在-2%~-5%(负号表示向内产生位移)时,以及当小孔壁刚达到临界状态时,小孔内压(泥浆压力)与初始压力的比值。这里孔壁应变的定义为 $\varepsilon_c=(a-a_0)/a_0$,其中 a 和 a_0 分别表示当前和初始小孔半径。为

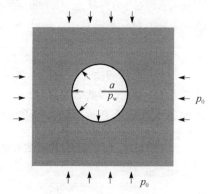

图 11.7　临界状态材料的钻孔稳定问题

研究应力历史对预测结果的影响,考虑了不同超固结比(OCR)的情形。

表 11.1　采用原始剑桥模型孔壁应变在 2%和 5%时达到临界状态的 p_w/p_0 值

OCR(n_p)	$\varepsilon_c=-2\%$	$\varepsilon_c=-5\%$	小孔壁达到临界状态
1	0.82	0.67	0.47(−12.8%)
1.5	0.63	0.41	0.1(−15.2%)
2	0.55	0.27	—
3	0.49	0.1	—
5	0.48	—	—

　　表 11.2 给出了用修正剑桥模型进行参数研究给出的结果。与原始剑桥模型类似,列出了当钻孔壁应变在−2%~−5%,以及钻孔壁恰好达到临界状态时,得到的钻孔内压力与初始压力的比值。

表 11.2　采用修正剑桥模型孔壁应变在 2%和 5%时达到临界状态的 p_w/p_0 值

OCR(n_p)	$\varepsilon_c=-2\%$	$\varepsilon_c=-5\%$	小孔壁达到临界状态
1	0.66	0.44	0.15(−15.5%)
1.5	0.55	0.26	—
3	0.48	—	—
5	0.47	—	—

　　上述结果表明,对于重度超固结软岩而言,只需较小的内压(泥浆压力)即可保持钻孔稳定。对于前述两个稳定准则,即钻孔壁应变小于 5%或钻孔壁未达到临界状态,这个结论都是正确的。另外,对于正常或轻度超固结的软岩,为了维护钻孔的稳定,显然要提供足够大的泥浆压力。

　　对于这里所用的材料,显然在钻孔达到临界状态前钻孔壁发生了一个很大的应变过程,因此,这个稳定准则不易控制。当然,设计中采用哪种稳定准则(小孔应变或孔壁达到临界状态)依赖于实际的材料特性。为了演示这一点,这里给出了由 Charlez 和 Heugas(1991)利用的新的一些软岩临界状态参数:$\Gamma=2.759,\lambda=0.077,\chi=0.0071,M=1.3$,得到的结果。

　　可以看到,对于上述新的临界状态参数,小孔壁达到临界状态所需的孔壁应变非常小(1.4%),因此,与表 11.1 和表 11.2 不同,表 11.3 所示的结果表明这里采用基于钻孔壁达到临界状态的稳定准则是至关重要的。

表 11.3　采用修正剑桥模型孔壁应变在 2%和 5%时达到临界状态的 p_w/p_0 值

OCR(n_p)	$\varepsilon_c=-2\%$	$\varepsilon_c=-5\%$	小孔壁达到临界状态
1	0.06	—	0.13(−1.4%)

11.5　小　　结

（1）石油工程中与岩石力学相关的主要问题是钻孔钻进过程中的失稳问题。全球范围内，每年由于钻孔失稳耗费的设备和时间资金大约为 5 亿美元（Dusseault，1994）。应力诱导的钻孔失稳一般有三种类型：①由于岩石的塑性屈服引起的井径缩小；②脆性岩石的断裂或破碎而引起的井径增大；③过大的泥浆压力引起的过失水力致裂。实际中常常通过调节钻孔内压（泥浆压力），来避免因岩石断裂或破碎引起的钻孔失稳问题。

（2）利用由弹性、孔隙弹性和塑性模型得到的小孔扩张理论，来研究软岩中钻孔失稳问题。例如钻孔失稳的弹性分析所需基本步骤：①确定钻孔围岩的弹性应力场；②选择一个适合的岩石破坏准则；③对于弹性应力场与所选用的岩石破坏准则。若破坏准则在岩体内处处满足，则钻孔失稳。

（3）当采用弹性分析法来预测钻孔失稳问题时，必须慎重地选择符合实际的破坏准则和弹性模型，因为其对最终结果有明显影响。研究特别表明，弹性模型中的刚度对压力的依赖性以及应力诱发的各向异性，将会显著影响到钻孔围岩的弹性应力分布。

（4）联合使用小孔扩张理论和孔隙弹性模型，可以预测随时间变化的钻孔力学响应。尤其是孔隙弹性分析所预测的随时间增长的钻孔围岩应力集中，可以合理解释钻孔延迟破坏的现象。

（5）约 80% 的钻孔失稳问题发生在产油层上覆的软页岩或黏土中（Charlez，Heugas，1991）。对于这类软岩，脆性破坏或初始屈服的稳定准则要么难以用于实际工程，要么太过于保守。因此寻求其他更适合软岩中钻孔失稳预测的稳定准则十分重要。Charlez（1997）建议在预测软岩中钻孔失稳时采用两种准则。第一条准则认为为了保持钻孔稳定，钻孔围岩中任何点都不能达到临界状态。第二稳定准则的基本思路是限定钻孔钻进过程孔壁向内的变形量，即控制孔内变形为直径的 2%~5%。这两个准则都需要视钻孔失稳问题为弹塑性问题。为了演示塑性分析的过程，利用 Yu 和 Rowe（1999）提出的小孔卸载解对钻孔失稳问题进行了分析。

参 考 文 献

Bradley,W. B. (1979). Failure of inclined boreholes. Journal of Energy Resourec and Technology, Transactions of ASME,101,232-239.

Carter,J. P and Booker,J. R. (1982). Elastic consolidation around a deep circular tunnel. International Journal of Solids and Structure,18(12),1059-1074.

Charlez,Ph. (1991). Rock Mechanics. Vol. 1: Theoretical Fundamentals. Editions Technip.

Charlez,Ph. (1997). Rock Mechanics. Vol. 2: Petroleum Applications. Editions Technip.

Charlez,Ph. and Heugas,O. (1991). Evaluation of optimal mud weight in soft shale levels. Rock Mechanics as a Multidisciplinary Science(Editor: Roegiers),Balkema,1005-1014.

Detournay, E. and Cheng, A. H. D. (1988). Poroelastic response of a borehole in a non-+hydrostatic stress field. International Journal for Rock Mechanics and Mining Sciences,25 (3),171-182.

Detournay,E. and Cheng, A. H. D. (1993). Fundamentals of poroelasticity. In: Comprehensive Rock Engineering(Editor: J. A. Hudson),Pergamon Press. Oxford,Vol. 2,113-171.

Dusseault,M. B. (1994). Analysis of borehole stability. Computer Methods and Advances in Geomechanics(Editors: Siriwardane and Zaman),Balkema,125-137.

Kulhawy,F. H. (1975). Stress deformation properties of rock discontinuities,Engineering Geology,9,325-350.

Lekhnitskii,S. G. (1963). Theory of Elasticity of an Anisotropic Elastic Body. Holden-Day,Inc.

McLean,M. R. (1987). Wellbore Stability Analysis. PhD Thesis,University of London,England.

Naweocki,P. A. and Dusseault, M. B. (1994). Effect of material nonlinearity on deformations around openings in geomaterials. Computer Methods and Advances in Geomechanics(Editors: Sirtwardane and Zaman),Balkema,2119-2124.

Santarelli,F. J. ,Brown,E. T. and Maury, V. (1986). Analysis of borehole stresses using pressure-dependent,linear elasticity. International Journal for Rock Mechanics and Mining Sciences,23(6),445-449.

Woodland,D. C. (1990). Borehole instability in the Western Canadian overthrust belt. SPE Drilling Engineering,March,27-33.

Wu,Bu. and Husdon,J. A. (1991). Stress-induced anisotropy in rock and its influence on wellbore stability. Rock Mechanics as a Multidisciplinary Science(Editor: Roegiers),Balkema,941-950.

Wu,B. L. ,King,M. S. and Hudson,J. A. (1991). Stress-induced ultrasonic wave velocity anisotropy in a sandstone. International Journal for Rock Mechanics and Mining Sciences,28(1),101-107.

Yu,H. S. and Rowe,R. K. (1999). Plasticity solutions for soil behavior around contracting cavities and tunnels. International Journal for Numerical and Analytical Methods in Geomechanics,23,1245-1279.